Peter Wohlleben

Bakterien – die heimlichen Helden

PETER WOHLLEBEN

BAKTERIEN
DIE HEIMLICHEN HELDEN

Wie sie uns Menschen prägen und die Natur beeinflussen

MALIK

Mehr über unsere Autorinnen, Autoren und Bücher:
www.malik.de

Wenn Ihnen dieses Buch gefallen hat, schreiben Sie uns unter Nennung des Titels »Bakterien – die heimlichen Helden« an *empfehlungen@piper.de*, und wir empfehlen Ihnen gerne vergleichbare Bücher.

Von Peter Wohlleben liegen bei Malik und Piper vor:
»Bakterien«
»Gebrauchsanweisung für den Wald«

Dieses Werk wurde vermittelt durch die Literarische Agentur Kossack.

ISBN 978-3-89029-611-1
4. Auflage 2026

www.piper.de
Für einen direkten Kontakt und Fragen zum Produkt wenden Sie sich bitte an: *info@piper.de*
Redaktion: Margret Trebbe-Plath, Berlin
Illustrationen: Birgit Kohlhaas Buchgestaltung, Lieselotte Schüpferling
Satz: Uhl+Massopust GmbH, Aalen
Gesetzt aus der Minion Pro und der Brandon Text Condensed
Litho: Lorenz & Zeller, Inning am Ammersee
Druck und Bindung: GGP Media GmbH, Pößneck
Printed in Germany

INHALT

Vorwort

Ich kann mich noch gut an jenen Tag im Biologieunterricht der Oberstufe erinnern, als ich dachte, die Welt sei auserzählt. Alle Geheimnisse seien entschlüsselt, jeder biologische Vorgang im Detail erklärbar. Selbst die Liebe sei kein zauberhaftes Gefühl, sondern ein durch Oxytocin ausgelöster hormoneller Vorgang. Das war ein sehr enttäuschender Moment, weil mir klar wurde, dass es somit nichts Magisches mehr zu entdecken gäbe. Tiere und Pflanzen funktionierten demnach wie seelenlose Maschinen, die Natur wie eine Ansammlung von Biorobotern.

Dabei habe ich schon im Grundschulalter gerne geforscht. So kaufte ich von meinem Taschengeld nicht nur Süßigkeiten, sondern auch lebende Mehlwürmer in der örtlichen Zoohandlung. Die Larven, eigentlich als Futter für Reptilien gedacht, setzte ich in ein Glas mit Mehl und beobachtete fasziniert, wie sie sich zu schwarzen Käfern entwickelten. Spinnen, Molche und andere Kurzzeitgäste bevölkerten in Gläsern und Terrarien mein Kinderzimmer, aber auch die Allerkleinsten zogen mich früh in ihren Bann. Mit dem alten Mikroskop meiner Mutter untersuchte ich, wie viele faszinierende Einzeller sich in einem Tropfen Teichwasser tummelten. Der gewellte, von Flecken übersäte Teppichboden in meinem Zimmer zeugte von Missgeschicken im Umgang mit Wasser, doch zum Glück ließen mich meine Eltern gewähren. So lernte ich, dass selbst winzigste Wesen eigene Bedürfnisse haben und dass auch sie Respekt verdienen. Und dann kam besagter Moment im Unterricht.

Erfreulicherweise haben sich die Erkenntnisse der Wissenschaft seitdem gewandelt. Mittlerweile ist selbst bei Pflanzen gut belegt, dass sie nicht nur sehen, riechen und hören können, sondern sogar hirnähnliche Strukturen haben. Die Zeitschrift *National Geographic* sprach 2017 gar von einer kopernikanischen Wende in der Biologie in Anlehnung an die bahnbrechende Entdeckung des Astronomen Kopernikus, dass nicht die Erde, sondern die Sonne im Zentrum unseres Planetensystems steht.[1]

Auch ich habe all die Jahre nicht aufgegeben, nach Wundern in der Natur zu suchen. Der Naturforscher in mir, der schon früh jedes winzige Detail verstehen wollte, war nicht zum Schweigen zu bringen, und bis heute bin ich wie elektrisiert, wenn die Wissenschaft überraschende Entdeckungen macht und damit althergebrachte Denkweisen über den Haufen wirft. Denn das tut sie in den letzten Jahren zunehmend und stößt damit immer neue Türen auf.

Eine dieser Türen führt in die Welt der Bakterien. Auf diese Einzeller bin ich im Laufe meines Lebens immer wieder gestoßen. Wer sich mit Pflanzen, speziell mit Bäumen, beschäftigt, kommt an Bakterien nicht vorbei, die den grünen Partnern in vielerlei Hinsicht helfen. Ob an den Wurzeln oder auf den Blättern, überall tummeln sich ungezählte Arten der kleinen Helfer. Das ist auf der menschlichen Haut oder im Darm nicht anders und zählt schon lange zum Allgemeinwissen. Doch dann stieß ich auf eine gut belegte Theorie, die zumindest *meine* Vorstellung von der Welt völlig über den Haufen warf.

Wahrscheinlich – so die bestechende Überlegung – haben sich Bakterien alle mehrzelligen Wesen als eine Art Raumschiff für ihre Bedürfnisse geschaffen, in denen sie nun bequem umherreisen. Eines dieser Raumschiffe sind wir Menschen, und die Besatzung hilft uns dabei, ein möglichst gutes Leben zu führen. So beeinflusst sie, was wir essen, und motiviert uns sogar dazu, Sport zu treiben. Doch keine Sorge, wir sind keine willenlosen Zombies, die an den Fäden dieser Kobolde hängen. Denn während konventionelle Wissenschaft früher einen Menschen als Gesamtgebilde der Körperzellen von Homo sapiens definierte, ist es wahrscheinlich genau andersherum: Unser Körper zusammen mit der Summe aller Bakterien, die sich in unseren Zellen, in unserem Darm, in und auf jedem Winkel unseres Körpers tummeln, das sind wir. Genau wie alle Milliarden Neuronen in unserem Gehirn ein einziges Bewusstsein erzeugen und zusammen morgens vor dem Spiegel sagen: »Das bin ich!«, so mischen die heimlichen Helden als großer Chor in allen Körperzellen mit. Vielleicht sind sie sogar die Dirigenten, die unser Bewusstsein dominieren und uns zu einzigartigen Individuen machen. Was das für Ihren Alltag bedeutet? Prinzipiell nichts und doch eine ganze Menge.

Nichts deswegen, weil es letztendlich egal ist, wie das Zusammenspiel in Ihrem Körper funktioniert und wer im Detail die Strippen zieht. Wenn Sie nach der Lektüre verstehen, dass unser Weltbild möglicherweise von Grund auf revidiert werden muss, um der Realität zu entsprechen, geht es erst einmal »nur« um neue Erkenntnisse.

Eine ganze Menge andererseits deswegen, weil Bakterien das lokale Wetter und sogar das globale Klima beeinflussen, die Wasserkreisläufe in Schwung halten, Steine fressen und beste Böden daraus machen. Sie sorgen damit für ein üppiges Pflanzenwachstum und eine reiche Tierwelt. Ohne sie ist das Leben auf diesem Planeten nicht vorstellbar. Auch für Sie persönlich kann das Wissen um Ihre Körperbesatzung positive Folgen haben, denn Sie können Rücksicht auf die Winzlinge nehmen – geht es ihnen gut, dann geht es Ihnen besser. Was Sie für Ihre Untermieter tun und lassen können, gebe ich Ihnen mit auf den Weg. Und es lohnt sich nicht nur für Ihren Körper. Bakterien stemmen sich gegen Umweltverschmutzung (indem sie zum Beispiel Plastik fressen), bekämpfen Dürren (indem sie aktiv Regen produzieren) und bereiten Pflanzen auf den Klimawandel vor (indem sie ihnen neue Strategien erschließen).

Begleiten Sie mich auf eine Reise in das Reich der heimlichen Helden, und ich verspreche Ihnen, dass auch Sie danach die Welt mit völlig anderen Augen sehen werden.

DIE ERFINDUNG DES LEBENS

Lassen Sie uns gleich zu Beginn das herkömmliche Weltbild auf den Kopf stellen. Eigentlich stellen wir es auf die Füße, denn die Biologie ist in den vergangenen Jahrhunderten in eine Falle getappt. Sie hat die belebte Welt so sortiert, wie sie gesehen wurde, also alles mit bloßem Auge Sichtbare schön in Pflanzen und Tiere eingeteilt und damit übersichtlich gemacht. Doch dann wurden Mikroskope erfunden, und man entdeckte, dass es Wesen gibt, die zahlenmäßig alle anderen in den Schatten stellen und sich einer einfachen Sortierung entziehen. Und je mehr man an diesen Wesen forscht, desto stärker werden alte Gewissheiten erschüttert. Betreten Sie mit mir das Wunderland der Bakterien.

Gut versteckt

Ich gebe zu, die Idee klingt verwegen, dass Bakterien die Welt beherrschen. Es ist für uns unter anderem deshalb so schwer vorstellbar, weil Bakterien so winzig sind und uns im Alltag nicht auffallen. Dennoch gibt es sie überall: in der Luft, im Wasser, im Boden, auf sämtlichen Oberflächen. Doch damit geben sich die Einzeller nicht zufrieden: Sie sind wortwörtlich auch überall *in* uns, und zwar gut versteckt. Vielleicht kennen Sie die Berichte über das Mikrobiom, also das allerkleinste Leben in Form von Bakterien, Viren, Pilzen und anderen Lebewesen. Sie besiedeln vom Darm über die Zunge bis zu den Ellenbeugen alle Ökosysteme, die unser Körper bietet. Diese Heerschar werden wir in späteren Kapiteln noch genauer betrachten. Mit gut versteckt meine ich nämlich tatsächlich so gut versteckt, dass sie kaum zu finden sind: in jeder Körperzelle.[2]

Und es scheint, als wäre unser vertrautes Weltbild völlig verkehrt. Dieses Bild sieht den Menschen als Krone der Schöpfung, als unglaublich kompliziertes Konstrukt mit einem Geist, der seinesgleichen im Universum sucht. Das mag bis hierhin stimmen, doch die Schlussfolgerung, dass wir den Planeten deshalb beherrschen, dass wir die dominierende Spezies sind, kann man so nicht mehr gelten lassen.

Denn die Zeichen verdichten sich, dass es die Allerkleinsten sind, die das Zepter schwingen. Ihre Vorfahren waren es nämlich, die zuerst Besitz von diesem Himmelskörper ergriffen, und diese Einzeller hatten die Erde sehr lange für sich allein. Sie breiteten sich in aller Ruhe aus, experimentierten mit den verschiedensten Lebensräumen, produzierten Giftgas und löschten dabei jede Menge Arten aus – kurz: Bakterien probierten, wie sie sich und ihren Lebensraum optimieren könnten. Dazu hatten sie reichlich Zeit, und zwar rund drei Milliarden Jahre. Dabei waren sie keineswegs allein. In den Urmeeren schwammen auch andere Einzeller, die sich von den Vorfahren der Bakterien zu den Archaeen entwickelten. Sie hatten einen anderen Stoffwechsel als Bakterien, tummelten sich aber an ähnlich schwierigen Orten wie etwa kochend heißen Wasserquellen in der Tiefsee.

Vor mehr als 1,6 Milliarden Jahren[3] muss es dann passiert sein: Einem Bakterium gelang es, in ein Archaeum einzudringen und sich dort festzusetzen, ohne dass beide starben. Es könnte aber auch andersherum gewesen sein: Das Archaeum hatte versucht, das Bakterium zu fressen, indem es wie üblich einfach seine Zellwand über das Opfer stülpte, um es im Inneren zu verdauen. Nur fand diesmal keine Verdauung statt, sondern eine Verbrüderung. Fortan bildeten die beiden unterschiedlichen Wesen eine gemeinsame Zelle. Dabei arrangierten sich die beiden so, dass sie sich gegenseitig ergänzten und immer leistungsfähiger wurden. Aus einer Zelle wurden im Laufe der Evolution mehrere, die fortan gemeinsam auftraten und sich spezialisierten. Vor 300 000 Jahren fanden sich schließlich 30 Billionen[4] Zellen zusammen und formten den modernen Menschen.

Wenn Sie nun denken, dass dann auch 30 Billionen in den Zellen versteckte Bakterien in Ihrem Körper heimlich werkeln, muss ich Sie korrigieren: Die Zahl ist viel, viel größer. Schauen wir doch einmal beispielsweise in eine menschliche Eizelle: Allein darin tummeln sich schon 100 000 Stück! Auch Zellen in Organen, die besonders viel Energie verbrauchen, enthalten eine sehr hohe Anzahl an Mitochondrien (so heißen die eingeschmuggelten Bakterien offiziell). Warum? Weil diese ehemals unabhängigen Bakterien sich zu Zellkraftwerken entwickelt haben, die aus Sauerstoff und Nährstoffen wie Zucker den wichtigsten Energieträger des Körpers bereitstellen: das Adenosintriphosphat, kurz ATP.[5] Es ist der Treibstoff, der uns lebendig und beweglich hält. Wir benötigen davon täglich riesige Mengen: Nehmen Sie Ihr Körpergewicht, dann haben Sie die Menge an ATP, die Sie Tag für Tag verbrauchen. Was mich betrifft, sind das nach dieser Rechnung 92 Kilogramm.

Müsste bei diesem enormen Umsatz das Körpergewicht nicht ständig erheblich schwanken? Bräuchten wir nicht gewaltige Mengen an Nahrung, um entsprechend Nachschub zu liefern? Und säßen wir dann nicht den ganzen Tag auf der Toilette, um den Ballast wieder loszuwerden? Nein, denn die Menge an ATP, die sich gleichzeitig im Körper befindet, ist gar nicht so groß: Sie beträgt durchschnittlich nur 250 Gramm. In meinem Fall ist es wahrscheinlich ein bisschen mehr, doch selbst das reicht meinem Körper nur für vier Minuten, beim Sport vielleicht noch nicht einmal für zwei Minuten – dann wäre ich tot. Und trotzdem esse ich nicht den ganzen Tag und sitze auch nicht den ganzen Tag auf der Toilette.

Woher kommt also der gigantische Nachschub, dessen Lieferung wir noch nicht einmal bemerken? Ganz einfach: Der Zelltreibstoff wird in wahnwitzigem Tempo recycelt, und hier kommen wieder die Bakterien ins Spiel. Die Mitochondrien sind die Weltmeister der Wiederverwertung; sie schaffen es, jedes ATP-Molekül 300-mal pro Tag zu erneuern.[6] Die Abfallprodukte werden von den eingeschmuggelten Bakterien also unermüdlich wieder als Treibstoff zur Verfügung gestellt, teilweise innerhalb von Sekunden. Umgekehrt werden die ehemals frei lebenden Bakterien dafür von der Zelle mit allem versorgt, was sie zum Leben brauchen.

Damit ist klar: Ohne Bakterien wären wir gar nicht entstanden und wären innerhalb von Minuten tot.

Doch selbst so könnten wir nicht länger als drei Tage durchhalten, wenn es nicht noch eine weitere Gruppe von Bakterien gäbe, die sich etwas Besonderes ausgedacht haben. Ihnen gelang vor drei Milliarden Jahren die Erfindung der Fotosynthese. Fortan waren sie an ihrer Farbe zu erkennen, die sich in Grün verwandelt hatte. Auch diese Cyanobakterien wuselten zunächst sehr lange einzeln vor sich hin, bis einige auf die Idee kamen, ebenfalls in eine der neuen Wohngemeinschaften einzuziehen.

Seitdem gibt es zwei Typen von trojanischen Pferden. Der eine kommt nicht ohne die zu Zellkraftwerken veränderten Bakterien zurecht, der andere benötigt noch zusätzlich eine zweite Bakterienart. Vielleicht ahnen Sie es schon: Wir können diese beiden Arten von trojanischen Pferden auch Tiere und Pflanzen nennen. Vielleicht sollten wir die Reihenfolge vertauschen und die Pflanzen zuerst nennen, denn ohne sie gäbe es kein tierisches Leben. Das ist ja der wesentliche Unterschied zwischen beiden Gruppen: Pflanzen können sich mithilfe der bakteriellen Untermieter selbst ernähren, Tiere nicht. Letztere müssen immer fremde organische Substanz verspeisen, die schlussendlich immer auf Grünzeug zurückzuführen ist.

Ohne Bakterien wäre die Erde also ein öder Wasserplanet mit ein paar staubigen Kontinenten. Doch kann man sie auch heute noch als Herrscher über diesen Planeten bezeichnen? Man könnte immerhin einwenden, dass zumindest die in die Zellen eingeschleusten Kleinstlebewesen nicht mehr viel zu sagen haben. Sie haben einen Teil ihrer Gene auf die Pflanzenzellen übertragen, können nicht mehr ohne ihre Wirte überleben und sind zu einer Art Zellorgan verkümmert. Andersherum könnte man auch sagen, dass sie schlauerweise sehr viele Aufgaben auf die Zelle übertragen haben und deshalb unnützen Ballast losgeworden sind. Und genau davon geht man heute aus: Die Pflanzenzellen erledigen mit den aufgenommenen Genen verschiedenste Aufgaben, die dann den Bakterien zugutekommen. Die Ackerschmalwand etwa, ein Wildkraut, dem Sie bei Ihren Spaziergängen in Wald und Feld begegnen können, hat 18 Prozent ihres Erbguts von Bakterien übernommen – rund 4500 Gene.[7]

Für die zweite Sichtweise spricht auch, dass diese rudimentären Bakterien zumindest Teile ihres eigenen Erbguts behalten haben. Normalerweise sitzt der Bauplan für jedes Detail unseres Körpers ja im Zellkern und dort in den Chromosomen. Das müsste auch für die Chloroplasten gelten, wenn sie vollends eins mit den Pflanzen geworden wären. Diese verwandelten Bakterien beharren aber auf ihrer genetischen Eigenbrötelei, teilen sich unabhängig von der Pflanzenzelle und zeigen damit bis heute deutlich, dass sie ursprünglich gar nicht dazugehörten, und auch, dass sie gerne weiterhin ihr eigenes Süppchen kochen möchten.

Dass Mitochondrien durchaus als unselbstständige Bakterien begriffen werden können, macht auch ihre enge Verwandtschaft mit ungebundenen Arten wie etwa dem Erreger von Typhus deutlich. Dieser lebt zwar auch in menschlichen Körperzellen, aber nicht als Helfer, sondern als Angreifer. Ansonsten ist ihr Aufbau und Stoffwechsel verblüffend ähnlich.[8] Beides waren einst freie Bakterien, die sich allerdings für unterschiedliche Seiten der Medaille »Mensch« entschieden haben. Und draußen in den Weltmeeren leben womöglich sogar noch die Nachfolger unserer Mitochondrien und vagabundieren frei durchs salzige Wasser.[9] Das können die Mitochondrien zwar nicht mehr, denn ihr Reich endet an den Grenzen der inneren Zellwand. Doch innerhalb der Blase sind sie keineswegs ortsfest. Sie schwimmen munter durch die Flüssigkeit und helfen uns auf die schon beschriebene Art und Weise. Das ist aber noch nicht alles. Wird die Zelle angegriffen, verteidigen die Winzlinge ihre Heimat gegen die Aggressoren.

Deren Ziel ist häufig eine Blase innerhalb der Zelle. Hier werden Wasser und Nährstoffe gespeichert sowie Abfallstoffe entsorgt. Und hier kann man sich als Mikrobe wunderbar vermehren – es sei denn, wachsame Mitochondrien sind zur Stelle. Sie bemerken die Fremden (wie, ist noch nicht geklärt) und bewegen sich aktiv auf deren Aufenthaltsort zu. Dabei bilden sie eine Art Abwehrmauer um die Blase und entziehen den Fremden, etwa den Erregern der Toxoplasmose, das Futter. Dazu fressen sie einfach mehr davon, sodass für die unerwünschten Gäste weniger übrig bleibt und sie verhungern.[10]

Wie viel diese Kleinstlebewesen bei uns tatsächlich mitreden, sieht man ausgerechnet bei der Fortpflanzung. Landläufig wird davon ausgegangen, dass sich das Erbgut der Eltern zu jeweils 50 Prozent im Nachwuchs wiederfindet, beide also gleichen Anteil an den Eigenschaften der Kinder haben. Das stimmt aber nicht ganz, denn die »verkümmerten« Bakterien drücken der nächsten Generation ihren eigenen, teils deutlich sichtbaren Stempel auf, wie wir gleich sehen werden.

Gestatten: Bakterium

Mir fällt gerade auf, dass ich Ihnen die Protagonisten dieses Buches noch gar nicht richtig vorgestellt habe. Das ist natürlich kein Zufall, denn ich wollte, dass Sie sich erst einmal für die Wesen interessieren, die Sie und Ihr Leben prägen. Und weil man die Racker mit bloßem Auge nicht sehen kann, wird es Zeit für eine ausführlichere Beschreibung, damit Sie wissen, wer da genau in Ihnen werkelt.

Der erste Mensch, der Bakterien zu Gesicht bekam, war der niederländische Tuchhändler Antoni van Leeuwenhoek. Er nutzte Mikroskope, um die Qualität seiner Ware zu kontrollieren, und konstruierte später selbst solche Apparate, die mit nur einer winzigen kugelförmigen Linse eine 270-fache Vergrößerung schafften. Damit untersuchte er alle möglichen klitzekleinen Dinge und entdeckte so 1683 die ersten Bakterien in seinem eigenen Zahnbelag. Insgesamt baute er rund 500 Mikroskope und war zu seiner Zeit der führende Mikrobiologe, obwohl er keinerlei wissenschaftliches Studium absolviert hatte.[11] Es dauerte allerdings noch weitere 200 Jahre, bis der Mediziner und Wissenschaftler Robert Koch den Zusammenhang zwischen einer Krankheit (Milzbrand) und Bakterien (*Bacillus anthracis*) nachweisen konnte. Seitdem standen Bakterien meist als Krankheitserreger im Fokus der Wissenschaft, und ihre Rolle als Umweltgestalter, ja Umwelt- und Menschenlenker wird erst jetzt gerade langsam entschlüsselt.

Optisch gleichen die typischen Einzeller einer Kapsel, besitzen eine länglich-abgerundete Form. Diese Stäbchenform nennt man Bazillen. Daneben gibt es noch Bakterien in Kugel- (Kokken) oder in geschraubter Form (Spirochäten), wie etwa die Erreger der Borreliose. Sie sehen also: Sogar als Einzeller kann man optisch vielfältig erscheinen.

Auch wenn wir Bakterien nicht mit bloßem Auge sehen können, sind sie keineswegs durchsichtig. Treten sie dicht an dicht auf, wird der wässrige Schleim (oder höflicher ausgedrückt: transparente exopolymere Produkte)[12] immerhin ein bisschen milchig. Wobei – ich muss mich korrigieren: Es gibt tatsächlich eine Bakterienart, die so groß ist, dass Sie sie mit bloßem Auge erkennen können. Sie hört auf den wissenschaftlichen Namen *Thiomargarita magnifica* und lebt im schwefelhaltigen Wasser der Mangrovenwälder auf der karibischen Inselgruppe Guadeloupe. Im Alltag werden Sie ihr also nicht begegnen.

Bakterien besitzen keinen Zellkern, der die DNA umhüllt. Das unterscheidet sie von sogenanntem höheren Leben, welches ausnahmslos aus Zellen mit Kern besteht, also Pflanzen, Pilze und Tiere. Solch ein Zellkern ist schon eine feine Sache: Seine stabile Hülle schützt nicht nur die Erbinformation, sondern fungiert zugleich als Sensor. Wird die Zelle gequetscht, registriert der Kern die Verformung und sorgt dafür, dass sich die Zelle entsprechend an ihre Umgebung anpasst.[13]

Wenn Bakterien die Mehrzeller ermöglicht oder vielleicht sogar erfunden haben, warum steckt ihre DNA dann nicht auch in solch einer wunderbaren Hülle? Sie sind doch meisterhafte Denker und können sich unglaublich gut anpassen! Genau das ist der Grund, warum sie auf einen Zellkern verzichten. Der schützt zwar gut, ermöglicht genetische Anpassungen aber nur ziemlich umständlich und langsam. Das ist nichts für die ungeduldigen Wichte. Will ein Wesen mit Zellkernen (also zum Beispiel wir) Proteine herstellen, dann muss dazu die Bauanleitung der DNA im Zellkern ausgelesen werden. Da der Zellkern aber ein Sicherheitsfanatiker ist, darf die DNA zum Auslesen des Codes nicht hinaus. Also wird der entsprechende Abschnitt im Kern kopiert und nur die Kopie herausgereicht. Dann kann außerhalb im Zellplasma die Produktion der Eiweißmoleküle starten. Das ist den Bakterien offenbar zu umständlich. Wenn sie Proteine brauchen, basteln sie diese direkt aus ihrer DNA – das geht deutlich flotter. Zudem können sie bei Störungen oder anderen Signalen von außerhalb sofort ihre Produktion anpassen, was deutlich schneller als die Kopieraktion der Zellkerne funktioniert.[14]

Schnell ist auch das Stichwort bei der Vermehrung. Bakterien ersparen sich den ganzen umständlichen Prozess der Partnerfindung, Paarung, Schwangerschaft und Geburt. Sie pflanzen sich überhaupt nicht fort, sondern teilen sich einfach. Wer anschließend das Original ist und wer die Kopie, lässt sich nicht bestimmen, ist aber offenbar auch egal. Fakt ist, dass niemand im Reich der Lebewesen schneller Nachkommen produzieren kann. Kolibakterien etwa, menschliche Darmbewohner, verdoppeln sich unter günstigen Umständen alle 20 Minuten. Während der Teilung reproduzieren sie dazu rasend schnell ihre DNA: Pro Sekunde kopieren sie unfassbare 1000 Bausteine des Erbguts. Doch es geht sogar noch schneller: *Vibrio natriegens*, ein salzliebender Küstenbewohner, braucht nur halb so lange und gilt damit als Rekordhalter des Planeten. Er kann sich in weniger als zehn Minuten teilen.[15]

Was dieses Tempo in der Bakterienwelt bedeutet, mag folgender Vergleich zeigen: Eine menschliche Generation (Abstand Eltern zu Kindern) umfasst im Schnitt der letzten Jahrtausende 28 Jahre.[16] Seit der Erbauung der großen Cheopspyramide in Ägypten sind 4600 Jahre vergangen, das entspricht 164 menschlichen Generationen. Für Otto Normalbakterium der Sorte Darmbewohner wären das noch nicht einmal zweieinhalb Tage. Während unser

Nahrungsbrei durch den Bauch wandert, vergehen für die Knilche ganze Zeitalter, in denen sie leben, vielleicht sogar lieben und dann wieder vergehen. Ewig leben sie ja trotz ihrer Teilung nicht, denn ihre durchschnittliche Lebenserwartung wird unter anderem von Viren verkürzt.

Dass Bakterien sich nicht fortpflanzen, sondern sich einfach »nur« teilen, hat allerdings einen entscheidenden Nachteil: Es werden immer sofort »erwachsene« Wesen produziert, ganz anders als etwa bei Pflanzen. Dadurch sind sie zwar sofort einsatzbereit, aber auch gleichzeitig empfindlich, denn außerhalb ihres angestammten Milieus können sie in der Regel nicht lange überleben. Die meisten Gewächse setzen auf eine andere Strategie, um ihre Art zu erhalten und sich fleißig auszubreiten: Sie bilden Samen, also Embryos. Diese halb fertigen Nachkommen können als Nüsse oder Körner Bedingungen aushalten, bei denen ihre grünen Eltern sterben würden. Dürre, Kälte, Dunkelheit – alles kein Problem. Sie warten und warten, bis die Umweltbedingungen wieder passen. So überleben Pflanzenarten zumindest eine Zeit lang, selbst wenn die Natur lebensfeindlich ist. Den Rekord stellten bisher Dattelpalmensamen auf, die nach 2000 Jahren noch keimten.[17]

Bei Bakterien ist an der frischen Luft selbst für gerade geteilte das Leben schnell zu Ende. Die meisten Arten brauchen es eben warm und vor allem feucht, und so wundert es nicht, dass die Zeit, die ihnen bleibt, im besten Fall nur wenige Stunden beträgt. Lediglich wenn sie in kleinen Wassertröpfchen reisen (wie etwa dem Sprühnebel von Toiletten oder in Wolken), sieht die Sache anders aus. Dazu später mehr.

Trockene Luft und Sonnenschein sind für Bakterien kein schönes Wetter, sondern eine Katastrophe. Aber weil sie so schlau sind, haben sie auch hierfür eine Lösung gefunden: Sie verwandeln sich in eine Spore. Das ist eine Kapsel, die nur noch 15 Prozent Wasser enthält und in der die Lebensprozesse ähnlich wie in Pflanzensamen zum Erliegen kommen. Der Vorteil: Nun wird keine Energie mehr verbraucht, und man kann sehr lange (Jahrzehnte, im Extremfall sogar Millionen von Jahren) warten, bis die Bedingungen wieder freundlicher werden. Dann kann sich aus der Spore innerhalb von Minuten wieder ein voll einsatzfähiges Bakterium entwickeln. Im Unterschied zu den Pflanzen (oder Pilzsporen) ist es immer noch dasselbe Individuum, welches sich dermaßen hin- und wieder zurückverwandelt.[18]

Diese Verwandlung geschieht immer dann, wenn die heimlichen Helden merken, dass ein dramatischer Mini-Klimawandel eintritt oder es nichts mehr zu futtern gibt. Dann teilen sie sich nicht wie gewöhnlich in zwei gleiche, neue Wesen, sondern bilden innerhalb des Mutterbakteriums eine kleine Kugel, in der die Erbinformationen verstaut werden. Zusätzlich wird die Kugel durch eine robuste Membran abgedichtet und hitzeresistent gemacht. Nun löst sich die Mutter auf und gibt die Kugel frei. Eine echte Geburt ist das aber trotzdem nicht – das Bakterium hat sich ja wie gewohnt geteilt, diesmal aber nur eine Nachfolgerin erzeugt, also quasi sich selbst in einer kleinen Raumkapsel. Hier schlummert das Wesen und träumt von besseren Zeiten. Dabei hält es deutlich höhere Temperaturen aus als in seiner früheren Form – Sporen kann man nicht durch Pasteurisieren (Erhitzen auf 72 Grad Celsius, wie etwa Milch) abtöten, ganz im Gegenteil: Manche Arten halten selbst stundenlanges Kochen aus. Wenn die Spore wieder zum Leben erwacht und ein richtiges Bakterium wird, geht die Hitzeresistenz allerdings sofort wieder verloren.[19] Denken wir nun an Pflanzen und ihre Samen, dann haben wir hier doch noch ein Bakterien-Pendant gefunden, nur noch ausgeklügelter. Welcher Baum kann sich schon in eine kleinere Form schrumpfen und so ganze Zeitalter überdauern, um dann wieder zum Leben zu erwachen?

Bisher haben wir den Akt der Fortpflanzung der einzelligen Wesen nur gestreift – das soll sich jetzt ändern. Denn auch hier haben sie sich sehr spezielle Techniken einfallen lassen. Verschiedene Geschlechter gibt es nicht, und die Vermehrung erfolgt durch »plumpe« Teilung. Erstens wissen Sie das schon, und zweitens: wieso plump? Weil bei einer bloßen Teilung das Erbmaterial nicht neu kombiniert wird – das ist ja der Sinn der sexuellen Vermehrung. Männliche und weibliche Partner mischen ihre Gene, und heraus kommt ein Wesen mit einigen Eigenschaften der Eltern oder sogar völlig neuen, die sich durch den Mix ergeben. Zusätzlich wird bei der Verschmelzung des Erbguts von Ei- und Samenzelle manchmal schlampig gearbeitet, sodass ungewollte Abweichungen (Mutationen) auftreten.

Das kann ein Nachteil sein, bei sich verändernden Umweltbedingungen aber auch ein Vorteil. So gelang es unseren Vorfahren, sich an den Rauch von Lagerfeuern anzupassen. Erst die Erfindung des Feuermachens hat die Entwicklung unserer Zivilisation ermöglicht, doch die giftigen Abgase mit Ruß und allerlei anderen unverbrannten schwarzen Stoffen drohten die frühen Erfinder umzubringen. Während sie über Generationen hinweg hustend in ihren Höhlen um die wärmespendenden Flammen hockten und recht früh starben, wurden auf einmal Kinder geboren, die den Qualm deutlich besser wegsteckten. Bei ihnen tauchte ein neuer Abschnitt in den Genen auf, welcher dem Nachwuchs die Fähigkeit bescherte, einen Teil der schädlichen Schwaden mit geringeren gesundheitlichen Folgen zu inhalieren. Je nach Substanz verbesserte sich die Widerstandsfähigkeit um den Faktor 1000. Den Neandertalern fehlte dieser Genabschnitt, was ihr Verschwinden möglicherweise beschleunigte.[20]

Sollte also ausgerechnet die älteste Lebensform dieses Planeten, die über vier Milliarden Jahre Zeit hatte, Ähnliches zu erfinden, auf diese geniale Möglichkeit der Anpassung verzichtet haben? Natürlich nicht: Bakterien sind dazu sehr wohl in der Lage und (wie Sie sich vielleicht schon denken können) gehen dabei noch viel effektiver vor. Gewiss, sie mischen ihre Gene nicht bei der Teilung, doch das brauchen sie auch gar nicht, um an neue genetische Eigenschaften heranzukommen. Im Gegensatz zu uns gelingt ihnen das nämlich jederzeit, völlig unabhängig von der Fortpflanzung. Dazu haben sie verschiedene Möglichkeiten entwickelt. Eine davon ähnelt einer Paarung: Zwei interessierte Bakterien strecken Fühler aus und schauen, ob das jeweils andere an einem Austausch interessiert ist. Ist das der Fall, nähern sie sich einander an, um herauszufinden, welche Infos der jeweils andere braucht. Dann werden die passenden Stücke des Erbguts ausgetauscht und in das eigene eingebaut. Und schwups – ist man zum Beispiel gegen Antibiotika resistent.[21]

Ist das nicht das Gleiche wie eine sexuelle Fortpflanzung? Es ist noch viel besser, denn die Bakterien können sich auf diese Weise selbst verändern und nicht erst die nächste Generation. Davon abgesehen geht es bei Bakterien auch weniger romantisch zu, wenn es sein muss. Fremdes Erbmaterial lässt sich schließlich genauso gut ohne ein Techtelmechtel besorgen. So gibt es jede Menge herrenlose DNA in der Natur, denn wenn Lebewesen sterben und sich auflösen, bleiben unzählige Schnipsel von Erbgut im Boden zurück. Hier bedienen sich Bakterien, indem sie etwas heraussuchen und sich einverleiben. Im Bedarfsfall wird der Fund fest in den eigenen DNA-Strang eingefügt. Solche Vorgänge nennt man »horizontalen Gentransfer«, im Gegensatz zum vertikalen, der von Generation zu Generation abläuft.[22] Kein Wunder, dass Bakterien so unglaublich anpassungsfähig sind: rasante Teilungsraten, dazwischen bei Bedarf Einbau weiterer Eigenschaften von anderen Arten – schneller kann sich niemand auf diesem Planeten verändern.

Wie sieht es mit Augen aus? Da wird es als Einzeller schwierig, weil Organe aus vielen Zellen bestehen. Sehapparate sucht man bei Bakterien vergebens, und trotzdem können sie Licht erkennen. Sie machen das eben nicht mit Linsen und Netzhaut wie Tiere, sondern mit einer Reihe von speziellen Proteinen. Sie dienen ihnen als Rezeptoren und sind wissenschaftlich erst ansatzweise erforscht (weil man lange dachte, Bakterien könnten mit Lichtreizen nichts anfangen). Davon abgesehen macht ein wie auch immer gestaltetes Sehen Sinn, zum Beispiel wenn man zur Gruppe der Cyanobakterien gehört und sich sogar von Licht ernährt. Da sollte man schon wissen, wo die besten Plätzchen sind! Andere Arten wie die Erreger der Brucellose, einer gefürchteten Infektionskrankheit, brauchen die Informationen, um sich auf einen Wirt vorzubereiten, etwa auf Rinder, Elche oder Bisons. Wenn sie merken, dass es dunkel wird (jetzt ist man vielleicht im Wirt angekommen!), fahren sie ihre Angriffsfähigkeiten hoch, um schneller attackieren zu können.[23]

Bakterien wandern gerne. Dazu nutzen sie allerdings keine Beine, zumindest nicht so wie wir. Manche Arten ziehen sich wie an winzigen Ärmchen vorwärts, die sie ausfahren und mit denen sie an Oberflächen haften können. Das geht jedoch sehr langsam. Wesentlich flotter sind diejenigen unterwegs, die Geißeln (fadenförmige Anhängsel) am Hinterende haben. Diese Geißeln werden mit einer Art Motor (Muskeln haben die Einzeller ja nicht) in Rotation versetzt, und zwar so schnell, dass ein moderner Ventilator mit 250 Umdrehungen pro Minute dagegen wie eine lahme Ente daherkommt. Spitzenreiter sind Meeresbakterien, deren Geißeln 1700-mal rotieren – pro Sekunde![24] Doch solche Propeller haben einen Nachteil: Man braucht Wasser, um sich als Miniboot fortzubewegen. Luft kommt nicht infrage, denn zum Fliegen bräuchte es noch mehr Energie, und davon abgesehen hassen Bakterien Trockenheit, weil sie dann mindestens inaktiv werden oder sogar vertrocknen, sprich sterben. Gerade im Boden kann diese Fortbewegungsart problematisch werden. Im Erdreich gibt es zahlreiche Poren, die teils luftgefüllt sind. Hier wäre jede Bakterienreise zu Ende. Doch zum Glück gibt es Pilze, die mit ihren Fäden unerschrocken auch solche Hohlräume überwinden und riesige Geflechte im Untergrund bilden. Der größte bisher gefundene Einzelpilz, ein Hallimasch im US-Bundesstaat Oregon, hat seine weichen Ausläufer auf bis zu neun Quadratkilometer ausgebreitet. Pilze lieben genau wie Bakterien die Feuchtigkeit, und deshalb sind ihre Fäden von einem dünnen Flüssigkeitsfilm überzogen. So können Bakterien Pilze als unterirdische Autobahnen nutzen und fröhlich propellernd selbst luftige Hohlräume überwinden.[25] Raststätten sind ebenfalls vorhanden, denn Pilze geben den Reisenden Zucker ab, den sie selbst von den Bäumen erhalten haben. Bis zu 30 Prozent der gesamten Produktion verteilen Buchen, Eichen und Co. für Dienstleistungen an ihre wattigen Helfer und an die Bakterien, die dafür mit allerlei Hilfeleistungen bezahlen (dazu später mehr).

Während man sich auf Autobahnen selbst bewegen muss, sieht das bei Bus und Bahn anders aus. So ähnlich funktionieren Regenwürmer und andere Bodenbewohner für Bakterien, mit dem Unterschied, dass die kleinen Passagiere nicht nur im Innenraum, sondern auch an den Außenwänden mitreisen. Für bakterielle Maßstäbe lassen sich so große Entfernungen von mehreren Metern zurücklegen. Und die Reisegeschwindigkeit bei eigener Fortbewegung? Sie klingt mickrig, sind es doch je nach Art pro Sekunde bloß 400 bis 500 Mikrometer (millionstel Meter). Das entspricht ebenso vielen Bakterien-Körperlängen. Zum Vergleich: Ein Profischwimmer schafft nicht mehr als eine Körperlänge pro Sekunde.[26]

Wer sich viel bewegt, bekommt schnell Hunger. Die Leibspeise von Bakterien ist je nach Art sehr unterschiedlich, wie wir im weiteren Verlauf noch sehen werden. Bei der Mahlzeit selbst scheint es bei einigen Arten so etwas Ähnliches zu geben wie bei uns Menschen: Futterneid. Normalerweise werden zum Beispiel große Zuckermoleküle außerhalb des eigenen Körpers bearbeitet, sodass man sich die Beute mit anderen Individuen teilen kann. Das gleicht einem Löwenrudel, welches gemeinsam einen erlegten Kaffernbüffel auffrisst.

Zu ihrer Überraschung fanden Forschende in kroatischen Seen Bakterien, die sich stattdessen die ganzen Zuckerstückchen auf einmal hineinstopfen. So können sie die Nahrung innerlich abbauen, ohne den Artgenossen etwas abgeben zu müssen. Das Team bezeichnete solche Einzeller als egoistisch und ihr Verhalten als dominant. Wer anderen etwas wegnimmt, lässt diese verhungern und deren Population schrumpfen. Dieser Nahrungsegoismus variiert je nach Jahreszeit und Nährstoffangebot. In einem der zwei untersuchten Seen, der ohnehin kaum Fressbares enthält, war der Egoismus im Winter, wenn es noch weniger davon gibt, besonders stark ausgeprägt. Das klingt logisch – Futterneid zahlt sich dann aus, wenn man einen Vorteil erlangt. Zur Überraschung des Teams war in einem anderen See, der ganzjährig mehr Nährstoffe enthält, der Egoismus im Sommer besonders stark, und zwar zum Zeitpunkt einer Algenblüte. Algen sind Pflanzen und produzieren Zucker – zu diesem Zeitpunkt musste es davon mehr als genug für jedes Individuum geben. Waren diese Bakterien einfach grundsätzlich rücksichtslos?

Die kleinen Egoisten hamsterten aber nicht jeden Zucker, sondern offenbar bevorzugt ihre Lieblingsspeise, Pullulan. Diese Süßigkeit wird von Pilzen hergestellt und nicht gerne geteilt. Wer anderen etwas wegnimmt, überlässt ihnen weniger schmackhafte Nahrung oder verurteilt sie schlimmstenfalls zum Hungertod. Die Bedeutung dieser Entdeckung liegt in der Artenvielfalt und -zusammensetzung von Ökosystemen, bei denen die Bakterien eine entscheidende Rolle spielen. Wenn Egoisten andere Arten verdrängen, dann funktionieren Nahrungsketten, an deren Anfang und Ende diese egoistischen Einzeller stehen, völlig anders – wie, muss noch erforscht werden.

Gut erforscht hingegen sind die kognitiven Fähigkeiten von Bakterien. Sie sind zum Beispiel Meister im Rechnen. Ihre Denkprozesse könnte man wie bei unserem Gehirn mit den Rechenoperationen eines Computers vergleichen. Das betrifft nicht nur die einzelligen Exemplare, die in Freiheit leben, sondern auch ihre Verwandtschaft in den Zellen, die Mitochondrien. Die Zellen selbst – zum Beispiel als Neuronen bei Tieren, aber auch als hirnähnliche Organe in den Wurzelspitzen der Pflanzen – sinnen ebenfalls ständig nach neuen Lösungen als Reaktion auf Verletzungen, Dürre oder andere Umwelteinflüsse. Die Natur rechnet laufend und in unvorstellbaren Größenordnungen. Anastassia Makarieva, eine russische Wissenschaftlerin, deren bahnbrechende Forschung Sie später noch einmal genauer kennenlernen werden, hat dazu einmal eine aufwendige Kalkulation gemacht. Ihr Ergebnis: In jeder Sekunde finden pro Quadratmeter (!) intakter Natur 2×10^{20} Rechenoperationen statt – das sind 200 Trillionen Vorgänge. Allein in 30 Gramm Waldboden (das entspricht zwei Esslöffeln voller Erde) denken ständig 450 Milliarden Bakterien, die zu geschätzt einer Million Arten gehören.[27]

Zum Vergleich: Ein Supercomputer schafft auf einem Quadratmeter eine Milliarde Mal weniger (und verbraucht dabei ein Vielfaches an Energie). Damit ist selbst Ihr heimischer Garten jeder künstlichen Intelligenz haushoch überlegen. Doch wozu braucht die Natur solch eine gewaltige Rechenleistung? Weil das Leben ständig und überall schauen muss, wie es die Umweltbedingungen so günstig erhält, dass eine nachhaltige Existenz möglich ist. Das gelingt ihm nun schon seit über vier Milliarden Jahren, und wir wissen immer noch nicht genau, wie es das macht.

Stören wir diese Prozesse, so Makarieva, destabilisieren wir die Natur. Und noch eines wird laut der Berechnung der russischen Wissenschaftlerin klar: Wenn wir die Ökosysteme so ramponieren, dass sie sich selbst nicht mehr reparieren können, dann hilft es auch nicht, dass wir eines Tages vielleicht aufhören, Treibhausgase in die Luft zu pusten. Unsere Computer wären nicht in der Lage, die Rechenleistung der Natur zu ersetzen.[28] Lassen wir also lieber die Bakterien und die von ihnen erschaffenen Ökosysteme nachdenken, wie sie die von uns verursachten Schäden wieder in den Griff bekommen. Noch sieht es so aus, als würde es ihnen gelingen, wenn wir ihnen nur ein wenig mehr Raum geben.

In der Vorstellungsrunde der Bakterien fehlt zum Schluss noch der Faktor Zeit. Sind sie nicht bedauernswert, die kleinen Wesen, deren Generationenfolge und damit Lebensspanne nur wenige Dutzend Minuten währt? Ist ihre Existenz nicht nur ein Wimpernschlag; vorbei, kaum dass sie begonnen hat? Auch hier greift der Vergleich zu unserem Leben nur sehr schlecht. Zum einen wird das Bakterienleben durch die Teilung nicht beendet, sondern möglicherweise verdoppelt – wir haben uns ja schon die Frage gestellt, wer von den beiden neuen Zellen das Original und wer die Kopie ist. Gibt es anschließend vielleicht sogar zwei Originale, könnten Bakterien unendlich lange leben, da dieses Spielchen sich mit jeder Teilung erneut vollzieht. Falls nur eine Zelle das Original bleibt und die andere eine neue Kopie wird, bliebe die unendliche Lebensspanne dennoch möglich, denn auch dieses Spiel ließe sich unendlich fortsetzen. Lediglich bei Variante drei, in der aus der Mutterzelle zwei Kopien entstehen, wäre das Leben damit beendet. Aber selbst dann bräuchten wir die Bakterien nicht zu bedauern. Die gefühlte Lebensspanne bemisst sich bei uns Menschen an der Abfolge unterschiedlicher Ereignisse.

Skizzieren wir doch einmal beispielhaft das Leben eines Bakteriums, welches auf den Zähnen lebt. Sobald wir sie abends geputzt haben und ins Bett steigen, beginnt eine neue Dynastie von Karieskeimen mit dem Aufstieg. Es wird gelebt, gegessen, neue Gemeinschaften werden gegründet. Bünde entstehen, und Gebäude (Zahnbelag) werden errichtet. Ganze 20 Generationen lang wird geschuftet und ein Bakterienstaat nach dem anderen geschaffen, mithilfe einer ausgeklügelten Arbeitsteilung, bevor eine Naturkatastrophe (die morgendliche Zahnbürste) hereinbricht und die ganze Kultur wieder auf Steinzeitniveau zurückwirft. Solch lange Perioden ohne Zerstörung hat die Menschheit, zumindest seit es Aufzeichnungen gibt, noch nie erlebt. Insofern haben Bakterien also ein besonders angenehmes Leben, wenn man von den anderen Gefahren, denen sie ausgesetzt sind (wie Viren- oder Pilzattacken), einmal absieht.

Am Anfang dieses Buches habe ich Ihnen die Bakterien als Erfinder allen höheren Lebens vorgestellt. Wenn das wirklich so ist, dann müssten alle Wesen auf diesem Planeten auf ein Urbakterium zurückzuführen sein, und genau dieser Frage gehen wir nun auf den Grund.

Unsere Urahnin heißt Luca

Wie will man herausfinden, auf welches Urbakterium wir alle zurückgehen? Die Frage ist ja die nach einem gemeinsamen Stammbaum, und wenn Sie schon einmal Ahnenforschung betrieben haben, dann wissen Sie, dass das eine exponentielle Sache ist. Die Zahl der direkten Vorfahren, also Eltern, Großeltern, Urgroßeltern und so fort, verdoppelt sich mit jeder Generation. Ich erinnere mich noch gut an die Zeit, als meine Frau das einmal für unsere Familie mithilfe von gedruckten Diagrammen auf unserem Wohnzimmerboden versucht hat – schon wenige Generationen zurück reichten die aneinandergelegten Blätter bis an die Wände, womit klar war, dass wir niemals einen Stammbaum haben würden, der auf ein hübsch gerahmtes Bild passt.

Die Dimension kann man sich auch leicht mit folgender Formel ausrechnen: $2^n = X$. N ist die Zahl der Generationen, X die Anzahl der Vorfahren. Geht man nur 10 Generationen zurück, kommt man auf über 1000 direkte Ahninnen und Ahnen, 30 Generationen zurück schon auf über eine Milliarde! Die müssten damals alle gleichzeitig gelebt haben, was natürlich nicht der Fall war. Des Rätsels Lösung sind Verluste, vor allem aber Verwandtschaft. Uroma und Uropa könnten ja auch Cousin und Cousine gewesen sein, was damals nicht nur in kleinen Dörfern, sondern auch beim Großadel oft vorkam.[29] Es wird also immer unübersichtlicher, je weiter wir in die Vergangenheit schauen, und wir wollen hier ja nicht nur den menschlichen Stammbaum entwirren, sondern viel, viel weiter zurückgehen, um das Urbakterium zu finden.

Zum Glück haben wir genetische Forschung, die das Verfahren abkürzen kann. Das Ergebnis: Es gibt tatsächlich eine Vorfahrin, und sie war die Mutter aller heute existierenden Arten. Die Wissenschaftlerinnen und Wissenschaftler tauften sie auf den Namen »Luca« für »Last universal common ancestor«, also die letzte gemeinsame Vorfahrin. So gesehen sind wir alle eine einzige große Familie. Ob Luca ein Bakterium war oder eine Art Vorstufe, weiß die Wissenschaft nicht und stuft sie deshalb einfach als »Leben« ein.[30] Luca lebte aktuellen Untersuchungen zufolge schon vor 4,2 Milliarden Jahren, also bereits 400 Millionen Jahre nach der Entstehung des Sonnensystems.[31] Das kann man anhand genetischer Vergleiche aller heute lebenden Arten zurückdatieren. Diese Genanalysen zeigen sogar, wie Luca gelebt haben muss: ohne Sauerstoff (na klar, die Cyanobakterien mit ihrer Sauerstofferfindung traten ja erst später auf) in unwirtlicher Umgebung in der Tiefsee. Dort saßen sie und ihre Verwandtschaft wahrscheinlich an 100 Grad heißen Quellen und ernährten sich von Wasserstoff, CO_2 und schwefelhaltigen Eisenverbindungen.[32] Zucker stand damals mangels Fotosynthese noch nicht auf dem Speiseplan.

Luca war nicht allein, obwohl sie das einzige Lebewesen ist, welches man anhand genetischer Reste im Erbgut moderner Einzeller so weit zurückverfolgen kann. Doch von Lucas Ausrüstung für bestimmte Stoffwechselprozesse, die der Interaktion mit anderen Arten dienten, kann mit hoher Wahrscheinlichkeit darauf geschlossen werden, dass sich unsere Urahnin schon gegen Viren wehren musste, denn sie besaß bereits ein einfaches Immunsystem zur Abwehr der winzigen Angreifer.

Der Lebenswandel von Luca deutet darauf hin, dass sie sogar Bestandteil eines regelrechten Ökosystems war, im Klartext: Es gab damals noch weitere einzellige Mitspieler. Deshalb kann Luca nicht das erste Lebewesen der Erde gewesen sein, und das überrascht die Wissenschaft, denn der Zeitraum vor ihrer Geburt hat dazu kaum Spielraum gelassen: Das Sonnensystem war ja erst 400 Millionen Jahre jung und die Erde alles andere als stabil. Zunächst war sie über 1000 Grad heiß, zudem stand sie unter Dauerbeschuss großer Himmelskörper aus Stein und Eis. 70 Millionen Jahre nach ihrer Entstehung donnerte ein Planet von der Größe des Mars in sie hinein und hätte die junge Erde beinahe vollständig zerrissen. Doch zum Glück wurde »nur« so viel Material durch den Aufprall ins Weltall geschleudert, dass sich daraus der Mond bildete.[33] Zwischen diesen Beinahe-Katastrophen und dem Auftreten von Luca muss sich das erste Leben entwickelt haben, und das schon relativ differenziert mit verschiedenen Arten und sogar Viren. Wie ist das in evolutionär gesehen winzigen Zeitspannen möglich? Oder war es gar nicht möglich und ist trotzdem passiert? Was widersprüchlich klingt, findet eine denkbare Erklärung, wenn wir noch einmal ins Weltall schauen.

Sind wir alle Marsianer?

Seit wann ungefähr Leben auf der Erde existiert, haben wir schon besprochen. Eine entscheidende Frage ist aber noch offen: Wie sah der Schritt hin zum ersten Bakterium aus? Leider gibt es darauf bisher keine abschließende Antwort. Verschiedene Theorien liefern Ansätze, wie es sich aus einer Ursuppe heraus entwickelt haben könnte. Irgendwann muss aus Chemie Biologie geworden sein, müssen sich Moleküle so angeordnet haben, dass etwas Lebendiges daraus wurde, was sich selbstständig vermehren konnte. Diesen entscheidenden Schritt konnte die Wissenschaft bisher experimentell nicht nachvollziehen, alle Theorien dazu bleiben deshalb unbewiesen. Vor mindestens 4,2 Milliarden Jahren traten, so viel steht fest, erstmals Winzlinge auf, die nur aus einer Zelle bestanden. Es waren, Sie wissen es schon, die Urahnen der heutigen Bakterien. Zu diesem Zeitpunkt waren seit der Entstehung der Erde erst 400 Millionen Jahre vergangen, und plötzlich trat Leben auf, ohne jegliche Hinweise darauf, wie und wo der Sprung zur ersten Zelle stattgefunden haben könnte.

Doch vielleicht wurde bisher einfach an der falschen Stelle gesucht, oder besser: auf dem falschen Planeten. Ist das Leben möglicherweise gar nicht auf der Erde entstanden, sondern aus dem Weltraum zu uns gekommen? Sind Bakterien vielleicht Aliens, die durch das All hierherreisten und die Erde anschließend zu einem Paradies für das Leben machten? Dazu gibt es eine Hypothese, die gut begründet ist und im Juni 2023 die Fachwelt aufhorchen ließ: Auch auf dem Mars existiert möglicherweise Leben, und es deutet einiges darauf hin, dass es auch schon entdeckt wurde – man hat den Beweis dafür vielleicht nur versehentlich zerstört.

Als Kronzeugen werden die beiden Viking-Sonden herangezogen, die im Sommer 1976 auf dem Roten Planeten landeten. Sie sollten dort bei einer ersten Mission auf einem anderen Himmelskörper nach Leben suchen. Dazu hatten sie Messinstrumente für vier Experimente an Bord, die zunächst auch Ergebnisse lieferten, die auf Leben hindeuteten. Sie entdeckten nämlich die Atmung von Mikroorganismen – hurra! Und das war noch nicht alles: In der Atmosphäre ließen sich Methan, Formaldehyd und Ammoniak nachweisen, typische Substanzen, die Organismen produzieren. Hier und da flackerte sogar ein Leuchten auf, welches durch die Entzündung von Methan zu erklären war. Trotzdem blieb die NASA skeptisch und glaubte den Messdaten nicht, denn ein entscheidender Test blieb negativ: der Nachweis einer organischen Substanz. Wenn niemand da war, der atmen konnte, dann mussten die Gase durch andere, chemische Prozesse entstanden sein. Also zeigte man sich zurückhaltend und verkündete, man habe kein Leben auf dem Mars gefunden. Der maßgebliche Forscher, Gil Levin, blieb aber bei dem ersten positiven Befund,[34] fand jedoch lange kein Gehör.[35]

Doch 2024 bekam Levin Unterstützung von dem Berliner Astrobiologen Dirk Schulze-Makuch von der TU Berlin. Er beschrieb in einem Interview des Magazins *Der Spiegel*, wie das widersprüchliche Ergebnis zu erklären sei. Demnach können die anfänglichen Lebenszeichen, die dann immer schwächer wurden, auch ganz anders gedeutet werden: Es ist durchaus möglich, dass die beprobten Organismen während des Experiments ertrunken sind. Schulze-Makuch verglich die Ergebnisse mit dem Verhalten von Bakterien, die auf der Erde unter marsähnlichen Bedingungen leben. Das ist etwa in der chilenischen Atacama-Wüste der Fall, wo es extrem selten regnet und der Boden zusätzlich sehr salzhaltig ist. Werden solche Bakterien gewässert (und sei es nur mit einem Tropfen), stirbt ein Großteil von ihnen. Ähnliches könnte bei dem Marsexperiment passiert sein, bei dem die Proben mit Wasser versetzt und anschließend analysiert wurden. Dann hätte man sterbendes Leben beobachtet – eine Theorie, die zunehmend Anhänger gewinnt.

Und Schulze-Makuch spekulierte noch weiter: »Am Ende könnte herauskommen, dass wir alle Marsianer sind.«[36] Denn wenn das Leben auf Erde und Mars parallel entstanden wäre, dann könnte es durchaus sein, dass ein Planet den anderen »infiziert« hätte.

Daran schließt sich eine Reihe von weiteren Fragen an: Damit Sie und ich als Marsianer gelten, müsste erstens der Mars derjenige Planet sein, auf dem Bakterien zum ersten Mal die Bühne betraten, und zweitens müssten sie sich von dort aus auf die Reise zur Erde aufgemacht haben. Punkt eins können wir ebenso wenig klären wie für die Erde. Der Mars ist immerhin genauso alt wie unser Planet und hatte, wie bereits besprochen, in den ersten Jahrmilliarden eine dichte, warme Atmosphäre und jede Menge flüssiges Wasser auf der Oberfläche. Davon zeugen bis heute Flusstäler und Deltas, die durch Erosion entstanden sind. Die dortigen Voraussetzungen zur Entstehung von Leben waren einst also sehr ähnlich denen auf der Erde. Trotz der mittlerweile herrschenden Kälte gibt es noch reichlich flüssiges Wasser, und zwar im Untergrund oder in salzhaltiger Umgebung. Die Temperaturen mit über 20 Grad tagsüber am Äquator und bis unter minus 80 Grad nachts liegen immer noch in dem Bereich, in dem auch auf der Erde Leben zu finden ist.[37]

Wenn die Überlegungen von Dirk Schulze-Makuch zutreffen, dann stellen sich weitere Fragen, und damit sind wir bei Punkt zwei: Wie können Bakterien vom Mars zur Erde reisen? Schließlich sind beide je nach Position auf ihrer Umlaufbahn um die

Sonne mindestens 55 Millionen Kilometer voneinander entfernt. Und noch schlimmer: Zwischen beiden Planeten liegt das Weltall mit eisigen Temperaturen von minus 270 Grad. Als ob das nicht reichte, gibt es hier eine lebensgefährliche harte Strahlung. Sie ist selbst in der dämpfenden Erdatmosphäre noch so hoch, dass Flugpersonal einer Dosis ausgesetzt ist, die ein Mehrfaches derjenigen des medizinischen Personals in Röntgenpraxen entspricht.[38] Könnten Bakterien all das überleben?

Harte Strahlung halten einige der Winzlinge überraschend gut aus. Eine Art trägt die Eigenschaft sogar im Namen: *Deinococcus radiophilus*, sie ist also strahlungsliebend. Wir Menschen scheiden je nach Einwirkdauer bereits bei sechs Sievert (eine Strahlungseinheit) dahin, ab 80 Sievert ist es sofort vorbei.[39] Die Angehörigen der vorgenannten Spezies halten bis zu 20 000 Sievert aus, ohne zu sterben, also das 250- bis 3000-Fache![40]

Trotzdem könnte die Strahlung im Weltall selbst für solch Hartgesottene auf längere Sicht tödlich sein. Um das unter realen Bedingungen zu erforschen, bastelte ein japanisches Wissenschaftsteam Aluminiumplatten mit kleinen Dellen. In diesen Dellen befestigte es winzige getrocknete Klümpchen aus strahlungsliebenden Bakterien. Das Ganze wurde per Raumschiff zur Internationalen Raumstation transportiert und dann an deren Außenhülle befestigt. Dort ließ man die unfreiwilligen Weltraumtouristen zwischen einem und drei Jahren ausharren. Das Ergebnis: Die winzige Crew war quicklebendig, und die Forschenden rechneten aus, dass ihre Probanden es noch weitere fünf Jahre ausgehalten hätten. Damit hatten sie nebenbei bewiesen, dass die Einzeller auch die tiefen Temperaturen des Weltalls problemlos überstehen können. Einzige Bedingung für einen längeren Flug: Es müssen sich mindestens 0,5 Millimeter dicke Bröckchen aus dem Bakteriengemisch bilden, um die Strahlung im Inneren ein klein wenig zu dämpfen.[41] Es braucht also eine Art Miniraumschiff, in dem die Bakterien relativ sicher bis zu uns reisen könnten. Und solche Miniraumschiffe gibt es tatsächlich.

Bevor wir uns diese anschauen, wäre noch zu überlegen, wie die Kerlchen überhaupt in die Luft und anschließend ins Weltall katapultiert werden können. Dafür ist nämlich sehr viel Energie erforderlich, wie uns die Mondmissionen gezeigt haben. Neil Armstrong, der erste Mensch auf dem Mond, benötigte eine Rakete mit 160 Millionen PS, um seine Crew samt Mondlandefähre aus der Erdanziehungskraft herauszubringen.[42] Unsere Bakterienastronauten brauchen trotz ihrer Winzigkeit erheblich mehr Wumms. Das ist wörtlich gemeint, denn ihre »Rakete« kann nur ein Asteroid sein. Wenn solch ein kosmischer Riesenfelsbrocken zum Beispiel auf dem Mars einschlägt, werden große Mengen an Gestein und Staub in die Atmosphäre und bis hinaus ins Weltall geschleudert.

Dass sie bis zur Erde fliegen, wurde zweifelsfrei bewiesen. Mit modernen Methoden kann man sogar herausfinden, aus welchem Krater sie stammen und wann sie ins All geschleudert wurden. So etwa bei dem noch nicht einmal faustgroßen schwarzen Brocken mit dem Namen »Black Beauty«, den man 2011 in der Sahara gefunden hat. Das Gestein wurde vor fünf bis zehn Millionen Jahren durch den Einschlag eines Asteroiden ins All geschleudert und landete dann irgendwann in Nordafrika. Der Brocken stammt aus dem Marskrater Khujirt im Nordosten des Planeten.[43] Ganz nebenbei finde ich es bemerkenswert, in einer schier unendlichen Steinwüste einen kleinen Stein zu entdecken, der aus dem Weltraum zu uns kam. Wie oft mögen solche Funde übersehen werden, was gibt es noch alles zu entdecken?

Und so wundert es auch nicht, dass Marsgestein viel häufiger auf die kosmische Reise geht als ursprünglich vermutet. Die NASA-Raumsonde »Insight«, die 2018 auf dem Roten Planeten landete, maß die Erschütterungen, die durch solche Einschläge wie Schockwellen durch den Untergrund laufen. Das Ergebnis: Pro Jahr prasseln über 300 Brocken auf die Oberfläche, die größer als 80 Zentimeter sind und Krater von mehr als acht Meter Durchmesser hinterlassen.[44]

Dass wir alle Marsianer sind, ist also durchaus möglich. Schließlich schlugen auch auf unserem Planeten laufend Asteroiden ein, wie etwa derjenige, der vor ungefähr 66 Millionen Jahren auf der Halbinsel Yucatán in Mexiko einen riesigen Krater verursachte und das Leben der meisten Dinosaurier beendete. Reisemöglichkeiten irdischer Bakterien ins All hat es demnach hinreichend gegeben. Vielleicht war es also auch genau andersherum, und das (denkbare) Leben auf dem Mars verdankt seine Herkunft der Erde.

Und es gibt sogar noch eine dritte Möglichkeit für eine Heimstätte ersten Lebens in unserem Sonnensystem: den Jupitermond Europa. Er kreist schon seit über vier Milliarden Jahren um den großen Gasriesen, und er ist vollständig mit Wasser bedeckt. Mit 3212 Kilometer Durchmesser ist er zwar etwas kleiner als unser Erdmond, besitzt aber vermutlich doppelt so viel Wasser wie alle Meere der Erde zusammengenommen: Ein bis zu 170 Kilometer tiefer Ozean schwappt unter einer Eisdecke, die ungefähr 20 Kilometer dick ist. Bei einer Entfernung von der Sonne, die der fünffachen Distanz Erde–Sonne entspricht, ist der Lichtball nur noch als trübe Funzel am Horizont zu sehen. So ist die klirrende Kälte mit minus 140 Grad, die auf dem Jupitermond herrscht, auch nicht verwunderlich. Für Leben sind diese Bedingungen zu rau, und trotzdem ist Europa ein vielversprechender Kandidat für eine Suche. Denn unter dem Eis sind die Bedingungen völlig anders: Hier gibt es flüssiges Wasser in Hülle und Fülle, das durch den Gesteinsmantel darunter erwärmt wird. Wie solch eine Heizung funktioniert? Der felsige Untergrund wird durch die Anziehungskräfte des Mutterplaneten Jupiter kräftig durchgewalkt und heizt sich durch die Reibung auf.

Ein Blick unter die eisige Decke würde sich also auf jeden Fall lohnen. Doch wie soll man das bewerkstelligen, wie soll eine Raumsonde 20 Kilometer tief unter der gefrorenen Oberfläche Proben ziehen und analysieren? Auch hier erweist sich Europa als Glücksfall, denn ab und zu kommt es zu Rissen in dem frostigen Panzer. Dann schießen Wasserfontänen durch das Eis bis ins All und reißen alle möglichen Partikel mit sich, darunter unter Umständen auch Bakterien und deren Hinterlassenschaften. Schon winzigste Bestandteile einzelner Tröpfchen könnten dort von einem irdischen Späher untersucht werden.

Solch eine Sonde ist gerade unterwegs zu Europa und wird 2030 dort eintreffen. Sie trägt den Namen »Clipper« und hat unter anderem eine Einrichtung an Bord, die das Auswurfmaterial einfangen und analysieren soll.[45] Dabei kann sie unterscheiden, ob die Stoffe von Lebewesen stammen oder nicht. Die Sonde ist so empfindlich, dass schon winzigste Spuren organischer Substanzen ausreichen würden, damit die Instrumente Alarm schlagen.[46] Nebenbei wäre auch geklärt, wie mögliche Europa-Bakterien ins Weltall gelangen. Parallel dazu ist ein weiterer Späher namens »Juice« auf Kurs, der 2031 die Eismonde Callisto, Ganymed und auch Europa erforschen soll, um das Eis und die Materie zu scannen, ebenfalls auf der Suche nach günstigen Bedingungen für Leben.[47]

Vielleicht sind wir also doch keine Marsianer, sondern vielmehr alle Europäer. Oder Ganymedianer oder Callistoaner? Denn auch die beiden Jupitermonde Ganymed und Callisto besitzen unter dem Eis Ozeane und damit mögliche Lebensräume für Bakterien. Sie sehen, die Quellen möglichen Lebens sind selbst in unserem Sonnensystem schon vielfältig. Doch vielleicht müssen wir noch weiter hinausschauen in die unendlichen Weiten des Weltalls. Allein in unserer Galaxis, der Milchstraße, tummeln sich geschätzte 250 Milliarden Sterne,[48] die meisten davon wohl von Planeten umkreist. Und die Zahl der Galaxien wird aktuell auf mindestens zwei Billionen geschätzt[49] – das sind unvorstellbar viele Möglichkeiten für die Entwicklung von Leben, das sich auf eine Reise durch die endlosen Weiten des Alls machen könnte.

Der Beweis, dass dort draußen nicht nur theoretisch Leben existiert, rückt immer näher. Dazu gibt es seit 2025 handfeste Ergebnisse, und zwar von einem Planeten, der 124 Lichtjahre entfernt von hier eine Sonne im genau richtigen Abstand umkreist. Genau richtig bedeutet: Es kann flüssiges Wasser geben, weil es weder zu heiß noch zu kalt ist. K2–18b (so heißt die im Vergleich zur Erde achtmal größere Kugel) zieht aus unserer Sicht ab und zu vor seiner Sonne vorbei. Immer dann wird seine Atmosphäre durchleuchtet, und irdische Satelliten können das Lichtspektrum analysieren. Was sie dort fanden, elektrisiert die Astro-Community: Die Luft von K2–18b enthält Dimethylsulfid und Dimethyldisulfid. Beides kann nach heutigem Wissen nur von Lebewesen, allen voran Bakterien, gebildet werden.[50] Den Duft kennen Sie: Dimethylsulfid ist Bestandteil von Mundgeruch (und auch hier auf Bakterien zurückzuführen), Dimethyldisulfid verursacht den Aasgeruch bei Stinkmorcheln. Vielleicht haben müffelnde Bakterien und Pilze also längst das gesamte Weltall erobert, und unsere Erde ist nur eine Kolonie der reisefreudigen Wesen.

Wenn geklärt ist, dass Bakterien die Strahlung des Weltalls überstehen können, dass sie möglicherweise durch Wasserfontänen oder durch Asteroideneinschläge von ihrem Heimatmond oder -planeten auf die Reise geschickt werden, dann stellt sich noch eine allerletzte Frage: Wie lange können die Knilche in einem herausgeschleuderten Gesteinsbrocken überleben? Wir haben bis jetzt ja lediglich herausgefunden, wie lange sie die tödliche Strahlung im All in winzigsten Kügelchen überstehen können. Doch bei größeren Brocken oder gar Felsen wäre die Abschirmung viel besser, und umso länger (bis theoretisch unendlich lang) dürfte die Reise dauern, ohne dass sie dran glauben müssten. Und so eine Reise kann sehr lang sein: Selbst wenn die Bakterien vom Mars zu uns gekommen sein sollten, hieße das ja nicht, dass sie auf direktem Wege zu uns geflogen sind. Viel wahrscheinlicher ist, dass sie, ähnlich einem Miniplaneten, um die Sonne kreisten und irgendwann mit der Erde kollidiert sind. Das kann dauern – sehr, sehr lange. Was wäre, wenn Millionen von Jahren vergehen würden, bevor der Asteroid auf der Erde einschlüge? Hätte man dann nicht nur noch Bakterien-Fossilien zu erwarten, die zwar von fernem Leben kündeten, aber nicht mehr zu reaktivieren wären? Dazu gibt es Forschungsergebnisse, die selbst die Fichte Old Tjikko, den mit 9550 Jahren ältesten Baum der Welt, erbleichen lassen würden.

Die Frage konnte anhand eines Salzkristalls aus New Mexico geklärt werden. Den gruben Forschende in der Nähe von Carlsbad aus und fanden in seinem Inneren einen winzigen Hohlraum mit Salzwasser. Bevor sie ihn öffneten, wurden der Kristall und die Instrumente aufwendig sterilisiert, denn die Forschenden waren auf der Jagd nach besonders alten Bakterien. Dann bohrten sie mit einem winzigen Bohrer ein Loch in den Kristall, entnahmen eine Probe – und wurden tatsächlich fündig: In dem Tröpfchen schwammen Sporen. Solche Sporen bilden Bakterien, um ihren Energieverbrauch auf null zu setzen und eine extreme Form von Winterschlaf anzutreten. Die spannende Frage war, ob man die Kügelchen wieder zum Leben erwecken könnte. Dazu gaben die Wissenschaftler die Schläfer auf ein Nährmedium, und siehe da: Sie entwickelten sich wieder zu normalen, quietschvergnügten Bakterien!

Wie lange aber hatten die Einzeller schon in dem Gestein geschlummert? Die Antwort darauf ergab sich aus der Lage des Salzbrockens in den Schichten. Demnach musste sich die Kapsel schon vor 250 Millionen Jahren geschlossen haben. Damit sind sie Stand heute die ältesten Lebewesen der Welt und haben nebenbei bewiesen, dass Bakterien praktisch unendlich lange durchs Weltall reisen könnten, ohne zu sterben.[51]

Superegoisten

Der aktuelle Zustand unseres Planeten ist besorgniserregend: Brennende Regenwälder, schmelzende Gletscher, das zunehmende Aussterben von Arten – unsere Art ist wirklich einzigartig rücksichtslos. Einzigartig? Nein, eine kleine Gruppe von Lebewesen war viel radikaler als wir. Dabei beruhte ihre destruktive Wirkung auf einer genialen Erfindung: Sie konnten Strahlung essen. So wie wir uns Energie über unsere Mahlzeiten zuführen, so fingen die findigen Wesen an, Sonnenlicht zu nutzen.

Ja, richtig, Einzeller erfanden die Fotosynthese. Zunächst war es eine einfache Form, die zum Beispiel Schwefelverbindungen (igitt!) verwertete, doch vor rund drei Milliarden Jahren kam eine Abteilung von Bakterien auf die Idee, Zucker zu produzieren. Zucker ist bis heute der Treibstoff fast allen Lebens, und nicht von ungefähr lieben die meisten Menschen und auch viele Tiere süße Nahrung. Spechte etwa hämmern im Frühjahr Löcher in die Rinde von Laubbäumen, um den dann austretenden Baumsaft aufzulecken. Er enthält relativ viel Zucker, und allein in dieser Jahreszeit sind solche Leckereien verfügbar. Der Wasserdruck der austreibenden Bäume ist nun besonders hoch und bewirkt das Austreten der Flüssigkeit aus den Wunden.

Doch zurück zu den Cyanobakterien (so heißen die Erfinder). Sie vermehrten sich prächtig und produzierten Kohlenhydrate um die Wette. Dabei sogen sie CO_2 und Wasser ein und atmeten ein seltenes Gas aus: Sauerstoff. Sauerstoff reagiert sehr stark mit anderen Elementen und kann als regelrecht aggressiv bezeichnet werden. Damals hätte er auf viele Lebewesen wie Giftgas gewirkt, doch zunächst konnten sie sich in Sicherheit wiegen: Der ausgeatmete Sauerstoff verband sich mit allerlei anderen Dingen wie etwa Eisen in Gesteinen, die nun alle fröhlich verrosteten. Irgendwann war dieses Potenzial erschöpft, und der Überschuss reicherte sich vor 2,5 Milliarden Jahren immer stärker in der Luft an. Die wurde nun für die allermeisten Arten so giftig, dass sie ausstarben. Doch damit nicht genug: Die unablässig atmenden Bakterien veränderten mit ihrem Giftgas gleich das gesamte Erdklima. Der Sauerstoff bewirkte nämlich eine Reduzierung des Methans, welches damals reichlich in der Atmosphäre waberte. Es wird heute zu Recht als gefährliches Treibhausgas gehandelt, das die Temperaturen 21-mal so stark nach oben treibt wie CO_2. In jener Zeit sorgte es für ein angenehmes Klima, doch damit war es dank der Cyanobakterien dann vorbei.

Auf den rapiden Methanschwund folgte entsprechend eine globale Abkühlung – so stark, dass die Erde zu einem gigantischen Schneeball wurde, zumindest aus dem All betrachtet. Ob sie wirklich komplett vereiste, ist umstritten, weil dann Fotosynthese nicht mehr möglich gewesen wäre – die ist aber durchgängig nachweisbar. Wie auch immer, es kühlte sich rapide ab. Das Eiszeitalter währte 300 Millionen Jahre, bevor es wieder wärmer wurde. Weshalb, ist noch unklar; möglicherweise war es ein gewaltiger Asteroid, der in Westaustralien auf die Erde traf und einen 30 bis 70 Kilometer breiten Krater verursachte. Durch den Einschlag wurde aus den Gletschern bis zu eine Billion Tonnen Wasser in Form von Dampf in die Atmosphäre gepustet, der wie eine Heizdecke wirkte, die sich um den Planeten legte und ihn wieder auftaute. Das Leben konnte also den nächsten Schritt machen.[52]

Unsere Cyanobakterien legten mit ihrer Sauerstoffproduktion aber nicht nur Hand an das Klima und beendeten das Leben unzähliger Arten, sondern sie schufen auch die Voraussetzung dafür, dass mehrzellige Organismen überhaupt erst entstehen konnten. Mehrzeller wie wir benötigen nämlich sehr viel Energie. Wie viel mehr, zeigt eine kurze Gleichung. Zucker ist wie besprochen der universelle Treibstoff der meisten Lebewesen und muss erst noch in ATP umgewandelt werden, bevor die Energie genutzt werden kann. Der Zucker wird dazu in der Zelle veratmet und mithilfe von Sauerstoff in mehreren Schritten umgewandelt, also kalt verbrannt. Am Ende ergeben sich aus einem Zuckermolekül über 30 ATP-Moleküle. Wird das Ganze ohne Sauerstoff betrieben, wie es die ersten Bakterien gemacht haben (und manche bis heute machen), so kommen am Ende nur kümmerliche zwei Moleküle ATP heraus – ein schlechtes Tauschgeschäft! Kein Wunder, dass sauerstoffbasiertes Leben den Siegeszug über den Planeten antrat.

Die große Katastrophe entpuppte sich als Voraussetzung für das vielfältige Leben, wie wir es heute kennen. Und es ist nicht nur der Sauerstoff, den wir diesen rabiaten Tüftlern verdanken. Ohne Pflanzen, die diese Erfindung nutzen, gäbe es keine Tiere – diese müssen schließlich etwas fressen, und im Gegensatz zu ihren grünen Kolleginnen können sie ihre Nahrung nicht selbst herstellen. Wenn wir zu diesem frühen Zeitpunkt im Buch schon die Krone der Schöpfung verleihen möchten, dann sollte sie den Cyanobakterien aufgesetzt werden.

Wie die erste Zelle entstand, die ein Bakterium enthielt, haben wir schon besprochen. Doch warum entwickelten sich daraus mehrzellige Lebewesen? Es müssen daraus erhebliche Vorteile resultiert haben, denn schon bald nach dem Debüt der modifizierten Zelle traten größere Arten auf: Die ersten Algen mit dieser Bauweise schwammen ebenfalls schon vor über 1,6 Milliarden Jahren in den Meeren.[53] Und selbst dieser Zeitpunkt ist wissenschaftlich möglicherweise nicht mehr zu halten und muss noch weiter zurückdatiert werden. Im afrikanischen Gabun tauchten nämlich Fossilien auf, die in einer 2,1 Milliarden Jahre alten Gesteinsschicht eingeschlossen waren. Der Befund ist zwar noch umstritten, könnte sich aber als ältester Mehrzeller der Erdgeschichte entpuppen.[54]

Die Vorteile von Mehrzellern für Bakterien liegen auf der Hand: Sie sind größer und damit widerstandsfähiger gegenüber Angriffen anderer Wesen. Zudem kann man innerhalb des Körpers eine Arbeitsteilung einführen, indem man die Zelltypen weiterentwickelt und spezialisiert. Das ist nichts anderes als die Arbeitsteilung in der menschlichen Zivilisation, die die Produktivität und damit das Wirtschaftswachstum erhöht. Noch wichtiger war die Erschließung neuer Lebensräume. Da gab es reichlich Möglichkeiten, schließlich sind zwar 71 Prozent der Erdoberfläche mit Wasser bedeckt, aber dort tummelte sich in jedem Tropfen schon Konkurrenz. Deshalb machten sich die Einzeller eines schönen Tages auf, auch die restlichen 29 Prozent in Besitz zu nehmen.

Bakterien lieben es bekanntlich feucht, bei Trockenheit ist es mit dem schönen Leben schnell zu Ende, und sie überdauern bestenfalls reaktionsunfähig als Spore. Als Sprungbrett auf die Kontinente nutzten sie wahrscheinlich heiße Quellen in Ozeannähe, die den schwarzen Rauchern der Tiefsee sehr ähnlich sind. Das Wasser ist durch vulkanische Aktivitäten im Untergrund kochend heiß, und in der Suppe schwimmen reichlich Schwefelverbindungen. Diese Kombi lieben viele Bakterienarten, die ohne Sauerstoff zurechtkommen. Das mussten sie auch, denn sie lebten schon vor 3,5 Milliarden Jahren in den heißen Wasserlöchern, also eine Milliarde Jahre früher als ihre Kolleginnen, die die Fotosynthese erfanden und damit den Sauerstoff in die Atmosphäre beförderten.[55]

Doch das Sitzen in den heißen Töpfen brachte sie bei der Eroberung des Landes kaum weiter. Die Einzeller, immer noch an Wasser gebunden, konnten höchstens von Topf zu Topf springen, wenn der Wind die Gischt zu einem benachbarten heißen Pool trug. So wurde das mit der Landnahme nichts. Der Ausweg: Man bastelt sich verschiedene Transportvehikel, die wie ein Raumschiff funktionieren. Im Inneren muss es feucht bleiben, zudem wäre es ideal, wenn genügend Proviant an Bord wäre, der noch dazu ständig nachgefüllt würde. Man trüge also das Meer im Inneren dieser Kapseln mit sich. Das klingt plausibel, und so machten sich die Einzeller ans Werk. Rund drei Milliarden Jahre reichlichen Nachdenkens und zahlreicher Versuche vergingen, dann wurden die Mühen endlich belohnt: Das erste Raumschiff konnte das Wasser vor 515 Millionen Jahren verlassen und seine Besatzung an Land transportieren. Inzwischen hatten weitere Kolleginnen die Fotosynthese kopiert und die Erdatmosphäre zusätzlich mit Sauerstoff angereichert, die Energieversorgung damit sprunghaft verbessert und das Landleben endgültig möglich gemacht.

Das neue Raumschiff hatte einen Namen: Pflanze. Es war so erfolgreich, dass sich das Leben auf dem Trockenen explosionsartig ausbreitete und in relativ kurzer Zeit viele weitere Gewächse entstanden, allen voran die bis heute so bedeutsamen Gefäßpflanzen. Sie besaßen bereits Wurzeln, Sprossachse (also Stängel) und Blätter. Selbst die Spaltöffnungen, kleine Münder auf der Unterseite von Blättern, durch die man atmen, Wasserdampf abgeben und (mittels Duftsignalen) kommunizieren kann, waren flott erfunden. Die Weiterverbreitung der grünen Raumschiffe wurde schon damals mittels Samen bewerkstelligt, sodass der Expansion kaum noch Grenzen gesetzt waren.[56]

Wie im menschlichen Leben gibt es wohl auch unter Bakterien und ihren Kreationen Wettbewerb. So tüftelten möglicherweise auch andere Cyanobakterien an der Landnahme und waren mit ihrer Erfindung vielleicht sogar noch etwas früher erfolgreich. Ihr Modell fußte auf anderen Kriterien. Zunächst begaben sich einige

Wagemutige aufs Trockene und entwickelten dabei eine dickere Haut, um der Luft und der UV-Strahlung zu trotzen. Dann kurbelten sie die Produktion des Sauerstoffs besonders erfolgreich an – schließlich konnte der jetzt, frisch ausgeatmet, sofort in die Atmosphäre entweichen, ohne dass er zuvor den mühsamen Weg durch das Meereswasser nehmen musste. Als alles vorbereitet war, kamen Pilze hinzu, die ebenfalls schon seit einer Milliarde Jahren in den Meeren unterwegs waren. Pilze stehen den Tieren näher als den Pflanzen – sie können keine Fotosynthese betreiben und sind deshalb auf Nahrung angewiesen, die fremde Arten zur Verfügung stellen. Einige dieser Pilze trauten sich aus den Wellen heraus und verbündeten sich an Land mit den Bakterien. Diese schlüpften in die feucht-heimeligen Pilze hinein und versorgten sie im Gegenzug, quasi als Miete, mit Zucker. Wenn das stimmt (die Forschung ist sich da noch nicht sicher), wären das so etwas wie die ersten Flechten, die noch heute so auf Baumrinde oder Steinen leben.[57]

Flechten sind ganz besondere Wesen, weil sie aus zwei Arten bestehen, die auch unabhängig voneinander existieren können. Diese Unabhängigkeit zeigt sich auch bei der Fortpflanzung – bei Flechten müssen sich Pilz und Alge in jeder Generation neu finden. Wie das genau funktioniert, ist nicht vollständig geklärt, aber immer, wenn Sie eine Flechte sehen, wissen Sie, dass genau an dieser Stelle frei und unabhängig lebende Cyanobakterien in Pilze hineingeschlüpft sind. Das Modell der Pflanzen ist allerdings ein wenig erfolgreicher geworden, weil es die Entstehung viel größerer Organismen ermöglicht und schließlich zu Bäumen und damit Wäldern führte, die noch ganz andere Möglichkeiten besitzen, wie wir im nächsten Kapitel sehen werden.

Im Meer fand währenddessen eine weitere Entwicklung von Transportmaschinen (oder Wohnmobilen) statt, nämlich die Konstruktion von Tieren. Der Vorteil der Mobilität wurde mit dem Nachteil erkauft, dass Tiere Nahrung grundsätzlich nicht selbst erzeugen können, sondern andere Organismen (oder Teile davon) fressen müssen. Zudem ist ihr Energieverbrauch in der Regel deutlich höher, weil sie sich schneller bewegen können. Ein weiteres Problem war die vor Jahrmilliarden noch zu geringe Sauerstoffkonzentration in der Atmosphäre. Wer sich bewegt, verbrennt sehr viel Zucker auf einmal in den Zellen, muss also kräftig Sauerstoff tanken. Davon gab es aber bis vor etwa 560 Millionen Jahren in den Meeren für solche Energieverschwender zu wenig – die Cyanoalgen hatten noch viel zu tun. Doch dann war es eines Tages so weit: Der erste Prototyp konnte vom Stapel laufen. Es waren Dickinsonia, schwammähnliche Wesen, die sich langsam über den Meeresgrund bewegten und dort Algenrasen abweideten.[58] Die Verdauung fand bei ihnen allerdings noch außen auf dem Rücken statt, und der Nahrungsbrei wurde dann über die Haut aufgenommen.[59]

Danach explodierte die Artenvielfalt regelrecht, und die Landnahme durch Tiere konnte in Angriff genommen werden. Es gab (und gibt) Tiere, die sowohl im Wasser als auch an Land leben können, wie etwa Amphibien. Ihre Larven entwickeln sich im Wasser und atmen mit Kiemen, um dann später auf Lungenatmung umzustellen und aufs Trockene zu gehen. Die ersten reinen Landtiere waren wahrscheinlich aber Gliedertiere, unter ihnen Tausendfüßer. Möglicherweise drängelten sie sich an den Pflanzen vorbei und waren sogar die Ersten an Land. Wovon sie sich ernährten? Vielleicht von angeschwemmten Meerespflanzen und Tieren – das Land war ja noch öde und leer.[60]

Die Entwicklung ging für die tierischen Bakterienraumschiffe jedoch nicht nur in eine Richtung, also von Wasser zu Land. Nachdem die Tiere sich bestens auf dem Trockenen etabliert hatten, marschierten etliche Arten wieder zurück ins Meer – Delfine, Seeschlangen und Wasserschildkröten lassen grüßen. Eine entscheidende Zutat fehlte allerdings noch bei der dauerhaften Eroberung des Landes: Wasser, damit die Pflanzen wachsen und die Tiere trinken konnten. Vor der Besiedelung der Kontinente durch Flora und Fauna, vor allem durch Wälder, waren die meisten Landflächen nämlich Wüsten. Doch auch für dieses Problem fiel den Bakterien eine Lösung ein.

Die Wettermacher

»Kräht der Hahn auf dem Mist, dann ändert sich das Wetter, oder es bleibt, wie es ist.« Diese alte Regel, die ja gar keine ist, drückt die Ohnmacht des Menschen gegenüber dem Verlauf des Wetters aus. Wir beeinflussen zwar massiv das Klima, aber erstens handelt es sich dabei nicht um eine aktive Manipulation in eine gewünschte Richtung, und zweitens ist das tägliche Wetter noch einmal eine ganz andere Hausnummer. Ob es regnet, die Sonne scheint oder die Temperaturen fallen, hängt von den Zugbahnen der Tiefdruckgebiete ab, die oft noch nicht einmal für einen Tag genau vorhersagbar sind. Das sind alles Binsenweisheiten, aber die Bakterien würden jetzt die (nicht vorhandenen) Augen verdrehen. Denn sie können das Wetter sehr wohl beeinflussen, und das tun sie auch fleißig!

Besonders erfolgreich sind sie damit in Waldökosystemen. Wälder, speziell Bäume, wurden (und werden von Teilen der deutschen Forstwirtschaft immer noch) als Wasserverbraucher eingestuft. Diese Idee ist auf den ersten Blick gar nicht abwegig, verdunstet doch eine ausgewachsene Buche an einem heißen Sommertag bis zu 500 Liter Wasser.[61] Auf den Quadratkilometer Wald hochgerechnet, verliert der Boden dadurch täglich rund 2,5 Millionen Liter. Kein Wunder, dass so mancher Förster Bäume als Wassersäufer bezeichnet. Das tut den grünen Riesen und ihren kleinen Helfern aus dem Reich der Bakterien allerdings völlig unrecht. Sie verschwenden kein Wasser – keinen einzigen Tropfen!

Aber der Reihe nach: Von den Hunderttausenden Blättern eines großen Baums steigt Wasserdampf empor, ausgeatmet von unzähligen winzigen Mündern auf der Blattunterseite. Und bei diesem Verdampfen wird viel Wärme aus der heißen Sommerluft eingefangen: Jeder Liter Wasser benötigt zur Umwandlung in Dampf 0,7 Kilowattstunden an Energie.[62] Auf die typische ausgewachsene Buche bezogen, sind das im Sommer täglich 350 Kilowattstunden. Zum Vergleich: Ein moderner Kühlschrank verbraucht in 24 Stunden 0,32 Kilowattstunden,[63] um es im Innenraum kälter zu machen, der Baum entzieht der Atmosphäre also mehr als das Tausendfache an Wärmeenergie. Dadurch sinkt die Temperatur im Wald an einem klaren Sommertag mittags um 10 bis 20 Grad im Vergleich zur freien Landschaft (oder gar einer Stadt) ab. Auf gut Deutsch gesagt: Die Bäume schwitzen, weil es ihnen zu heiß ist. Im heimischen Garten funktioniert das genauso, nur schwächer als in einem ganzen Wald, wobei ein einzelner Baum auch hier schon 2 Grad Temperaturminderung schafft.[64] Exemplare, die zu nah an Häusern stehen, hinterlassen an den Wänden die Spuren ihres Schwitzens: Durch die Feuchtigkeit gedeihen kleinste Algen, die die Wände grün und braun verfärben.

Und noch ein kleiner Hinweis zu Ihrem nächsten Waldspaziergang im Sommer: Die genannten Temperaturen sind per Satellit auf der Oberfläche des Waldes gemessen worden, also in der Sonne. Der Schatten, den die Bäume spenden, kommt noch dazu, sodass die Kühle, die Sie beim Betreten dieses Ökosystems umfängt, doppelt angenehm wirkt. Falls Sie selbst herausfinden möchten, wie viel von dieser Kühle auf den Schatten und wie viel auf die Verdunstungskälte zurückzuführen ist, machen Sie doch folgendes Experiment an einem warmen Sommertag: Fühlen (oder messen) Sie die Temperatur unter einem Sonnenschirm, der in der prallen Sonne steht. Nun wechseln Sie unter einen alten Laubbaum im Wald – hilfsweise (mit einem etwas geringeren Temperaturunterschied) tun es auch alte Bäume in einem Stadtpark oder Garten. Der Effekt ist in jedem Fall verblüffend und zeigt, wie wichtig die Rolle der grünen Riesen auch für das lokale Kleinklima ist. Und noch etwas anderes können Sie fühlen: die Kühle des aufsteigenden Bodenwassers in den Stämmen. Bei Bäumen mit dünner Rinde wie Buchen, die nicht so gut isoliert sind, ist das mit aufgelegter Hand im Sommer gut zu spüren – sie sind deutlich kälter als etwa Eichenstämme, deren dicke, korkige Rinde besser isoliert und das durch die Wurzeln heraufgepumpte kalte Bodenwasser wie eine Thermosflasche nach außen abschottet.

Zurück zu den großen Wäldern: Das Wasser ist vom Boden über den Baum in die Luft verdunstet, und jetzt kommen die Bakterien ins Spiel. Sie möchten nicht, dass in trockenen Sommern so wenig Wasser im Boden verbleibt, dass der Baum die Fotosynthese und damit die Zuckerlieferungen einstellt. Also muss das Wasser wieder zurückgeholt werden! Doch wie soll das gelingen? Aus reinem Wasserdampf bilden sich nämlich keine Eiskristalle und damit auch kein Regen, die feuchte Luft wird einfach mit der nächsten Brise davongeweht.

Deshalb gasen die Bäume zusammen mit dem Dampf Kohlenwasserstoffe aus, die als Kondensationskeime die Wolken impfen. Sie wirken wie kleine Magneten, die die Wassermoleküle anziehen. Erst jetzt können sich aus dem Dampf Kristalle bilden, doch diese chemische Manipulation reicht noch nicht für genug Niederschlag. Deshalb müssen zusätzlich Bakterien tätig werden. Sie warten auf den Blattoberflächen von Bäumen und anderen Pflanzen, erheben sich mit den aufsteigenden Luftmassen nach oben und fliegen bis in die Wolken hoch. Dort wirken sie ebenfalls wie Magneten und kleiden sich mit Wassermolekülen ein, die in der eisigen Höhe zu Flöckchen gefrieren. Diese Schneeflocken werden mit zunehmender Größe zu schwer und fallen dann herunter. Oft schmelzen sie bis zum Aufschlag auf den Boden, sodass sich ein erfrischender

Regen auf den Wald ergießt – das Wasser ist also keineswegs verloren gegangen, sondern wieder zurückgekommen.

Ist das Zufall? Es könnte ja sein, dass die Bakterien rein mechanisch mit in die Luft gewirbelt werden und dort genauso als Kondensationskeime für Wassertropfen wirken wie Pilzsporen, Staub oder Ruß. Weit gefehlt! Das zeigt ein Blick auf die speziell entwickelten Fähigkeiten dieser Bakterien in Sachen Eisbildung. Unterhalb von minus 15 Grad sind es vor allem Staub von Gesteinen sowie Ruß, an denen sich die frostigen Kristalle bilden. Doch oberhalb dieser Temperaturen, also in »warmen« Wolken mit Temperaturen über minus 15 Grad, sind es vor allem Bakterien, die für die Eisentstehung verantwortlich zeichnen.[65] Sie produzieren spezielle Proteine, die das Wasser viel schneller gefrieren lassen. So sind sie um Größenordnungen effektiver als die anderen Partikel in der Luft.

Schon vor Hunderten Millionen Jahren entwickelten ihre Vorfahren diese Fähigkeit, ursprünglich allerdings zu einem völlig anderen Zweck: Wenn Wasser gefriert, wird Energie frei. Und wer mehrere Eiszeiten überleben will, tut gut daran, eine Heizung zu entwickeln, so gering die erzeugte Wärme auch sein mag. Auf diese Weise konnten die Zwerge die Kaltzeiten der Erde besser meistern. Als dann Pflanzen das Land eroberten, waren die Bakterien sofort mit an Bord und setzten fortan ihre Fähigkeiten zum Nutzen ihrer grünen Zuckerspender ein, indem sie bei der Bildung von Regentropfen halfen. Seit etwa 100 Millionen Jahren findet diese gegenseitige Unterstützung statt.

Die Menge an Bakterien in der Luft ist gigantisch: Pro Kubikmeter tummeln sich in der Atmosphäre je nach Ökosystem 10 000 bis 90 000 der kleinen Flieger, die mit ihren Körpern Wasser einsammeln.[66] Jährlich steigen bis zu 1,8 Millionen Tonnen dieser Wesen in die Lüfte. Zum Vergleich: Das entspricht dem Gewicht von 24 Millionen Menschen. Und wenn man weiß, dass ein Gramm

Bakterien sich aus bis zu 100 Billionen Individuen zusammensetzt,[67] dann ist klar, dass sich ständig unvorstellbare Mengen der winzigen Wolkenschieber aus der Vegetation erheben. Pro Sekunde und Quadratmeter Wald steigen Hunderte von ihnen zu ihrer Mission auf.

Im Sommer, wenn die warme Luft mit dem Wasserdampf der Bäume über dem Wald aufwallt, bringen die Einzeller Unglaubliches zustande: Indem sie aus dem Dampf Tröpfchen (oder Eiskristalle) bilden, wecken sie weitere Hebungskräfte – die Luft steigt noch schneller auf.[68] Dadurch sinkt der Luftdruck, und es bildet sich ein bakteriell gefördertes Tiefdruckgebiet. Das Resultat: Regen fällt auf den Wald hernieder, sodass sich der Wasserkreislauf schließt.

Doch was geschieht mit den kleinen Regenmachern, nachdem sie in den Tropfen wieder heruntergefallen sind? Der Wind hat sie mit Sicherheit ein Stückchen weiter geweht, sodass die Wahrscheinlichkeit, dass sie auf ihrem angestammten Baum landen, gegen null tendiert. Das macht aber nichts, solange sie das Glück haben, auf Grünzeug herniederzugehen. Sie sind bei der Wahl der Gewächse nicht pingelig, deshalb wundert es nicht, dass auf den meisten Pflanzen Bakterien mit eisbildenden Eigenschaften zu finden sind.

Und was hat der Wald davon, wenn er mithilfe seiner winzigen Mitarbeiter Regen erzeugt, der dann durch Winde abdriftet und ferne Ökosysteme bewässert? Ganz einfach: Ihm reicht es, wenn Tiefdruckgebiete entstehen. Diese saugen nämlich Luft aus der Umgebung an – Luft strömt immer von den Hoch- zu den Tiefdruckgebieten, wie bei einem aufgepumpten Fahrradreifen, dessen Ventil man öffnet –, und diese Luft kommt in vielen Erdteilen von den Ozeanen. Voller Wasserdampf trifft sie über den Wäldern ein und regnet sich ab, bevor dann aus dem Wald heraus die nächsten Wolken entstehen und küstenferne Wälder mit Feuchtigkeit versorgen. So kann eine Kette von Wäldern Regenwolken tief in die Kontinente hineinziehen und eine ständige Wiederholung von Niederschlägen und der Bildung neuer Wolken hervorrufen. Wälder mit ihren Bäumen und Bakterien sind also eine biotische Pumpe, die sich ihren Nachschub an feuchter Meeresluft selbst besorgen kann. Anders ausgedrückt: Bakterien gestalten zusammen mit Bäumen und anderen Lebewesen ganz entscheidend das Wettergeschehen dieses Planeten. Sie kümmern sich darum, dass sowohl die Temperaturen als auch die Wasserversorgung stets in einem für sie (und glücklicherweise auch für uns) angenehmen Bereich bleiben.

Wie genial diese Erfindung der kleinen Wetterköche ist, vermag ein Blick in die Erdgeschichte zu verdeutlichen. Bevor die Bakterien die Grundlage für die Entwicklung von Landpflanzen lieferten, waren die Kontinente staubtrockene Wüsten. Wie war das möglich? Schließlich konnten doch auch damals Wolken vom Meer über die Landmassen geweht werden und dort abregnen. Doch so einfach geht das nicht – die Winde folgen den Wolken, und die entstanden damals fast ausschließlich über den Ozeanen. Die damit verbundenen Tiefdruckgebiete saugten die Luft vom Inneren der Kontinente ab und ließen diese so verdorren. Lediglich im Bereich der Küsten vermochten Wolken einen schmalen Streifen zu bewässern.

Und es gibt noch einen anderen Faktor, der Land austrocknen lässt: das Gefälle. Land ist höher als Meer, logisch, sonst würde es ja nicht herausschauen. Wasser läuft bergab, also wieder zurück ins Meer. In Form von Flüssen werden die Kontinente laufend entwässert. Soll dort pflanzliches oder tierisches Leben entstehen, muss irgendwer für ständigen Nachschub in Form von Regen sorgen, und zwar in Gestalt einer landgebundenen Wasserdampfproduktion (aus der sich dann Wolken bilden können, die wiederum feuchte Meeresluft ansaugen).

Das erste pflanzliche Leben entstand also sicher an den Küsten, wo es zumindest hin und wieder einen durststillenden Regenschauer gab, der vom Meer ein paar Kilometer landeinwärts geweht wurde. Und sobald die ersten größeren Pflanzengemeinschaften fröhlich vor sich hin schwitzten, kam die landgebundene Wolkenbildung in Gang, saugte das bakterienbasierte Ökosystem kräftig feuchte Winde von den Ozeanen heran.

Die Entdeckung der biotischen Pumpe ist Anastassia Makarieva und Victor Gorshkov vom Petersburger Institut für Nuklearphysik zu verdanken.[69] Sie hatten zunächst Ignoranz und Ablehnung konservativer Wissenschaftlerinnen und Wissenschaftler auszuhalten, ehe diese zugeben mussten, dass die Entdeckungen des russischen Teams völlig korrekt sind.

Werden Wälder beseitigt und durch andere Vegetation ersetzt (etwa Grasland oder Ackerflächen), führt dieser vergleichsweise kümmerliche Bewuchs dazu, dass sich die Niederschläge dort um bis zu 90 Prozent verringern. Gleichzeitig heizt sich die Luft durch die fehlende Kühlung der Bäume auf, und weil warme Luft viel mehr Feuchtigkeit aufnehmen kann, trocknet die Erde noch viel schneller aus. Diesen Rückkopplungseffekt hat bereits Alexander von Humboldt im Jahre 1831 ausführlich beschrieben: »Die Seltenheit oder der Mangel der Wälder vermehrt zugleich die Temperatur und die Trockenheit der Luft, und diese Trockenheit übt, indem sie die ausdünstenden Wasserabläufe und die Kraft der Rasenvegetation vermindert, eine Rückwirkung auf das Lokal-Klima«, so von Humboldt in seinem Buch »Fragmente einer Geologie und Klimatologie Asiens«.[70]

Diesen negativen Beweis für die wetterwirksame Wirkung von Bakterien führt die Menschheit momentan leider viel zu oft, indem sie weiter Wälder abholzt und nachfolgende Dürren verursacht. Apropos Menschheit: Wer sitzt eigentlich bei uns oder besser gesagt in uns in der Schaltzentrale und bestimmt unser tägliches

Leben? Die Antwort kann nach den bisherigen Ausführungen eigentlich nur lauten: die Bakterien, wer sonst? Und wie intensiv diese Winzlinge unser tägliches Leben beeinflussen, schauen wir uns jetzt im Detail an.

Am Steuerknüppel

Wir Menschen sind sehr stolz auf unser Bewusstsein und den freien Willen. Er soll uns von anderen Arten unterscheiden, macht uns zu etwas ganz Besonderem. Abgesehen davon, dass die Wissenschaft diese Eigenschaften bei immer mehr Lebewesen entdeckt, drängt sich die Frage auf, ob das nicht Wunschdenken ist. Je mehr wir über das Wirken von Bakterien erfahren, desto mehr Zweifel kommen darüber auf, was wir überhaupt selbst entscheiden. Vieles aus unserem Alltag zählt jedenfalls nicht dazu: Die Kleinen greifen sogar aktiv in unsere Ernährungswünsche ein und motivieren uns überdies dazu, Sport zu treiben – nur zwei kleine Beispiele aus einer Fülle von Manipulationen, denen wir unterliegen, doch dazu später mehr. Ich gebe zu, dass ihr Einfluss schwer zu akzeptieren ist: Wer wird schon gerne fremdgesteuert?

Um Licht ins Dunkel zu bringen, schauen wir uns die Bordelektrik unseres Körpers an. Richtig, es ist das Nervensystem, welches wie winzige Kabel alle Körperteile miteinander verbindet und Anweisungen des Gehirns bis in die Zehen funkt. Normalerweise werden Informationen mithilfe von chemischen Signalen von Zelle zu Zelle weitergereicht. Dieser Prozess dauert vergleichsweise lang, und das ist auch ein Grund dafür, warum vieles bei Pflanzen so langsam abläuft: Die Zellen sind klein, und es dauert Minuten oder gar Stunden, bis sich Signale im Körper verbreiten. Hilfsweise nutzen Pflanzen den Wind für chemische Botschaften, der die Substanzen weiterweht und damit für eine schnellere Verbreitung zum Beispiel innerhalb einer Baumkrone sorgt. Die Blätter atmen die Duftstoffe und damit die Botschaften ein. So kann das Laub (und auch der Nachbar) schnell in einen Zustand der Alarmbereitschaft versetzt werden, wenn zum Beispiel gefräßige Raupen nahen. Doch Wind ist ein unzuverlässiger Geselle – gegen die Windrichtung bleibt die grüne Community stundenlang ohne Nachrichten. Das ist für Tiere, zumal dann, wenn sie sich schnell bewegen, inakzeptabel. Deshalb haben sie ein Hochgeschwindigkeitsnetz innerhalb ihres Körpers aufgebaut.

Nun funktionieren Nerven grundsätzlich ebenfalls mit Chemie, wenn es eine Nachricht zwischen zwei Zellen zu transportieren gilt. Doch dabei kommt eine besondere Entwicklung zum Tragen: Nervenzellen sind unglaublich lang. Während eine durchschnittliche menschliche Körperzelle nur zwischen 0,07 und 0,1 Millimeter misst,[71] können Nervenzellen bis zu einem Meter lang werden.[72] Eine einzige Zelle kann auf diese Weise zum Beispiel das Rückenmark und einen Zeh durchgehend verbinden.[73] Und nun kommt Strom ins Spiel: Innerhalb der Nervenzelle wird das Signal über die Membran elektrisch übertragen, gelangt also in Sekundenbruchteilen an den Zielort. Erst durch diese Geschwindigkeit sind wir überhaupt dazu in der Lage, Auto zu fahren oder ein Buch zu lesen. Und wer hat's erfunden? Nein, nicht die vermeintliche Krone der Schöpfung und möglicherweise noch nicht einmal generell die Tiere. Es gibt starke Hinweise darauf, dass wir von kleinen Puppenspielern dirigiert werden, die anstelle von Fäden Nervenzellen nutzen. Irgendwie müssen sie ja die großen Organismen steuern, die ohne ihre Hilfe gar nicht erst entstanden wären.

Aktuelle Forschungsergebnisse der Universität Kiel bestätigen, dass es sich so abgespielt haben könnte: Bakterien nutzen nicht nur das vorhandene Nervensystem als Kommunikationskabel, sondern es entwickelte sich möglicherweise genau für diesen Zweck. Darauf liefern Untersuchungen an Süßwasserpolypen starke Hinweise. Die Tierchen, bis zu drei Zentimeter groß und auf Steinen oder Hölzern festgewachsen, besiedeln heimische Gewässer wie Teiche oder Bäche. Hier jagen sie kleine Arten wie Wasserflöhe, die beim Vorbeischwimmen zufällig ihre Tentakel berühren. Dann schießen (genau wie bei Quallen) kleine Giftpfeile an Fäden heraus, die das Opfer lähmen und schließlich Richtung Mund ziehen.

Süßwasserpolypen haben ebenfalls ein Nervensystem, doch bei ihnen dient es nicht nur der Steuerung der Organe, sondern ganz eindeutig auch der Kommunikation mit Bakterien. Durch Ausscheidungen an den Neuronen unterhalten sich Polypen und Bakterien regelrecht. Dazu nutzen sie Immunrezeptoren, auf gut Deutsch ihr Immunsystem.

Polypen und ihr Nervensystem sind entwicklungsgeschichtlich uralt. Weil ähnliche Kommunikationswege zwischen Bakterien und ihren Wirten auch im Darm von Säugetieren existieren und ebenfalls unter Beteiligung von Immunrezeptoren funktionieren, nehmen die Forschenden an, dass sich dieser Informationskanal seit Urzeiten evolutionär durchgehend erhalten hat. Und sie gehen noch weiter: Möglicherweise, so die Kieler Wissenschaftlerinnen und Wissenschaftler, hat sich das Nervensystem zuerst entwickelt, damit Körper und Bakterien miteinander kommunizieren können.[74]

Damit sind wir wieder beim Menschen angekommen. Auch in uns findet ein solcher Austausch statt, und diese Geschwätzigkeit ist in der Forschung als Darm-Hirn-Achse bekannt geworden. Das klingt ein wenig merkwürdig – schließlich ist das keine Allianz verschiedener Akteure, sondern es handelt sich dabei um körpereigene Abläufe, die wir bisher zu wenig beachtet haben. Ob die Darmbewohner grundsätzlich besonders viel Einfluss auf unser Gehirn haben oder ob dieser Einfluss nur besonders gut erforscht ist, sei einmal dahingestellt. Allein, was bisher bekannt wurde, stellt infrage, dass Entscheidungen grundsätzlich aus unserem Oberstübchen heraus getroffen werden. Es ist denkbar, dass es sich dabei um eine Art Rechenzentrum handelt, welches auch und in manchen Fällen dominant von Bakterien bedient wird. Die Möglichkeiten der Einflussnahme sind vielfältig: So werden im Darm besondere Hormone ausgeschüttet, zum Beispiel GABA, ein Botenstoff, den auch das Gehirn herstellt. Diese Stoffe werden an den Vagusnerv weitergegeben, der zu einem Leitungsnetz gehört, das fast alle Organe mitreguliert, und funken dann über den Nerv die gewünschte Botschaft an unser Oberstübchen. Wird dieser Nerv unterbrochen, enden auch die direkten Einflussmöglichkeiten der Darmbakterien.

Die Signale über das Nervensystem aus dem Darm oder über das Immunsystem bewirken in manchen Fällen maßgeblich, wie wir uns verhalten. Wie stark die Beeinflussung ist, kann man nach aktuellem Stand der Forschung am besten abschätzen, wenn das System aus dem Takt gerät. Das ist bei den Darmbakterien besonders leicht möglich, weil sie davon abhängen, was wir essen. Passt es nicht für die da unten, gibt es entsprechende Rückmeldungen – dazu später mehr. Der Überfall bösartiger Keime oder der Einsatz von Antibiotika kann das Darm-Team ebenfalls durcheinanderbringen. Dann reagiert der ganze Mensch, indem er zum Beispiel deutlich an Gewicht zulegt, depressiv wird oder unter Angstzuständen leidet.[75]

Auch bei ADHS haben die Mikroben ein gewichtiges Wörtchen mitzureden. ADHS (Aufmerksamkeitsdefizit-/Hyperaktivitätsstörung) ist eine Verhaltensstörung, die je nach Ausprägung mit starker Unruhe, Aufmerksamkeits- und Konzentrationsproblemen, aber durchaus auch besonderer Spontanität oder Kreativität einhergeht.[76] Dabei spielen nach aktuellen Erkenntnissen auch die Darmbakterien eine erhebliche Rolle. Um herauszufinden, wie stark ihre Einflussnahme sein kann, untersuchte ein Team des Medizinischen Zentrums der Universität Radboud im niederländischen Nijmegen die Darmbakterien verschiedener Probanden. Einige von ihnen hatten ADHS diagnostiziert bekommen, andere nicht. Beiden Gruppen wurden Darmbakterien entnommen und die Einzeller verschiedenen Mäusen eingesetzt, deren Verdauungssystem vorher keimfrei war. Diejenigen Nager, die nun mit ADHS-Darmkeimen unterwegs waren, zeigten nach einiger Zeit veränderte Gehirnstrukturen und ein verändertes Verhalten. So waren sie bei Freilandversuchen ängstlicher.

Auch eine andere Studie bestätigte, dass die Artenvielfalt der Darmbakterien bei ADHS-Patienten reduziert und verändert ist.[77] Und wie der Befund mit den Nagern annehmen lässt, kann durchaus zuerst eine Störung des bakteriellen Ökosystems eintreten und dann die Veränderungen im Gehirn. Was sich im Bauch dabei abspielt, legt eine Studie aus Japan nahe. Dort verglich man normale Mäuse mit solchen, deren Darm bakterienfrei war. Das Resultat: Bei Letzteren war das sogenannte Glückshormon Serotonin stark reduziert. Impfte man die keimfreien Mäuse mit Bakterien, stieg der Hormonspiegel wieder an.[78]

Bevor Sie nun denken, dass uns die Knilche im Untergeschoss nur negativ beeinflussen, möchte ich eine Lanze für sie brechen. Die beschriebenen Effekte treten ja laut Studien unter anderem dadurch auf, dass sie dezimiert, von fremden Arten unterwandert oder sonst wie an ihrer regulären Arbeit gehindert wurden. Wie sie im Normalzustand agieren, zeigt zumindest die letztgenannte Mäusestudie. Sie unterstreicht, dass zum persönlichen Glück auch die Allerkleinsten gehören. Wie Sie Ihr Zusammenleben mit ihnen aktiv gestalten können, steht auf einem anderen Blatt (und zwar auf vielen Blättern des zweiten Teils dieses Buches).

Bakterien sind zwar die ersten, aber nicht die einzigen Einzeller, die uns Menschen manipulieren. Wenn es so gut funktioniert, große Organismen für sich arbeiten zu lassen, dann wäre es unlogisch, wenn keine andere Art diese Idee kopiert hätte. Solche Nachahmer sind unter anderem Urtierchen: Einzeller, die im Gegensatz zu Bakterien einen Zellkern aufweisen. Sie haben sich nicht mit uns verbündet und bilden erst recht nicht wie die Bakterien eine echte Einheit mit uns, wie die Erreger der Toxoplasmose besonders hässlich demonstrieren. Ihnen geht es vielmehr darum, uns und andere Tiere auszubeuten und dann weitere Opfer zu finden.

Die Erreger der speziell von Schwangeren gefürchteten Krankheit sind Parasiten, die sich vor allem in Katzen wohlfühlen. Dort produzieren sie Eier, die die infizierten Tiere mit dem Kot ausscheiden. Diese werden von Mäusen und Ratten als Zwischenwirte aufgenommen, wo sie zu Parasiten heranwachsen, bevor sie wieder zur Katze wechseln. Der einfachste und brutalste Weg dabei ist, dass die Ratte gefressen wird. Dann können die kleinen Passagiere bequem intern umsteigen. Und weil Einzeller, wie Sie schon wissen, durchaus aufgeweckt sind, überlassen sie den Vorgang nicht dem Zufall. Ein Team der Universität Oxford untersuchte das Verhalten von infizierten Tieren. Sie benahmen sich normal und schienen auch gesund zu sein. Einen winzigen, allerdings entscheidenden Unterschied gab es dann aber doch im Vergleich zu nicht infizierten Ratten: Sie hatten ihre Angst vor Katzenurin verloren. Normalerweise werden solche Gerüche als deutliches Anzeichen dafür wahrgenommen, dass tödliche Gefahr droht. Nicht aber von den befallenen Ratten; manche von ihnen wurden durch den Urinduft sogar angezogen. Wer auf solche Signale anders als mit Flucht reagiert, endet schnell im Magen eines Stubentigers – bingo! Normalerweise gehen Parasiten mit ihren Wirten recht rabiat um, doch in diesem Fall war die Beeinflussung sehr subtil, so die Forschenden. Die Manipulation des Verhaltens erklärten sie mit einer Veränderung im Gehirn.[79]

Bis hierhin war das eine nette Anekdote. Doch jetzt schauen wir in das menschliche Gehirn. Bei einem großen Teil der Bevölkerung sind überstandene Toxoplasmoseinfektionen nachweisbar, denn auch bei uns dringt der Einzeller bis ins Gehirn vor. Dort handelt er möglicherweise ebenso wie bei Mäusen, zumindest bei Männern. Positiv auf Toxoplasmose getestete Probanden empfanden in einer Studie Katzenurin nicht mehr als unangenehm. Vielleicht ist das ein evolutionäres Überbleibsel aus der Zeit, als wir noch von Raubkatzen gejagt wurden. Denn Schimpansen, deren Hirn von dem Parasiten befallen ist, reagieren ebenfalls nicht mehr ängstlich auf den Uringeruch ihres Hauptfeinds, des Leoparden.[80] Die Toxoplasmoseerreger handeln übrigens gegen die Interessen der körpereigenen Bakterienbesatzung, was zeigt, dass es unter den Wichten selbst so etwas wie Kidnapping gibt. Sie werden gegen ihren Willen samt ihrem tierischen Zuhause gekapert und den Beutegreifern zum Fraß vorgeworfen. Die Toxoplasmoseerreger wechseln dabei lediglich den Organismus, die entführten Bakterien verenden.

Bakterien entscheiden sogar, wie wir altern. Pro Minute (!) sterben in unserem Körper Millionen von Zellen. Keine Sorge, gleichzeitig werden auch jede Menge neue gebildet. Welche Zellen sterben, weil sie verschlissen oder mutiert sind, wird in den Mitochondrien geprüft und entschieden. Geht ihr Daumen nach unten, leitet die Zelle ihren Selbstmord ein. Das Ganze kann man unter dem Begriff »Alterungsprozess« verbuchen, sprich, die Zellbakterien entscheiden mit, wann unsere Lebensuhr abläuft.[31] Warum sie das tun und uns nicht stattdessen unendlich lang leben lassen, ist nicht geklärt. Schließlich sterben die kleinen Wächter ebenfalls zusammen mit den Zellen. Evolutionär betrachtet ist die Antwort klar: Durch eine Generationenfolge gibt es mehr Mutationen, mehr Veränderung und damit auch bessere Anpassung an wechselnde Umweltbedingungen. Dass den Bakterien so etwas klar ist, mag sehr weit hergeholt sein. Denn dazu müssten sie ja mindestens ein Bewusstsein haben. Und genau das schauen wir uns jetzt einmal genauer an.

Bewusstsein – eine Erfindung der Einzeller?

Bei der Frage, wer hier wen steuert, habe ich einen wichtigen Aspekt in dieses nächste Kapitel geschoben: das Bewusstsein. Steuern macht ja nur dann Sinn, wenn sich die Wesen, die lenken, auch darüber im Klaren sind, wohin die Reise gehen soll. Bevor wir uns also weiter mit dem Wirken der Bakterien beschäftigen, lassen Sie uns überlegen, ob die Zwerge sich ihrer Handlungen bewusst sind. Denn wenn dem so wäre, dann stellte das unser Weltbild endgültig auf den Kopf. Viel Spaß beim Kopfstand, denn es spricht vieles dafür, dass es genau so ist!

Zuvor sollten wir aber klären, was Bewusstsein überhaupt ist. Beginnen wir mit einem einfachen Test, der lange als Beweis für das Vorhandensein eines Selbstbewusstseins galt: dem Spiegeltest. Dabei wird Tieren ein weißer Fleck auf die Stirn gemalt, sodass sie den Fleck nicht sehen können. Anschließend setzt man sie vor einen Spiegel. Wenn sie dann versuchen, sich den Fleck von der Stirn zu wischen, ist bewiesen, dass sie sich selbst erkannt haben (und nicht einen vermeintlichen Artgenossen in einer Art Fenster). Bisher haben den Test Menschenaffen, Delfine, Elstern und sogar Hühner bestanden. Ihnen darf man ein Selbstbewusstsein (Ich-Bewusstsein) attestieren. Der Umkehrschluss ist allerdings falsch: Wenn Tiere, wie etwa Hunde, den Test nicht bestehen, heißt das nicht zwangsläufig, dass sie kein solches Bewusstsein haben. Es mag auch daran liegen, dass sie mit einem Spiegel nichts anfangen können. Selbst Kleinkinder sind dazu erst mit 18 bis 24 Monaten in der Lage,[82] und niemand wollte ihnen unterstellen, dass sie vorher kein Bewusstsein hätten. Mit dem Spiegeltest kommen wir bei Bakterien nicht weiter; wir brauchen eine allgemeingültige Definition. Stellen Sie sich einmal folgende Frage, bevor Sie weiterlesen: Wie würden Sie Bewusstsein erklären?

Das ist gar nicht so einfach, weshalb die Wissenschaft auch kräftig herumeiert. Leider gibt es dafür keine einheitliche Definition, sondern nur eine ungefähre Vorstellung. Das trifft nebenbei auf sehr viele Begriffe zu, die wir alltäglich verwenden, wie etwa Denken, Intelligenz, Sprache oder Kommunikation. Die Wissenschaft definiert den ominösen Zustand zum Beispiel mit Wachheit, bei der man sich selbst und seine Umgebung mit allen Gefühlen erlebt.[83] Sind wir also bewusstlos, wenn wir schlafen? In der Tiefschlafphase vielleicht – aus der lässt man sich nur schwer wecken. Doch wie ist es mit den Träumen, gar den Klarträumen, in denen man weiß, dass man träumt? Zumindest ist bekannt, dass es ein Bewusstsein geben muss, weil man es indirekt ableiten kann: über Gefühle. Würden wir vollautomatisch funktionieren, also unbewusst, dann bräuchten wir Gefühle als Sprache des Unterbewusstseins nicht. Hunger, aber auch Angst oder Liebe drängen sich aus den Tiefen des Gehirns in das Bewusstsein und veranlassen uns dazu, aktiv zu überlegen, wie wir eine Situation am besten angehen. Diese Gefühle können wir auch bei vielen Tieren beobachten, und sie werden bei ihnen auf die gleiche Weise ausgelöst wie bei uns: durch Hormone. Wer fühlt, sollte also ein Bewusstsein haben.

Doch wie können wir das bei Bakterien nachweisen? Angst oder Liebe lassen sich bei den Einzellern zumindest heute noch nicht feststellen. Aber Moment: Da wären ja noch die Hormone! Sie sind uns im Zusammenhang mit Bakterien doch schon begegnet! Hormone dienen den Kleinen als Kommunikationsmittel mit unserem Gehirn, und sie produzieren sie selbst – so wie wir. Das reicht natürlich noch nicht aus, um ein Bewusstsein zu beweisen, und deswegen wenden wir uns einer Gruppe von Forschern zu, die das genauer unter die Lupe nimmt. Die Wissenschaftler Arthur S. Reber, Frantisek Baluska und William Miller stecken erst einmal die Leitplanken ab und bezeichnen Bewusstsein als eine Reihe unter anderem folgender Fähigkeiten: Erfahrungen, die bewertet werden können, Kommunikation, Lernen, Gedächtnis und Entscheidungsfindung. Bis zu einem gewissen Grad weisen das alle Lebewesen dieser Erde auf, auch Bakterien.

Haken wir die Fähigkeiten der Reihe nach ab: Kommunikation – check! Oder doch nicht? Sie kommunizieren zwar über Hormone, aber nicht untereinander, sondern mit uns. Also schauen wir noch einmal nach, ob es auch Gespräche unter den Kleinstlebewesen selbst gibt – und es gibt sie! So sprechen sich Krankheitserreger mithilfe von Molekülen untereinander ab, wann sie einen Wirtsorganismus angreifen möchten.[84] Diese chemischen »Wörter« (so bezeichnet sie die Wissenschaft inzwischen selbst) werden passend ausgestoßen, von anderen erkannt und mit einer entsprechenden Reaktion quittiert. Funktioniert unsere Sprache nicht ähnlich?

Bakterien jagen in Gruppen, ähnlich wie ein Wolfsrudel, produzieren gemeinsam Antibiotika oder bilden einen schmierigen Biofilm auf Oberflächen. Dazu sprechen sie sich ab, damit alles fein koordiniert vonstattengeht. Durch die Vielzahl an Mitgliedern solcher Gruppen können sie wie ein einziges Wesen agieren, und sie erlangen dabei Fähigkeiten, die denen von Vielzellern, sprich Tieren oder Pflanzen, nahekommen – gemeinsam ist man auch als Bakterien stärker! Zwischen den verschiedenen Bakterienarten kommt es übrigens durchaus zu Verständigungsschwierigkeiten – schließlich gibt es regelrechte Sprachen. Doch auch diese Hürde können die Einzeller überwinden: Bestimmte Wörter gelten »international«, während andere nur von der eigenen Art gesprochen werden. Also darf der Haken hinter Kommunikation bleiben.[85]

Punkt zwei: das Lernen. Lassen Sie uns der Einfachheit halber auch gleich Punkt drei und vier abhaken, denn das alles ist gemeinsam gut untersucht worden mit verblüffenden Ergebnissen. So sind Bakterien gesellige Wesen und schließen sich deshalb gerne zu Gemeinschaften zusammen. Wie sie das machen, besprechen sie ausgiebig. Und nicht nur das: Im Team lösen sie Probleme und ändern daraufhin ihr Verhalten. Dieses neue Verhalten ist nicht genetisch angelegt, sondern tatsächlich durch gemeinsames Überlegen erlernt. Dazu erinnern sie sich offenbar an frühere Erfahrungen und lernen daraus. Lernen, Gedächtnis und Entscheidungsfindung können wir also auch bestätigen. Damit haben wir gerade die Ziellinie zum Bewusstsein durchlaufen.

Fühlt sich das merkwürdig an? In unseren (oder zumindest meinen) Knochen stecken Jahrhunderte sozialkultureller Prägung, die besagt, dass sich die Natur all die wunderbaren Sachen des Geistes nur für unsere Art ausgedacht hat. Diese Bastion bröckelt schon lange, zumindest im Bereich der Säugetiere, vor allem jener, die als Familienmitglieder bei uns leben dürfen. Jetzt aber gleich alles Leben in diesen Reigen mit aufzunehmen scheint doch sehr gewagt. Ist es aber nicht, wie weitere Forschungsergebnisse zeigen: Bakterien funktionieren in Kolonien wie ein Superhirn, verteilen während der Denkprozesse Aufgaben untereinander und kommen dann zu gemeinsamen Ergebnissen. Dazu können sie sich zu riesigen Gemeinschaften zusammenschließen, in denen die einzelnen Bakterien unentwegt miteinander quatschen. Und wenn wir vorher ein wenig despektierlich über Moleküle als Vokabeln gesprochen haben (das klingt weniger entwickelt als unsere Sprache per Schall), entpuppt sich der chemische Informationsaustausch als hochkomplex. Dabei werden (ja, jetzt wird's dann doch sehr entwickelt) Polymere, Peptide, verschachtelte Eiweiße und Genschnipsel ausgetauscht. Manchmal wird sogar eine Art Schachteln benutzt, nämlich Viren, die Genmaterial durch den Bakterienverband weiterreichen, um alle auf den neuesten Stand zu bringen.

Das Kommunikationsrepertoire von Bakterien ist vielfältig und funktioniert lediglich anders, aber keinesfalls schlechter als unseres. Davon abgesehen wäre auf diesem engen Raum mit Milliarden von Individuen ein Sprechen wie bei uns unmöglich – so eine Kolonie bedeckt nur wenige Zentimeter, sodass in dem Stimmengewirr keine vernünftige Unterhaltung möglich wäre. Und ganz nebenbei würde uns das Hintergrundrauschen von Milliarden quatschender Mikroben in und auf uns auch den Verstand rauben. So aber informieren sich die Teilnehmer still und leise durch den Austausch von Chemie über das weitere Vorgehen, zum Beispiel wenn plötzlich eine harte, trockene Oberfläche im Weg steht. Dann müssen alle mithelfen, spezielle Schleim- und Gleitflüssigkeiten zu bilden, damit die Kolonie darüber hinwegwandern kann.

Das Kollektiv speichert, wie es aussieht, gemeinsam Erfahrungen, die nicht genetisch fixiert, sondern kollektiv erworben wurden, und entwickelt neue Strategien, etwa gegen Antibiotika oder zur Gewinnung von Nahrung.[86] Eshel Ben-Jacob, ein Experte der Universität von Tel Aviv und so etwas wie der Vater der Theorie über das Bakterien-Superhirn, erfand sogar einen Intelligenztest für die Einzeller. Dazu wurden verschiedene Untergründe (hart/weich, trocken/feucht, mit/ohne Nahrung) vorbereitet und geschaut, wie die kleinen Probanden auf diesen Flächen Kolonien bilden. Dazu mussten sie je nach Versuchsaufbau die Abstände der »Zweige« der Blumenmuster variieren, ebenso die Zelldichte und die Feuchtigkeit des Films, den sie brauchen, um vorwärtszukommen. Das klingt einfach, ist aber harte Rechenarbeit, wenn unzählige Individuen gemeinsam an einem perfekten Ergebnis arbeiten sollen. Besonders schlau ist *Paenibacillus vortex*, eine Art, die mit ihren Kolonien aus zig Milliarden Einzelwesen wunderschöne, perfekte florale Muster bildet. Sie ist unter den Bakterien so überdurchschnittlich intelligent wie Einstein unter uns Menschen. Maximal Durchschnitt sind dagegen viele Krankheitskeime, zum Beispiel der Erreger der Tuberkulose.[87]

Das ganze Forschungsfeld ist so beeindruckend, dass Wissenschaftlerinnen und Wissenschaftler Bakteriengemeinschaften als Inspiration für die Weiterentwicklung von künstlicher Intelligenz vorschlagen.[88] Künstlicher? Es ist natürliche Intelligenz, und die Vorgänge erinnern verdächtig an die in unseren Gehirnen. Hier werkeln 100 Milliarden Zellen (Neuronen) in einer Kolonie zusammen, unterteilt in spezialisierte Gruppen, emsig vor sich hin. Trotzdem kommen sie zu einem gemeinsamen Ergebnis. Bei Bakterien funktioniert das nach allem, was wir bis hierhin besprochen haben, identisch. Wenn wir dann noch daran denken, dass in jedem Neuron Bakterien sitzen, die die gesamten Vorgänge beeinflussen, unterstützt von ihren Kolleginnen im Darm und anderen Körperteilen, dann müssen wir das Patent für die Erfindung des Bewusstseins wohl den ältesten Wesen dieses Planeten, den Bakterien, zusprechen.

Selbst für unser Gehirn wissen wir bis heute nicht, wie alle Zellen zusammen nur ein einziges Bewusstsein erzeugen – wenn Sie in den Spiegel schauen, dann begreifen Sie sich als ein Wesen und nicht als mehrere Hundert Milliarden. Diese sind Ihnen nicht bewusst, sind also unterbewusst, und diese Erklärung finde ich am schönsten: Bakterien sind Teil unseres Unterbewusstseins, jenes ominösen Entscheidungsapparats, der große Teile unseres Alltagslebens steuert.

Ich weiß, das ist trotz aller Erklärungen immer noch sehr schwer vorstellbar, auch für mich, obwohl ich dazu etliche Studien (die nicht sehr verständlich geschrieben sind) durchforstet habe. Vielleicht hilft folgende Metapher ein bisschen weiter: Unser Körper ähnelt einem Staat, dessen Einwohnerinnen und Einwohner alle bewusst ihr eigenes Leben führen. Dennoch arbeiten sie sehr eng zusammen, eingehegt durch Gesetze und gemeinsame Werte. Deshalb können sie nach außen als ein gemeinsames Gebilde auftreten, mit (nach außen) einheitlichem Willen und Selbstverständnis. In den Nachrichten wird daher bei Entscheidungen von Parlamenten und Regierungen anderer Länder häufig von »Brasilien stoppt die Entwaldung …« oder »China entwickelt neue Batterien …« gesprochen, so als handelte es sich um eine Person.

Widmen wir uns kurz noch einmal unserem Gehirn. Wenigstens das sollte doch in seiner Funktion einigermaßen gut erforscht sein. Weit gefehlt! Selbst die relativ einfache Frage, wie ein einziger Gedanke zustande kommt oder wie wir uns etwas merken, ist noch nicht enträtselt. Genau das wird untersucht, und dreimal dürfen Sie raten, wer die Probanden sind: richtig, Einzeller! Diesmal sind es allerdings nicht Bakterien, sondern besonders große, genauer gesagt die größten einzelligen Wesen der Welt. Sie können solche Knilche sogar zu Hause als eine Art Haustier halten und spannende Experimente mit ihnen veranstalten. Unter dem Trivialnamen »Blob«, wissenschaftlich korrekter Schleimpilz, können Sie sich Exemplare im Internet für wenige Euro bestellen. Dann flattert Ihnen einige Tage später ein Briefumschlag mit einem winzigen Tütchen voller Papierschnipsel ins Haus. Das Papier ist gelbschmutzig und sieht ein wenig enttäuschend aus. Doch wenn Sie es in eine Glasschale legen (am besten eine Petrischale mit Deckel), in der Sie zuvor angefeuchtetes Küchenpapier platziert haben, wird es spannend. Schon Stunden später regt sich Leben, beginnt das erwachende flache Wesen langsam von dem Papier herunterzuwandern. Legen Sie ein paar Haferflocken aus, sucht es diese und frisst sie.

An der TU München wird erforscht, was das Kerlchen alles kann. Es findet in Labyrinthen den kürzesten Weg nach draußen, entwickelt dabei eine Art räumliches Gedächtnis und kann solche Informationen auch weitergeben. Dabei bildet es nervenähnliche Ausläufer, die sich immer dann verstärken, wenn Informationen besonders interessant sind. Ähnliches passiert in unserem Gehirn mit den Nervenverbindungen. Das erzählte mir Karen Alim, Professorin für Theorie biologischer Netzwerke an der TU München, in einer Folge meines Podcasts »Peter und der Wald«.[89] Sie berichtete außerdem von Versuchen mit dem Blob, die noch viel unglaublicher klingen. So bildeten Forschende mithilfe von Haferflockenhäufchen das Tokioter S-Bahn-Netz nach. Der Schleimpilz bewegte sich auf seine Nahrung zu und vernetzte sie mit seinen Ausläufern so, dass die effektivsten Verbindungen entstanden, die den echten S-Bahn-Plänen Tokios verblüffend ähnelten. Nur noch einmal zur Erinnerung: Wir sprechen hier von Einzellern!

Dass Bakterien ein Bewusstsein haben, darf als wahrscheinlich gelten. Doch damit taucht ein weiteres Problem auf. Sie vermehren sich, indem sie sich teilen. Aus einer »Bakterienmutter« werden also zwei neue Bakterien. Doch was wird aus der Mutter? Sie verschwindet ja nicht, sondern geht in zwei Individuen auf. Was passiert dabei mit ihrem Bewusstsein? Wer von beiden Nachwuchsbakterien ist das Original? Oder gibt es anschließend zwei »Ichs« mit identischen Gedanken und Erinnerungen? Das wäre dann wortwörtlich eine gespaltene Persönlichkeit! Leider kann ich die Fragen nicht beantworten, weil ich dazu keine Studien gefunden habe (und es dazu wahrscheinlich auch keine gibt).

Wenn nun Bakterien kommunizieren, intelligent sind und sogar ein Bewusstsein haben, dann ist es durchaus im Bereich des Möglichen, dass sie all die vielen Pflanzen- und Tierarten »erfunden« und sich darin eingerichtet haben, um sich gemütlich und bestens versorgt durchs Leben tragen zu lassen. Schließlich sind die schlauen Kolonien, die gemeinsam so verblüffende Entscheidungen treffen können, auch nichts anderes als ein Verband von

Einzellern, der gemeinsam wie eine frühe Form von Tier (oder Mensch) agiert.

Man könnte natürlich umgekehrt argumentieren, die Entstehung von Pflanzen und Tieren sei keine intelligente Leistung von Bakterien, sondern Zufall, durch Trial-and-Error-Prozesse der Evolution entstanden, bei denen sich das Zweckmäßigste willkürlich durchgesetzt habe. Das müsste dann allerdings fairerweise auch für uns Menschen und selbst für unsere Zivilisation gelten. Moment, höre ich es rufen, unsere Errungenschaften seien nun wirklich Zeichen eines freien Geistes, ein Beweis unseres Bewusstseins und des freien Willens. Ich finde es unlogisch und arrogant anzunehmen, die Natur hätte für alles Leben den einen und nur für unsere Art einen anderen Weg eingeschlagen.

Nehmen wir trotzdem einmal an, die letztgenannten besonderen Regeln würden nur für uns gelten. Wieso hat es dann fast 300 000 Jahre gedauert, bis die Menschheit etwas so Einfaches wie das Rad erfunden hat? Das konnte man sich nämlich nirgends in der Natur abschauen, darauf müssen unsere Vorfahren schon von allein gekommen sein. Man könnte also genauso gut für unsere Art annehmen, dass selbst solch eine simple Erfindung wie das Rad zufällig gemacht wurde. Ich denke nicht, dass es so ist, und plädiere für die Existenz eines Bewusstseins und eines freien Willens. Doch wenn das für uns gilt, dann bitte schön sollte das für die winzigen Erfinder des Lebens auf der Erde wenigstens erwogen werden. Nicht, um Gerechtigkeit walten zu lassen, sondern weil wir uns ansonsten einer Erklärungsmöglichkeit für unsere Umwelt berauben. Und wir müssen diese dringend besser verstehen, um die Probleme unserer Zeit zu lösen.

Fifty-fifty ist gelogen

Kennen Sie den Unterschied zwischen Maultier und Maulesel? Beides sind Kreuzungen aus Esel und Pferd, doch was dabei herauskommt, hängt davon ab, wer von beiden die Mutter ist. Sie bestimmt nämlich über ihre Gene, ob das Fohlen mehr wie ein Pferd (Maultier) oder mehr wie ein Esel (Maulesel) aussieht. Diese Kreuzungen werden gerne genommen, wenn man im Gebirge Tragtiere benötigt, die mehr Gewicht als ein Esel bewältigen können und gleichzeitig dessen Trittsicherheit besitzen. Maultiere, auch Mulis genannt, gelten als besonders gutmütig und leben lange – bis zu 50 Jahre sind möglich und damit deutlich mehr als bei ihren Müttern. Doch warum richtet sich die Optik eher nach ihren Müttern? Schließlich steuern doch beide Elternteile ihre genetischen Eigenschaften zu jeweils 50 Prozent bei. Ganz einfach: weil es nicht stimmt! Dazu lohnt sich ein genauerer Blick auf den Vererbungsvorgang.

Mütter prägen den Nachwuchs deshalb stärker, weil sie Erbinformationen nicht nur über die Chromosomen der Eizelle, sondern auch über die Mitochondrien weitergeben. Diese angepassten und veränderten Bakterien sitzen ja in jeder Zelle und damit auch in der Eizelle. Sie beteiligen sich ebenfalls am Fortpflanzungsprozess, der eigentlich wie folgt funktioniert: Eizelle und Samenzelle haben jeweils einen einfachen Chromosomensatz, der beim Verschmelzen zu einem doppelten wird. Der jetzt komplette Satz ist dann in jeder Körperzelle des neuen Wesens zu finden. In diesen Verschmelzungsprozess drängeln sich die Bakterien der Eizelle und schmuggeln ihre eigenen genetischen Informationen zusammen mit den mütterlichen Chromosomen in den entstehenden Embryo.

Aber Moment: Dasselbe müsste ja auch für das eindringende Spermium gelten! Dieses braucht für seine Fortbewegung ordentlich Energie, die von den Zellkraftwerken (Mitochondrien) fleißig zur Verfügung gestellt wird. Damit es richtig flott vorwärtsgeht, sitzen gleich ganze Pakete der Helfer an der Basis der Geißel, die heftig schlängelnd den Kopf Richtung Eizelle schiebt. Doch im Kopf des Spermiums ist kein einziges Mitochondrium vorhanden, und nur der Inhalt dieser Spitze dringt in die Eizelle ein. Damit ist klar, dass der entstehende Embryo nur die Mitochondrien der Mutter an Bord hat. Doch müssen sich diese Kleinstlebewesen nicht ebenfalls vermehren, um die zahllosen neuen Zellen entsprechend auszustatten? Das tun sie tatsächlich, indem sie sich teilen, wie das Bakterien üblicherweise machen. Der Punkt ist, dass sie das unabhängig von der Zelle tun. Dies ist ein weiterer Hinweis darauf, dass es sich ursprünglich um eigenständige Wesen handelte, die in den Körperzellen ein zumindest in Teilen noch unabhängiges Leben führen.

Besonders spannend: Für das Aussehen des neuen Lebewesens spielen die Bakterien offenbar eine wichtige Rolle, wie Sie bei Maultieren und Mauleseln erleben können. Die beiden unterscheiden sich ja nur durch die Bakterien, Pardon, Mitochondrien. Bei Nachkommen von Eltern derselben Art sollte es prinzipiell ähnlich sein. Klar, dass es dabei schwieriger ist, den stärkeren Einfluss der Mutter zu erkennen. Und damit sind wir bei der berühmten Frage, die alle Eltern schon einmal gehört haben: Kommt das Kind mehr nach der Mutter oder mehr nach dem Vater? Die Antwort ist zumindest genetisch auch bei Menschen eindeutig: immer mehr nach der Mutter. Und das ist auch so gewollt. Wie sehr, das zeigten Forschungen an Fällen, wo durch Zufall doch männliche Mitochondrien mit in die Eizelle gerutscht waren. Sie wurden gnadenlos bekämpft und vernichtet. Das ist ganz im Sinne des Embryos, denn falls das nicht passiert, können lebenslange schwere Beeinträchtigungen die Folge sein. Die Zellkraftwerke der Spermien sind anscheinend von so schlechter Qualität, dass sie nur ungenügend Energie für den Körper bereitstellen können.[90]

Doch widerspricht die Erfahrung nicht der These, dass Kinder eher der Mutter als dem Vater ähneln? Schließlich gibt es viele Menschen, die ihrem Papa wie aus dem Gesicht geschnitten sind. Dem kann ich zweierlei entgegnen: Erstens sprechen wir hier über nicht ganz so deutliche Unterschiede wie bei der Kreuzung von Pferden und Eseln, also zwei verschiedenen Arten; es geht bei uns Menschen eher um optische Nuancen. Und zweitens spielen die väterlichen Gene natürlich trotzdem eine große Rolle, auch wenn sie nicht ganz 50 Prozent zu den Eigenschaften des Kindes beitragen. Was es bräuchte, wäre eine Studie, die zeigt, wie häufig ein Kind eher der Mutter als dem Vater ähnelt. Eine solche Untersuchung kenne ich nicht, doch wenn sie gemacht würde, dann würde ich auf ein Ergebnis wetten, welches den Einfluss der Bakterien bestätigt.

Apropos Einfluss: Weil die Mitochondrien immer mitmischen, gibt es dank moderner Reproduktionsmedizin sogar die Möglichkeit, dass Kinder drei Eltern haben. Wenn die Mitochondrien der Mutter mit genetischen Defekten behaftet sind, die beim Kind ernsthafte Schäden verursachen könnten, tauscht man sie aus. Dazu wird eine Eizelle entnommen und nur der Zellkern extrahiert. Diesen Kern pflanzt man dann in eine fremde, gespendete Eizelle ein, in der nur gesunde Mitochondrien schwimmen. Nach der Befruchtung tummeln sich im Embryo Bakterien der Spendermutter, das Erbgut stammt von der leiblichen Mutter und vom Vater.[91]

Es gibt aber auch sehr seltene Fälle, in denen die väterlichen Zellbakterien doch noch Informationen einschmuggeln. Im Jahr 2018 veröffentlichte ein Wissenschaftsteam den Befund mehrerer Familien, deren Kinder offenbar mitochondriales Erbgut von Mutter und Vater in sich trugen. Das kommt allerdings sehr selten vor – nur einer von 4000 Menschen ist so ausgestattet. Bei der Erforschung dieses Phänomens stießen die Wissenschaftlerinnen und Wissenschaftler auf einen Befund, den sie so nicht erwartet hatten: Während man bis dato davon ausgegangen war, dass die Mitochondrien schon in grauer Vorzeit Teile ihres Erbguts an den Zellkern und seine DNA abgegeben haben, passiert das wohl bis heute. Immer wieder finden Schnipsel von Bakteriengenen ihren Weg in menschliche Chromosomen. Das will die Zelle aber nicht und markiert das fremde Erbgut mit einem chemischen Anhängsel, damit es nicht ausgelesen wird und keine Verwirrung stiften kann. Bei Krebszellen finden sich zehnmal häufiger solche Störungen – das Forschungsteam aus Cambridge vermutet, dass in Tumorzellen entweder die Kontrolle schlechter funktioniert oder die Mitochondrien-DNA sogar zum Auslöser des Wachstums wird.[92]

Und was ist mit den externen, also nicht innerhalb der Zellen lebenden Bakterien, dem sogenannten Mikrobiom, in Bezug auf die Vererbung?

Wie stark dieses unsere Persönlichkeit formt, haben wir ja schon erfahren. Bakterien sitzen nicht nur im Darm, sondern auch im Magen, im Mund und weiteren gemütlichen feuchten Plätzchen im Körper, aber auch überall auf der Haut. Dorthin müssen sie irgendwie kommen, und das scheint in der Fruchtblase kaum möglich. Dennoch zeigen Studien, dass zumindest ein Teil der Bakterienarten schon vor der Geburt über die Plazenta und das Fruchtwasser seinen Weg in den Fötus findet.[93] Der Vater kann daran unmöglich beteiligt sein, sodass es sich hierbei ausschließlich um mütterliche Bakterien handelt.

Das reicht aber für eine vollständige Ausstattung mit Mikroben bei Weitem nicht aus. Deshalb sind die Geburt und die anschließenden Monate ebenfalls von erheblicher Bedeutung. Und hier spielt, Sie ahnen es schon, der Vater wieder kaum eine Rolle, selbst wenn er im Kreißsaal anwesend ist. Weil die Erstbesiedelung von Menschen mit Bakterien noch immer schlecht erforscht ist, untersuchte 2018 ein Team der Universität Trento, Italien, 25 werdende Mütter. Sie entbanden alle normal, das heißt ohne Kaiserschnitt. Mütter und Säuglinge wurden von der Geburt an vier Monate lang untersucht und auf die Besiedelung mit Bakterien überprüft. Man weiß schon länger, dass bei der Geburt durch den Geburtskanal Bakterien auf die Haut des Säuglings übertragen werden (das gilt dann natürlich nicht für Kaiserschnitt-Entbindungen). Direkt nach der Geburt wiesen die Babys kein einheitliches Bild auf. Bei manchen ähnelte die Zusammensetzung der Bakterien denen der mütterlichen Vagina, bei anderen denen des mütterlichen Mundes, Stuhls oder der Haut.

Im Stuhl der Säuglinge war überraschenderweise an Tag eins eine höhere Artenvielfalt vorhanden als in den darauffolgenden Tagen, was darauf hinweist, dass jede Menge fremde (mütterliche) Bakterien gleich nach der Geburt versuchen, Fuß zu fassen, bevor manche wieder aussortiert werden. Viele davon stammten von der Zungenrückseite der Mutter, wie auch immer sie von dort in den Darm des Kindes gelangten. Doch selbst nach vier Monaten, also zum Ende der Studie, gab es immer noch deutliche Abweichungen in der Zusammensetzung der Bakterienarten zwischen Mutter und Kind. Einerseits zeigt die Untersuchung, dass ein körpereigenes Ökosystem Zeit braucht, um zu reifen, andererseits wird deutlich, dass ein Neugeborenes seinen persönlichen Satz an Helfern durch die Mutter erhält. Es steht ihr also auch in dieser Hinsicht näher als dem Vater.[94]

Für die Etablierung der Hautbakterien gibt es für Neugeborene einen besonderen Mechanismus. Über spezielle Zellen lernt die Haut, friedliche und nützliche Bakterien zu tolerieren, ohne dass das Immunsystem aktiviert wird. Dadurch entwickelt es sich und wird toleranter gegen körpereigene Stoffe, lernt also, sich nicht selbst anzugreifen.[95] Vielleicht kann hier der Vater mit seinen körpereigenen Bakterien doch noch ein bisschen aufholen, indem er den Säugling häufiger auf den Arm nimmt und für ein wenig Austausch sorgt.

Stammesfehden

Bakterien sind die unangefochtenen Herrscher der Erde, so viel scheint festzustehen. Das heißt aber nicht, dass sie eine sorgenfreie Existenz hätten, ganz im Gegenteil. Denn auch ihnen wird ständig nach dem Leben getrachtet. Es gibt Wesen, die 100-mal kleiner sind und zudem zehnmal häufiger vorkommen:[96] Viren. Ob sie überhaupt Lebewesen sind, darüber streitet die Wissenschaft. Ein Lebewesen muss nach aktueller Definition einen eigenen Stoffwechsel haben, also Nahrung verarbeiten und daraus Energie gewinnen können. Diese Eigenschaften besitzen Viren nicht. Sie sind nur mit dem Allernötigsten ausgestattet: ihrer Erbinformation und einer Hülle. Um sich zu vermehren, brauchen sie eine lebende Zelle.[97] Wenn sie es schaffen, in eine solche einzudringen, dann zwingen sie diese, neue Viren zu produzieren und freizusetzen. Alle Stoffe zur Produktion von Virennachwuchs und die dafür benötigte Energie stammen aus der angegriffenen Zelle – das Virus hat ja keinen eigenen Stoffwechsel.

Mir gefällt die wissenschaftliche Definition nicht, Viren ein Leben abzusprechen, denn das gesamte Leben auf der Erde beruht schließlich auf Information. Ohne Gene gäbe es auf diesem Planeten nur tote Materie – Gase, Wasser, Steine. Erst mit dem Wissen, wie man was zusammensetzen muss, entsteht Leben. Es ist die Information, die tote von lebender Materie unterscheidet. Und wenn man schon ein weiteres Kriterium einführen will, wie wäre es dann mit dem

Bewusstsein? Dafür ist nämlich ein Stoffwechsel notwendig, weil ansonsten keine Rechen- oder Denkprozesse möglich wären. So könnte man Viren ausschließen, wenn es denn unbedingt sein muss.

Trotzdem könnte man ein Virus als ein Lebewesen bezeichnen, welches bloß besonders raffiniert (oder faul) ist. Es hat sich auf die wesentlichen Dinge reduziert und überlässt alles andere, sogar den Stoffwechsel, dem befallenen Wirt. So lautet zumindest eine Theorie zur Entstehung dieser »Untoten«. Sie entwickelten sich evolutionär möglicherweise aus Zellen und reduzierten anschließend alles, was zur Vermehrung nicht unbedingt notwendig ist.[98] So gesehen sind Viren die effektivsten Wesen der Welt, und das schon ziemlich lange: Sie traten wohl zum selben Zeitpunkt auf wie das Leben insgesamt. Von Anfang an griffen sie munter in die Evolution ein und hinterließen überall ihre genetischen Spuren. So stammen acht Prozent unserer DNA von Viren, die ihre Informationen einfach irgendwann eingeschmuggelt haben.[99] Was das genau mit uns gemacht hat und welchem Zweck diese Informationen dienen, konnte die Wissenschaft noch nicht herausfinden. Immerhin ist klar, dass wir unsere individuellen Unterschiede auch den Viren verdanken. Deren »Herumpfuscherei« in unserem Erbgut hält bis heute an.[100]

Aber wir wollten uns ja anschauen, was die Viren mit den Bakterien veranstalten. Sie machen (zumindest etliche Arten), was sie auch mit unseren Körperzellen tun: eindringen und das befallene Exemplar zwingen, massenhaft neue Viren zu produzieren. Ist das erledigt, platzt das befallene Bakterium und setzt die Erreger frei. Schlecht für die Bakterien, gut für uns Menschen, zumindest dann, wenn es sich um solche von ihnen handelt, die uns Böses wollen. Denn die Viren sind jeweils auf einzelne Bakterienarten spezialisiert, was sich die moderne Medizin zunutze machen kann. Antibiotikaresistenzen bereiten in der Bekämpfung von Infektionskrankheiten zunehmend Probleme.

Was tun, wenn Chemie nicht mehr hilft? Richtig, wir lassen einfach die passenden Viren von der Kette und setzen sie auf die penetranten Keime an. Diese werden zielgenau vernichtet, ohne dass unsere körpereigenen Bakterien belastet werden. Sind die Krankheitsverursacher zerstört, verschwinden auch die eingesetzten Viren, weil sie ja ihre Wirte und damit ihre Lebensgrundlage vernichtet haben. Virencocktails sind also das ideale Medikament bei einer Bakterieninfektion, weil völlig nebenwirkungsfrei. Diese Bekämpfungsmethode ist übrigens schon vor 100 Jahren entdeckt worden, und man hat sie lediglich aus den Augen verloren, weil Antibiotika einfacher zu produzieren und zu handhaben sind. Doch weil wir uns dieses Mittel durch übermäßigen Einsatz gerade selbst aus der Hand schlagen, geraten die Viren wieder in den Fokus.

Bakterien können auch gegen Viren resistent werden, doch im Gegensatz zu chemischen Medikamenten entwickeln sich die Viren ebenfalls ständig weiter. Zudem gibt es pro Bakterienart oft mehrere Arten der winzigen Virenangreifer, die sich auf sie spezialisiert haben, sodass sich immer ein passender Cocktail zusammenstellen lassen müsste.[101]

Doch auch ohne die moderne Medizin sind solche Bakterienkiller unsere ständigen Begleiter. Sie wandern durch die Darmschleimhaut in den Körper hinein. Das sollte eigentlich gar nicht funktionieren, denn die Schleimhaut wird durch spezielle Zellen geschützt, die eine Art Torwächter darstellen. Sie grenzen den Darminhalt gegen die inneren Körperflüssigkeiten ab und sollen diese steril halten, damit sich so wenig Krankheitserreger wie möglich Zutritt verschaffen können. Trotzdem gelingt es den Viren, diese Wächter innerhalb von Minuten zu überwinden und in unglaublichen Zahlen ins Blut und damit in viele andere Organe zu wandern. Pro Tag sind es rund 30 Milliarden Viren, die diesen Weg in unser Inneres nehmen. Bis heute weiß man nicht, wie das überhaupt möglich ist, denn diese speziellen Arten von Viren können unsere Zellen nicht befallen. Trotzdem wurde beobachtet, dass die Wächterzellen Viren aufnehmen, durch die Schutzschicht schleusen und innen Richtung Blutkreislauf wieder freisetzen. Ist das also gewollt? Die Möglichkeit besteht durchaus, denn diese bakterienzerstörenden Viren tragen wahrscheinlich zur Stärkung unseres Immunsystems bei. Im Körper agieren sie mit Zellen, indem sie in sie eindringen und dort möglicherweise wertvolle Informationen mit den Zellen austauschen. Die Gene der Invasoren sind demnach genauso Bestandteil unseres Erbguts wie die Chromosomen von Eizellen und Spermien.[102] Gehören Viren also ebenfalls zu unserem Körper wie Bakterien? Nach aktuellem Stand der Forschung sieht es ganz so aus.

Neben dem Kampf gegen Viren müssen sich Bakterien aber auch mit ihresgleichen auseinandersetzen. Weil sie hoch spezialisiert sind und jeden Lebensraum erschlossen haben, liegt es nahe, dass sie ihre jeweiligen Reviere verteidigen. Nichts anderes heißt es ja, wenn etwa die Siedler auf unseren Händen auch nach Störungen schnell wieder in das ursprüngliche Gleichgewicht kommen, wie wir noch sehen werden. Reviere zu verteidigen bedeutet Kampf. Und bloß weil die Winzlinge keine Arme und Beine haben, bedeutet das noch lange nicht, dass sie keine Waffen hätten. Die brauchen sie auch, weil Bakterien regelrechte Kriege gegeneinander um Territorien und Nährstoffe führen.

Dazu haben sie ein ganzes Arsenal an Waffen entwickelt. Da wären etwa Pfeil und Bogen, die damit aus der Liste der menschlichen Erfindungen gestrichen werden können. Durch Auslässe können Bakterien Eiweißverbindungen abschießen und damit ihre Konkurrenz tödlich treffen. Die Eiweißstöckchen wirken wie Geschosse und schlagen Löcher in das Gegenüber. Die Schusswaffen werden nicht nur gegen fremde Bakterien gerichtet, sie dienen auch der Attacke gegen die Zellen größerer Organismen. Gibt es nichts zu bekämpfen, können die Stöckchen zwischendurch auch wie eine Angelrute genutzt werden, um nach Nährstoffen zu fischen.[103]

Es existieren nur wenige bekannte Bakterienarten, die mechanische Waffen wie die Pfeile nutzen. Viel beliebter sind chemische Kampfstoffe, die in vielfältiger Form eingesetzt werden. Da wären kleine Moleküle, die sich an gegnerische Moleküle heften und deren Funktion stören. Brutaler ist der Einsatz giftiger Enzyme, die gleich die ganze Zellhülle des Gegners auflösen und diesen damit ins Nirwana befördern. Ganz hinterlistig sind Stoffe, die sich in der feindlichen Zellwand einlagern und dort Poren bilden. Der Gegner wird also undicht, und durch die Löcher gelangt das Gift ins Innere, der Inhaber wird damit zu einem langsamen Tod verurteilt.

Bakterien haben selbst eine Art Harpune entwickelt. Dabei handelt es sich um eine Abschussvorrichtung, die mit einer Feder gespannt wird. Das Geschoss besteht aus einer Nadel, die mit Gift gefüllt ist und das Ziel mechanisch und chemisch umbringt. Doch dabei haben Bakterien ein großes Problem: Ihnen fehlen Augen, sie können also nicht sehen, auf wen sie da zielen. Was ist, wenn sie versehentlich einen Klon, also ein geteiltes Bakterium, das von ihnen selbst abstammt, treffen? Auch hier wurde vorgesorgt: Gegen giftige Eiweißstoffe aus eigener Produktion sind die Wichte immun – es dürfte also außer einer kleinen mechanischen Verletzung kein weiterer Schaden entstehen.

Sollen schnell viele und große Proteine freigesetzt werden, um feindliche Bakterien zu bekämpfen, setzen Kolibakterien und Salmonellen eine ultimative Waffe ein: Selbstmordattentäter. Diese Individuen lösen sich in der Nähe ihres Feindes auf, um die Gifte in ihren Körpern schlagartig und wirkungsvoll freizusetzen. Sie opfern sich für die Gemeinschaft und schützen ihre überlebenden Nachkommen.

Es fehlt noch eine dritte Kategorie, die biologische Kriegsführung. Hier haben Bakterien etwas ganz besonders Raffiniertes entwickelt: Sie tragen in ihren Genen den Bauplan für tödliche Viren. Sollen sie eingesetzt werden, aktivieren die Einzeller diesen Abschnitt, woraufhin Viren produziert werden, die das Bakterium verlassen. Die Viren greifen nun die nächstgelegenen Bakterien an und vernichten diese. Diejenigen, welche den Angriff gestartet haben, sind immun – das betrifft den ganzen Clan, denn durch die Vermehrung durch Teilung sind alle miteinander enger verwandt als menschliche Familien und weisen auch alle die gleichen Eigenschaften auf. Umgebracht wird also nur die Konkurrenz. Einzig die Bakterien, die die Viren produzieren, sind anschließend tot, denn die Freisetzung erfolgt durch das Platzen des Einzellers.[104]

Als ob das Leben durch tödliche Viren und feindliche Bakterienstämme nicht schon gefährlich genug wäre, gibt es noch »Raubtiere«, die den Bakterien nachstellen, um sie zu fressen. Diese Beutegreifer jagen auch in Ihrem Körper: Es sind Leukozyten, Fresszellen, die Eindringlinge im Blut aufspüren, aufsaugen und verdauen. Leukozyten, auch als weiße Blutkörperchen bekannt, gehören zum Immunsystem, doch die Bakterien im Blut würden sie Feinde nennen. Und gegen Feinde kann man sich wehren, wie etwa der Erreger der Tuberkulose demonstriert: Er schlüpft kurzerhand in die Angreifer hinein, die ihn nicht verdauen können. Die Fresszellen wiederum sprechen sich ab und bilden erst einmal einen Abwehrring um ihren befallenen Artgenossen. Dann beginnen sie, den Bakterien Nährstoffe zu entziehen und sie stattdessen mit Giften zu »versorgen«. Wer letztendlich die Oberhand behält, ist bei diesem Konflikt offen, weil sich beide Seiten ständig anpassen und aufrüsten.[105]

Bakterienjäger können aber auch viel größer sein. Fadenwürmer, Milben und Insektenlarven haben je nach Art ebenfalls kleine Einzeller auf ihrem Speiseplan und müssen aus der Sicht von Bakterien größer als Tyrannosaurus Rex für uns wirken. Im Meer schließlich sind Bakterien Teil der Nahrungskette. Sie zählen zum Plankton, das von Tieren wie den Korallen mit fächerförmigen Organen aus dem Salzwasser gefischt wird. Obwohl Bakterien durch Teilung theoretisch ewig leben könnten, beträgt ihre tatsächliche Lebensspanne durch die vielen geschilderten Gefahren häufig nicht mehr als wenige Stunden.

Nicht zu fassen – die Vielfalt des Lebens

Bisher habe ich meine Intention, Ihnen Bakterien als sympathische, gar liebenswerte Wesen näherzubringen, immer wieder selbst torpediert. Zum einen wollte ich diese Wesen ausgewogen darstellen, zum anderen liegt es daran, dass es *die* Bakterien gar nicht gibt. Das wäre so, als wollte ich ähnlich Grundsätzliches über Tiere oder Pflanzen sagen. Schnell wäre klar, dass es bei beiden Gruppen ebenfalls nicht nur positive Aspekte gibt und nicht alle über einen Kamm zu scheren sind. Im Unterschied zu den Bakterien braucht aber für sie auch niemand eine Lanze zu brechen – wer würde schon grundsätzlich Tiere oder Pflanzen fürchten oder gar verdammen?

Bakterien haben es generell sehr viel schwerer, vor unseren Augen zu bestehen, und das, obwohl sie noch viel differenzierter betrachtet werden müssten. Denn ihre Vielfalt übertrifft die allen anderen Lebens um Größenordnungen. Wie viel genau, kann Ihnen niemand sagen. Schätzungen gehen von einer Milliarde Arten aus,[106] was ich für zu niedrig angesetzt halte. Wenn schon 30 Gramm Waldboden eines winzigen Areals in Norwegen eine Million Arten enthalten, dann sollten weltweit mehr verschiedene Spezies als das Tausendfache dieser kleinen Probe existieren.

Warum aber weiß die Wissenschaft so wenig über Bakterien? Weil die Prioritäten eher bei der Erforschung des Menschen und danach bei Tieren und Pflanzen liegen. Gewiss, über die Prozesse in der Natur ist schon vieles bekannt, aber das meiste liegt noch im Dunkeln. Selbst unser Gehirn ist nach wie vor eine Blackbox. Da sollte die Einteilung des Lebens, also eine grobe Inventur, doch viel einfacher zu bewerkstelligen sein. Und wie es aussieht, ist das auch weitgehend gelungen. Deshalb gilt es als Sensation, wenn eine unbekannte Tierspezies im Ozean oder Regenwald auftaucht. So überraschte etwa der Rice-Brydewal, ein Großsäuger, den man eigentlich mit über zehn Meter Körperlänge nicht übersehen kann, die Wissenschaft: Bis 2014 hatte man ihn nicht als eigene Art erkannt, sondern zu den »normalen« Brydewalen gezählt. Untersuchungen an einem in Florida gestrandeten Exemplar zeigten dann, dass dieses Tier einer neuen Art angehört.[107]

Bei kleineren Tieren ist die Entdeckung neuer Arten zwar nicht ganz so sensationell, aber zumindest in dicht besiedelten und gut erforschten Ländern wie Deutschland trotzdem die Ausnahme. So meinte Jürgen Bauhus, ein Forstwissenschaftler, der die Bundesregierung in Sachen Wald berät, 2020 in einem Interview mit der Tageszeitung *taz*, dass abgesehen von Mikroorganismen in Mitteleuropa alles an Pilzen, Pflanzen, Insekten, Amphibien, Reptilien, Vögeln und Säugetieren bekannt sei.[108]

Wie realitätsfern diese Haltung ist, zeigte ein Telefongespräch, das ich mit einem Insektenforscher 2024, also vier Jahre später, führte. Er ist auf Gallmücken spezialisiert, eine Artengruppe, die zum Beispiel kleine Zipfel auf Baumblättern bildet, in denen sich dann die Larven geschützt entwickeln können.

Der Wissenschaftler erzählte mir von seinen Neuentdeckungen in Deutschland, und im Verlaufe des Gesprächs fragte ich, wie viele Arten allein unter den Gallmücken hierzulande noch unbekannt seien. Er zögerte, wollte zunächst nicht antworten, weil man das nicht so exakt sagen kann (logisch). Doch dann ließ er sich zu einer Schätzung überreden. Seiner Meinung nach seien noch etwa 2000 bis 3000 Gallmückenarten zu entdecken, global möglicherweise eine Million.[109] Allein Gallmücken! Laut Mikrobiologe Heribert Cypionka dürfte in jeder Insektenart eine neue Bakterienart zu finden sein – damit würde sich die Zahl der zu entdeckenden Spezies gleich verdoppeln.[110]

An dieser Stelle sollten wir erst einmal klären, was wir Menschen überhaupt unter einer Art verstehen, denn diese Einteilung gehört zum Wichtigsten überhaupt, wenn Wissenschaftlerinnen und Wissenschaftler das Leben sortieren.

Das »Lexikon der Biologie« (spektrum.de) sagt dazu:

»Als Arten bezeichnet man Gruppen von Individuen, die durch Abstammungsbande zwischen **Elter**(n) und Nachkommen (**Nachkommenschaft**) gekennzeichnet sind (**Tokogenie**) und in Gestalt, Physiologie und Verhalten so weit übereinstimmen, dass sie sich von anderen Individuengruppen abgrenzen lassen. Bei Organismen mit zweigeschlechtlicher **Fortpflanzung** kommt als entscheidendes Kriterium die Fähigkeit hinzu, gemeinsam fertile Nachkommen (**Fruchtbarkeit**) zu erzeugen.«

Entschuldigung – das war jetzt sehr trocken. Wir versuchen ja gerade, Bakterien wissenschaftlich einzufangen (was die Winzlinge kaum mit sich machen lassen). Nehmen wir doch eine einfachere Beschreibung: Eine Art besteht aus einer Gruppe von Lebewesen von Eltern und Nachkommen, die gleiche Merkmale aufweisen und sich damit eindeutig von anderen Gruppen unterscheiden. Wenn die Mitglieder der Gemeinschaft sich geschlechtlich vermehren, dann müssen die Nachkommen fruchtbar sein (und sich ebenfalls vermehren können).

Hm. Klingt immer noch kompliziert, und deshalb picken wir uns einmal ein Beispiel heraus, nämlich den Vergleich Mensch/Schimpanse. Beides sind verschiedene Arten mit ungleichen Merkmalen, die keine gemeinsamen Nachkommen und erst recht keinen fortpflanzungsfähigen Nachwuchs zeugen können. Ihr Erbgut unterscheidet sich nur zu 1,3 Prozent voneinander, was offenbar vollkommen ausreicht, um solch unterschiedliche Wesen hervorzubringen.[111]

Wie teilt man nun Bakterien nach klar abgrenzbaren Arten ein? Die erste Hürde liegt in der Fortpflanzung: Es gibt keine Eltern und Nachkommen, weil sich Bakterien einfach teilen – die beiden »neuen« Bakterien sind gleichzeitig die alten. Hinzu kommt, dass Bakterien auch ohne Vermehrung ständig neue Gene sammeln und einbauen, sodass sie sich zwischen ihrer Geburt und Stunden später, wenn sie sich teilen, deutlich verändert haben können. Gehören sie dann in der Jugend einer anderen Art an als im Alter? Wie soll die Forschung solche Tausendsassas kategorisieren? Hat man dann endlich genetische Übereinstimmungen festgestellt, können Angehörige derselben Art an einem anderen Ort rasch ganz andere Eigenschaften entwickeln, die sich in ihrem Erbgut niederschlagen. Streng genommen entstehen ständig neue Arten, und um den Überblick nicht zu verlieren, ist man in der Wissenschaft großzügig: Wenn sich die Bakterien genetisch zu höchstens 30 Prozent voneinander unterscheiden, lässt man das noch als einheitlich gelten.[112] Anders wäre die Welt der Mikroben einfach nicht zu kategorisieren.

Und damit sind wir bei einem meiner Lieblingsthemen: der Vermenschlichung der Welt. Im negativen Sinne wird das mittlerweile so verstanden, dass man andere Arten nicht mit menschlichen Eigenschaften versehen und durch die menschliche Brille sehen sollte; das wäre unseriös. Ein Beispiel: Mutterbäume kümmern sich um ihre Kinder, indem sie diese mit Zuckerlösung versorgen, also quasi stillen. Dagegen wehren sich die Forstbranche, aber auch konservative Biologinnen und Biologen. Doch die Faktenlage bestätigt dieses Kümmern, man kann also nur um die Ausdrucksweise streiten. Und die findet immer mehr Gefallen: Die meisten Forschungseinrichtungen verwenden in ihren Pressemitteilungen und Vorträgen mittlerweile derartige Ausdrücke, weil sie sonst selbst das wissenschaftliche Fachpublikum kaum noch erreichen.

Doch müssen wir nicht generell die gesamte Welt um uns herum vermenschlichen, um sie überhaupt zu verstehen? Die objektiven Daten werden schon in unserem Gehirn verändert: Was die Augen liefern, ist ein im Wortsinn völlig verkehrtes Bild. Es steht auf dem Kopf, ist seitenverkehrt und setzt sich zudem aus zwei Bildern zusammen – wir haben ja zwei Augen. Das Gehirn rechnet daraus einen Seheindruck, mit dem wir uns besser zurechtfinden: aufrecht, seitenrichtig und nur ein Bild. Das passiert alles vollautomatisch. Gleiches ist über die meisten anderen Sinne zu berichten. Anschließend sucht sich unser Bewusstsein nur das Wenige heraus, das gerade von Bedeutung ist – den großen Rest filtert das Unterbewusstsein heraus und lässt ihn in der Versenkung verschwinden.

Weniger automatisch findet eine andere Art von Vermenschlichung statt: die Kategorisierung der Mitwelt. Um nicht nur den optischen, sondern auch den inhaltlichen Überblick zu behalten, sortieren Menschen seit jeher alles um sie herum in bestimmte Schubladen. Solche Schubladen sind zum Beispiel die drei Domänen. Das sind die gröbsten Kategorien für das Leben; die erste enthält die Bakterien, die zweite die Urbakterien und die dritte alles andere (inklusive Pflanzen, Pilzen und Tieren). Allein daran sieht man schon, welche Bedeutung Bakterien haben. Die dritte Domäne ist diejenige, welche uns im Alltag am meisten beschäftigt – schließlich fallen wir selbst darunter.

Wie ungenau die Bezeichnungen sind, schauen wir uns einmal am Beispiel der Pflanzen an. Das »Online-Kompaktlexikon der Biologie« (spektrum.de) definiert sie als »… eukaryotische Organismen [also mit Zellkern], die bis auf einige Parasiten durch den Besitz von Chloroplasten gekennzeichnet sind und über Fotosynthese aus anorganischen Stoffen organische Stoffe bilden können …«. Anschließend folgt eine wissenschaftliche Diskussion, denn so eindeutig ist der Begriff nicht. Manche Onlinelexika fügen noch als Merkmal die Bewegungsunfähigkeit an, was die Sache noch komplizierter macht. Denn Pflanzen können sich sehr wohl bewegen; das erkannte schon Charles Darwin und schrieb darüber 1880 ein ganzes Buch (»Das Bewegungsvermögen der Pflanzen«). Daneben gibt es auch Pflanzen, die keine Chloroplasten haben und deshalb auch keine Fotosynthese betreiben. Der Fichtenspargel ist solch ein bleiches Gewächs, das sich aus dem Pilznetzwerk und damit indirekt von anderen Pflanzen, etwa Bäumen, versorgen lässt. Pilze, die definitiv keine Pflanzen sind, sondern den Tieren deutlich näherstehen, werden zu Flechten, wenn sich manche Arten mit Algen verbünden. Sind Flechten dann Pflanzen, weil sie Fotosynthese betreiben? Das ist Ansichtssache. Bei Korallen wird es noch schwieriger. Hier haben sich Tiere mit Algen verbunden und werden eins. Zudem sind Korallen festgewachsen wie Pflanzen und betreiben mit ihren eingeschlossenen grünen Partnern Fotosynthese. Ein Tier-Pflanze-Mischwesen gehört in welche Kategorie?

Sie sehen schon, dass wissenschaftliche Schubladen dabei helfen, den Überblick zu bewahren, und gleichzeitig die bunte Realität nur bedingt richtig abbilden. In diesem Sinne ist es in Ordnung, bei Bakterienarten andere Maßstäbe anzulegen als bei Säugetierarten. Man sollte nur auf dem Schirm behalten, dass es menschliche Kategorien sind, in die wir die Vielfalt des Lebens zwängen und die zur Klärung bestimmter Sachverhalte beitragen, aber niemals der Wirklichkeit vollständig gerecht werden können.

Doch selbst wenn wir zugunsten der Übersichtlichkeit bei Bakterienarten sehr großzügig sind und erhebliche Unterschiede in den Genen noch einer Spezies zurechnen, machen es uns die Kleinen immer noch sehr schwer: Auch dann sind es noch so viele, dass wir den allergrößten Teil der Bakterienarten überhaupt noch nicht kennen.

Woher will man wissen, in welcher Größenordnung man Arten nicht kennt? Nichtwissen zu quantifizieren klingt nach einer Unmöglichkeit, doch das ist relativ einfach: durch eine sehr grobe Untersuchungsmethode, das Metabarcoding. Dabei wird eine Probe, etwa Walderde, im Labor mit einer Flüssigkeit gemixt, sodass sich in der Lösung jede Menge DNA-Stücke der darin lebenden Organismen befinden. Daraus werden bestimmte genetische Marker vervielfältigt und dann vollautomatisch analysiert: Finden sich Vergleichsstücke in der Datenbank? Falls ja, weiß man, welche Arten sich darin getummelt haben. Falls nein, kann man vage abschätzen, wie viele unbekannte Spezies sich in der Probe verbergen. Das Verfahren ist allerdings sehr grob und liefert nur näherungsweise Schätzungen. Und weil alles gut verrührt und gemixt wurde, kann man hinterher nicht mehr schauen, wer sich in der Erde versteckt hatte. Übrigens wird so nicht nur nach Bakterien gefahndet, sondern beispielsweise auch nach Insekten.

Schätzungen gehen davon aus, dass es global mehrere Milliarden Bakterienarten geben könnte.[113] Davon sind derzeit weniger als 20 000 wissenschaftlich beschrieben und mit Namen versehen.[114] Zum Vergleich: Bisher wurden global insgesamt – also Bakterien, Pilze, Insekten, Vögel, Fische, Säugetiere, Pflanzen etc. – etwa 1,5 Millionen Arten gelistet.[115] Im Umkehrschluss bedeutet dies, dass über 99 Prozent aller Spezies dieses Planeten noch gar nicht entdeckt wurden. Neben Bakterien, Insekten und selbst Säugetieren werden sogar bei Bäumen noch Tausende unbekannte Arten vermutet.

Gesetzt den Fall, dass wir eines schönen Tages alle Arten kennen würden, folgt nun ein weiterer Grund, warum unser Wissen selbst dann immer noch nicht großartig erweitert wäre: die Biodiversität. Die Artenbestimmung liefert ja nur Material für das Wissen um die Anzahl der Spezies, also die Besetzung unseres irdischen Theaters. Welches Stück auf der Bühne gespielt wird, ist damit immer noch nicht klar, doch letztlich kommt es genau darauf an. Die Biodiversität beschreibt neben den beteiligten Arten alle Interaktionen sowie die Ökosysteme, die daraus entstehen. In diesem Buch lernen Sie dazu etliche Beispiele kennen: die Zusammenarbeit von Bakterien bei der Eroberung von Schleimhäuten, die Reaktion vieler Arten auf Mikroplastik und seine Nutzung als neue Nahrungsquelle oder die Aktivierung von Pflanzengenen durch Bakterien zur Abwehr von Dürren.

Aber zurück zu der Frage, was eigentlich eine Bakterienart ist. Bei der Fortpflanzung geht es um die Weitergabe von Bauplänen und Informationen. Dabei muss es akkurat zugehen, denn wenn bei der Reproduktion der Gene geschlampt wird, kommt es zu Mutationen, also Fehlern im Code. So können sich Arten zwar weiterentwickeln, Individuen mit neuen Eigenschaften entstehen, doch in den allermeisten Fällen ist das mit kleinen oder großen Nachteilen verbunden. Weiße Rehe etwa, eine seltene Spielart der Natur, finden wir zwar bewundernswert, doch für Wölfe sind sie eine leicht zu entdeckende Mahlzeit. Grundsätzlich gilt also: Bei der Vermehrung müssen die Gene möglichst exakt vervielfältigt werden, um perfekt ausgerüsteten Nachwuchs in die Welt zu entlassen. Ein wichtiger Nebeneffekt für uns Menschen: Nur durch die exakte Reproduktion der Eigenschaften lassen sich Individuen einer Art zuordnen.

Bakterien pfeifen auf unsere Wünsche und bringen dieses schöne System durcheinander, wie wir schon gesehen haben. Dabei hätten sie es doch besonders leicht: Bei ihnen werden nicht die Gene zweier Individuen kombiniert (was fehleranfällig ist), sondern sie teilen sich einfach. Unmittelbar nach der Teilung stimmt das, doch schon bald nicht mehr. Dabei müssten beide neuen Bakterien ein identisches Erbgut haben – es gibt ja keine Eltern mit unterschiedlichen Eigenschaften. Müsste. Denn selbst wenn beide identisch wären, bleibt das in der Regel nicht so – der horizontale

Gentransfer lässt grüßen. Und wenn man nicht nach den Genen schaut, sondern nach den äußeren Merkmalen? Dann klappt es leider auch nicht, denn diese verändern sich ebenfalls laufend. Zebra sieht aus wie Zebra, Goldfisch wie Goldfisch – Bakterien tun uns diesen optischen Gefallen nicht. Um nicht vollends zu verzweifeln, hat sich die Wissenschaft einen Trick ausgedacht: Wie wäre es, wenn man nach Abstammungsgeschichte sortiert? Denn auch wenn die individuellen Gene zwischen Angehörigen einer Bakterienart sehr unterschiedlich sein können, so kann man doch anhand bestimmter Erbgutsequenzen nachweisen, ob sie einen gemeinsamen Stammbaum haben. Und dieser Baum ist dann das Merkmal, nach dem wieder sortiert werden kann. Der dazugehörende Fachbegriff heißt »Phylogenetik« (Genetik des Stammbaums). Puuh! Endlich sind sie einsortiert!

Nehmen wir einmal an, eines Tages wären sämtliche Arten, auch die aller Bakterien, bekannt. Künstliche Intelligenz hätte uns dabei geholfen, alle, wirklich alle Prozesse zu verstehen. Selbst dann wäre das nur eine Momentaufnahme, die nur für diesen einen Augenblick Gültigkeit hätte. Die Einzeller teilen sich ja bisweilen innerhalb von 20 Minuten, bleiben wie gehabt sehr schlampig (oder kreativ) und entwickeln dadurch laufend neue Eigenschaften und auch neue Arten, Pardon, Phylotypen. Die reagieren wiederum anders im Ökosystem, wodurch sich die Biodiversität schon nach kurzer Zeit verändert. Bakterien lassen Wissenschaft zu einer Sisyphusaufgabe werden, aber das wäre nur schlimm, wenn wir Menschen weiterhin denken würden, dass die Natur komplett zu entschlüsseln sei. Ein wenig mehr Demut ist angebracht, etwas mehr Vorsicht und deutlich mehr Raum für anderes Leben, das wir gar nicht verstehen müssen. Nur eines muss absolut klar sein: Ohne die anderen geht es nicht!

Die Herrscher der Meere

Die Erde ist ganz überwiegend ein Wasserplanet: Über 70 Prozent ihrer Oberfläche sind von Ozeanen bedeckt. Damit ist der Planet der ideale Lebensraum für feuchtigkeitsliebende Wesen wie Bakterien. Im Durchschnitt ist das Wasser über 3500 Meter tief,[116] und spätestens nach 200 Metern wird es dunkel. Das war für die ersten Bakterien, die hier unten vor Milliarden von Jahren aktiv wurden, kein Problem – Sie erinnern sich vielleicht, dass die Fotosynthese erst später von den rebellischen Cyanobakterien erfunden wurde. Aber was sollten die Einzeller hier unten futtern? Auf Gestein als mögliche Nahrung komme ich später noch zu sprechen, doch hier unten in den dunklen Tiefen sind es vor allem schwarze Raucher, die Bakterienkolonien besonders attraktiv finden. Ihren Namen bekamen die schlotförmigen Gebilde am Meeresboden, weil hier unentwegt heißes, von Schlamm dunkel gefärbtes Wasser ausströmt.

Die Arten, die es sich hier gemütlich machen, nennt man thermophil, also wärmeliebend. Das trifft es nicht ganz – die Heizung aus dem vulkanischen Untergrund bringt das Wasser auf Temperaturen von bis zu 464 Grad. Wieso das Wasser überhaupt so heiß werden kann (es kocht ja eigentlich bei 100 Grad, wärmer kann es auf dem Herd nicht werden)? Weil in der Tiefe ein Wasserdruck herrscht, gegen den ein Dampfkochtopf stümperhaft wirkt – bis rund 300 Bar kann die Last der kilometerhohen Wassermassen hier unten erreichen (ein Dampfkochtopf schafft weniger als zwei Bar). Die Hitze ist selbst den Bakterien ein wenig zu viel, aber bis 250 Grad gehen einige Arten durchaus mit und gedeihen dabei prächtig. Sie bilden außergewöhnlich dicke Zellwände, formen Kolonien und zeigen im Labor ein besonders gutes Wachstum, wenn der Wasserdruck auf über 200 Bar eingestellt wird.[117] Wenn man bedenkt, dass auch Bakterien mit Proteinen arbeiten und dass Hühnereier schon bei Temperaturen ab 65 Grad zu stocken beginnen,[118] dann ist allein das schon ein Wunder der Natur.

Hier unten ist die Nahrungsauswahl etwas speziell und besteht zum Beispiel aus Methan. Doch wie soll man das ohne Sauerstoff »fressen«? Das brennbare Gas, für die Menschheit eine wichtige Energiequelle, muss in den Tiefen anders geknackt werden. Das ist die Spezialität der Verlierer der großen Sauerstoffkatastrophe (als die Cyanobakterien die Fotosynthese erfanden). Sie harren bis heute in den Tiefen der Meere aus. Ihre Energiegewinnung ist zwar rund 15-mal ineffektiver ohne das für uns überlebenswichtige Gas, doch in dem ewigen, sauerstoffarmen Dunkel kann es durchaus ein Vorteil sein, etwas anderes zu atmen. Und was einige von ihnen atmen, klingt exotisch: Es sind Schwefelverbindungen (Sulfate), die die Tiefseebakterien brauchen, um ihre Nahrung zu verdauen. Die rieselt in Form von Teilen unzähliger toter Lebewesen wie ein ewiger Schneefall langsam von der Oberfläche nach unten oder wird mit Strömungen herbeigespült. Besonders viel holen die Tiefseezwerge nicht aus den Nährstoffen heraus – deutlich weniger als ihre sauerstoffatmenden Kollegen an Land. Trotzdem zerlegen die Kleinen gerade in küstennahen Gebieten, in denen die Flüsse besonders viel pflanzliches und tierisches Material ins Meer schwemmen, mehr als die Hälfte der Stoffe.

Abseits der Raucher sitzen die meisten dieser Bakterien im dichten Meeresboden, wohin auch bei genügend Sauerstoff im Wasser kaum etwas von diesem Gas gelangt. Hier »schwefeln« sie vor sich hin, was gut zu riechen ist. Falls Sie einmal Gelegenheit haben, durchs Watt zu wandern, dann heben Sie doch mal eine Handvoll Schlick zur Nase: Das riecht nicht lecker. Es ist der Schwefelwasserstoff, den die Bakterien darin produzieren und damit nebenbei den Schlamm fast schwarz färben, der den unangenehmen Geruch hervorruft.[119]

Während Sie wahrscheinlich niemals im Leben schwarzen Rauchern begegnen werden und auch eher selten durchs Watt stapfen, sieht das mit dem Kontakt zu einem anderen Aufenthaltsort von Bakterien im Wasser ganz anders aus: dem Neuston, einem Ökosystem genau an der Grenze zwischen Wasser und Luft. Eine Spielart davon lernte ich schon während meiner Schulzeit kennen und hielt sie erst für einen Fall schwersten Umweltfrevels. Im Biologie-Leistungskurs war eine Facharbeit fällig, und für mich als begeisterten Naturforscher stand sofort fest, dass es etwas mit wilden Tieren zu tun haben musste. Meine Wahl fiel auf Frösche, Kröten, Salamander und Molche, deren Vorkommen ich in meinem Heimatstädtchen Sinzig untersuchte. Mit dem Fahrrad zog ich zu Tümpeln, Bächen und Baggerseen, um nach Lurchi und Co. Ausschau zu halten. Dabei entdeckte ich in Pfützen und Tümpeln einen öligen Film. Er schillerte im Sonnenlicht verdächtig, und für mich war klar, dass hier jemand Altöl entsorgt hatte. Entrüstet berichtete ich meinem Biologielehrer von meinem Fund, doch er beruhigte mich: Das sei ein Biofilm, von Lebewesen erschaffen und völlig harmlos. Der Test war schnell gemacht: Wenn man ein Stöckchen durch den Ölfilm auf dem Wasser zieht, fließt der Belag hinter der Rinne sofort wieder zusammen. Bei einer Kahmhaut (so heißt diese von Bakterien und Pilzen erschaffene Schicht) bleiben kleine, zerrissene Stückchen zurück, und so war es auch bei meinem Untersuchungsobjekt. Von intelligenten Einzellern, die sogar ein Bewusstsein haben, waren der damalige Unterricht wie die Wissenschaft allerdings noch Jahrzehnte entfernt.

Was die Wesen ausgerechnet an der Oberfläche von Gewässern treiben? Die Frage ist berechtigt, wollen Bakterien doch stets feucht bleiben. Andererseits sind sie mit Sauerstoffatmung viel effektiver als ihre Kollegen, die Sulfate und Ähnliches zerlegen. Und Sauerstoff ist in stehenden Gewässern mangels Durchmischung mit frischer Luft oft Mangelware. Doch wer genau an der Grenze unterwegs ist, also auf dem Wasser, erhält das Beste aus beiden Welten. Kein Wunder, dass Bakterien auch diesen hauchdünnen Lebensraum besiedelt haben. Hoch ist er nicht, aber breit: Über 360 Millionen Quadratkilometer[120] beträgt die Ausdehnung der Wasserflächen der Erde. Der größte Teil ist allerdings nicht ruhig stehend, sondern von Wellen geprägt – da würde sich solch ein empfindlicher Film nicht halten. Doch bevor wir uns der rauen See zuwenden, lassen Sie uns noch einen genaueren Blick auf die ölig schillernde Kahmhaut werfen, die Sie gerade im Sommer bei Waldspaziergängen zum Beispiel in wassergefüllten Fahrspuren beobachten können. Hier treiben die findigen Einzeller ihr altes Spiel: Sie bilden Kolonien, häufig in Kombination mit anderen Mikroorganismen, und zerlegen darin Fette oder Proteine. Oft ernähren sie sich aber auch von in Wasser gelöstem Eisen, indem sie es verrosten lassen – dabei wird ebenfalls Energie frei, die sie für sich nutzen.

Zurück zum Meer. Die Zahl an Bakterien, die in oberflächennahem Wasser dümpeln, ist bekannt und weltweit überall annähernd gleich: pro Milliliter rund eine Million (vielleicht denken Sie daran, wenn Sie das nächste Mal beim Baden im Urlaub etwas Wasser verschlucken …). Zusammen mit ihren Kolleginnen in tiefem Wasser ist ihr Wirken so gewaltig, dass sie für über 50 Prozent der Atmungsaktivität, das heißt auch über die Hälfte des Nährstoffverbrauchs der Ozeane verantwortlich sind.[121] Damit sind sie für die Kreisläufe mindestens so wichtig wie alle anderen Arten, also Fische, Wale, Krebse, aber auch Pflanzen wie Algen oder Seegras, von denen allerdings überproportional viel berichtet wird. Das liegt unter anderem daran, dass diese zum einen deutlich fotogener sind; zum anderen hat die Wissenschaft lange bezweifelt, dass Bakterien im Meer zu viel mehr taugen als dazu, Schlick am Grund zu bilden.[122] Das machen sie natürlich auch, doch ihre wahre Bedeutung liegt in einem ganz anderen Feld: Sie zerlegen Algen, fressen diese und machen aus schwer verdaulichen Komponenten wie Mehrfachzuckern leichter verdauliche Varianten. Das wiederum hilft anderen Arten, sich an den Nährstoffen zu bedienen.

Stichwort Algen: Ohne sie läuft in den Meeren nichts. Sie sind das pflanzliche Ausgangsmaterial für die direkte oder indirekte Nahrungsversorgung aller Tiere und produzieren nebenbei 50 bis 70 Prozent des Sauerstoffs in der Atmosphäre.[123] Über 80 Prozent der Algen sind Einzeller, die zu den ältesten Lebewesen der Erde zählen. Sie enthalten oft nur ein oder zwei Chloroplasten, also Cyanobakterien, die damit immer noch demonstrieren, dass Bakterien eine einfache Form der Pflanzen erfanden. Wir atmen also ständig Sauerstoff, der von diesen Einzellern produziert wurde. Das gilt vor allem für den Winter, wenn die Bäume der Nordhalbkugel schlafen und deshalb keinen Sauerstoff produzieren, sondern sogar welchen verbrauchen und stattdessen CO_2 ausatmen. Frische Luft wird in dieser Zeit ausschließlich über das Meer zu uns hereingeweht – den grünen Einzellern sei Dank.

Die Kreisläufe im Meer, das Werden und Vergehen der kleinen Algen wird maßgeblich von Bakterien und deren Appetit gesteuert. Sie verdauen 90 Prozent der gesamten Algenmasse in den Meeren, sind also hauptverantwortlich für das Recycling und damit für den Großteil des Nährstoffangebots für Fische, Krebse und Meeressäuger.[124] Nebenbei zerlegen sie natürlich auch tierische Kadaver, doch manchmal haben sie sogar Appetit auf Pilze. Pilze im Meer? Ja, die gibt es dort tatsächlich, und sie zählen zur

Lieblingsspeise mancher Bakterien. Das fanden zu ihrer Überraschung Forschende des Max-Planck-Instituts für Marine Mikrobiologie in Bremen heraus. Sie untersuchten eine Bakterienart in der Nordsee vor Helgoland, die sich während einer Algenblüte von diesen Pflanzen ernährt, und fanden zufällig ein Enzym, welches eine spezielle Zuckerart zerlegen kann, die nur Pilze produzieren. Diese Pilze befallen Algen und werden von den Bakterien offenbar als willkommene Abwechslung im Speiseplan gesehen.[125]

Kleiner Einschub: Über Wasserpilze weiß man fast nichts, obwohl sie weit verbreitet sind. Von der Pfütze bis zum Ozean tummeln sich diese Wesen überall und in großen Mengen. Weil sie kaum erforscht sind, nennt man sie auch »mikrobielle schwarze Materie«. Bakterien können darüber natürlich nur lächeln. Seit die ersten Pilze das Licht der Welt erblickten, wurden sie von Bakterien begleitet – schließlich waren diese viel früher da.[126]

Apropos früher da: Tief unter dem Meeresboden gibt es Bakterienarten, die denen in Waldböden ähneln. Während über ihnen ganz andere Artengemeinschaften wuseln, sitzen hier unten, über anderthalb Kilometer unter dem Grund, typische Freilandbewohner. Pro Kubikzentimeter Gestein leben immerhin noch 10 bis 1000 der Individuen in diesen Schichten. Sie ernähren sich von den Überresten von Wäldern, die hier vor 20 Millionen Jahren wuchsen und dann allmählich in der Tiefe versanken und zu Kohle wurden. Der schwarze Stoff ist für die Einzeller ein riesiges Schlaraffenland, welches sich in meterdicken Bändern durch den Untergrund zieht. Das Büfett hat schier unendliche Dimensionen und ist prall gefüllt. Die Bakterien mümmeln die Waldreste und atmen dabei Methan aus. Gemütlich warm ist es hier unten auch: 40 bis 60 Grad zeigt das Thermometer, was den Einzellern offenbar sehr behagt.

Diese tiefen Lebensräume, immer noch schlecht erforscht, stellen möglicherweise das größte zusammenhängende Ökosystem der Erde dar.[127] Und weil Sie dieses niemals zu Gesicht bekommen werden, schauen wir uns im Folgenden lieber an, wo Sie Bakterien im Alltag beobachten können.

Mit bloßem Auge

Bakterien sind winzig klein, x-mal kleiner als der Durchmesser eines menschlichen Haars. Dennoch können Sie die kleinen Lebewesen sehen, nämlich immer dann, wenn sie sich zu großen Kolonien zusammenfinden. Einen Fall für Alltagsbeobachtungen haben wir schon besprochen: die Kahmhaut, die dünne Schicht auf Pfützen. Andere Kolonien siedeln sich zum Beispiel auf den Zähnen an und sind der Grund für das tägliche Putzen. Wenn Sie vor dem Putzen mit dem Fingernagel über die Zähne gehen, bleibt ein Teil der Kolonie (die ja ohnehin gleich beseitigt wird) als weißlicher Schleim darauf zurück.

Sie wollen es etwas appetitlicher? Dann kommen Sie doch mit mir in den Wald! Beim herbstlichen Laubfall können Sie Zeuge von kleinen Raubzügen werden. Schauen Sie sich frisch herabgefallene braune Blätter in einem Laubwald an. Dort gibt es immer wieder Exemplare, die kleine grüne Flecken aufweisen. Für den Baum ist das nicht besonders erfreulich, denn er wollte eigentlich das gesamte grüne Chlorophyll zerlegen und in den Zweigen und Knospen für das nächste Frühjahr einlagern. Das ist deshalb so wichtig, weil die Inhaltsstoffe, unter anderem Stickstoff und Magnesium, oft sehr rare Güter in einem Wald sind, auf die man als Baum besser gut aufpasst. Dennoch gelingt der Rückzug über die Blattadern in die Rinde nicht immer vollständig, und hier kommen unsere Bakterien ins Spiel. Manche Arten leben in den Blättern und laben sich ungefragt an den Süßigkeiten, die der Baum eigentlich produziert, um den eigenen Hunger zu stillen und Wintervorräte in seiner rauen Haut und den Wurzeln einzulagern. Wird es Herbst, ist das süße Leben der einzelligen Schmarotzer eigentlich beendet – kein Blattgrün, keine Fotosynthese, so einfach ist das.

Der Baum beginnt also zum Saisonende, seine Sonnensegel auf den Abwurf vorzubereiten und allerlei chemische Prozesse einzuleiten. Das bleibt den winzigen Bewohnern nicht verborgen, und sie versuchen, diesen Rückzug an Nährstoffen in ihrem Bereich zu verhindern, indem sie Stoffe produzieren, die den in den Blättern gebildeten Zucker aufspalten. Doch nur wenn er intakt vorliegt, kann der Baum ihn durch die Adern und Blattstiele absaugen.[128] Durch den Trick der Spaltung klappt das nicht mehr, und die Bäume müssen sich wohl oder übel auch von Blättern trennen, in denen sich noch grüne Inseln und damit wertvolle Inhaltsstoffe befinden. Von den Zweigen herunter müssen sie, denn ansonsten könnten Schnee und Sturm die Riesen zu Fall bringen – ein ausgewachsener Baum hat schließlich über 1000 Quadratmeter Blattfläche.

Auf dem Waldboden angekommen, können die grünen Blattinseln nur wenige Wochen in den Blättern bleiben, bevor sie allmählich von den Bodenorganismen entsorgt und zu Humus verarbeitet werden. War also alles umsonst? Aus Sicht der Bakterien sicher nicht. Für ein Leben, das eher Stunden als Tage währt, reichen mehrere Wochen für ganze Dynastien. Und Platz bietet so ein Blatt ebenfalls reichlich. Wenn man bedenkt, dass ein durchschnittliches Bakterium kaum größer als ein Tausendstel Millimeter ist, dann wirkt ein 15 Zentimeter großes Blatt mit 150 000-facher Bakterienlänge aus Sicht der Allerkleinsten fast so groß wie die Schweiz für uns Menschen.

An abgesägtem toten Holz im Wald, aber auch an verarbeiteten Stücken können Sie zwar keine Bakterien sehen, aber einen

Streit nachvollziehen, den bestimmte Pilzarten mit diesen Einzellern austragen. An Laubhölzern wie Buche oder Ahorn ziehen sich schwarze Linien über die Schnittfläche wie wunderschöne Muster. Sie werden von Pilzen gebildet, die den toten Baumkörper genüsslich auffressen und sich dabei keinesfalls stören lassen wollen. Deshalb bilden sie am Rand ihres Territoriums Wände aus fast schwarzem Melanin. Es ist wasserabweisend und sorgt dafür, dass es im Pilzland immer schön feucht bleibt. Daneben wirkt es wie eine Barriere gegen andere Artgenossen, die sich einen Happen dieser Mahlzeit stibitzen möchten. Auch Bakterien verschiedenster Spezies würden nur allzu gerne das Holz besiedeln – es dauert schließlich Jahrzehnte, bis so ein Stamm verrottet, sprich aufgefressen und zu Humus geworden ist. Da könnten ungezählte Generationen von Bakterien fröhliche Feste feiern. Die Pilze aber sind gnadenlos und sperren mit ihren Melaninwänden den kostbaren Schatz gegen Bakterien ab.[129] Die Barrieren sind so dauerhaft, dass sie selbst dann noch existieren, wenn das Holz schon verschwunden ist. Schauen Sie doch bei Ihrem nächsten Waldspaziergang einmal nach uralten Buchenstümpfen. Sie sehen oft schwarz verkohlt wie nach einem Waldbrand aus. Doch bei genauerer Betrachtung entpuppt sich die dunkle Schicht als papierdünne Melaninüberbleibsel, unter denen bestenfalls noch etwas bröseliger Humus von den Kämpfen um das kalte Büfett kündet.

Wenn es im Sommer an den nächsten Badesee geht, treten weitere Bakterienarten auf den Plan: die viel zitierten Cyanobakterien, auch Blaualgen genannt. Manchmal kommt es zur Massenvermehrung, und dann verfärbt sich das ganze Gewässer blaugrün. In hohen Konzentrationen sind sie also gut sichtbar, und spätestens dann wird es ungesund. Hier sollten Sie kein Wasser schlucken und bei starkem Auftreten der Bakterien auch nicht mehr schwimmen gehen. Die Faustregel lautet: Wenn Sie bis zu den Knien ins Wasser waten und dann nicht mehr Ihre Zehen sehen können, gilt Alarmstufe Rot. Denn Cyanobakterien bilden Gifte, die die Leber schädigen können. Erste Anzeichen für eine Vergiftung können innerhalb von Minuten auftreten: Schwindelgefühle oder ein Kribbeln in den Fingern sollten Anlass sein, die nächste Arztpraxis aufzusuchen. Zum Glück werden solche Fälle nur selten beobachtet. Auch für badende Hunde, die obendrein noch Wasser trinken, gilt Ähnliches.[130]

Weil Bakterien erstens sehr klein und zweitens durchsichtig sind, gibt es nur diese indirekten Beobachtungsmöglichkeiten von Massenansammlungen. Aber das ist ja nicht die einzige Möglichkeit, von den Kleinen Notiz zu nehmen.

Mit der Nase

Lieben Sie Sommerregen, besonders nach langen Trockenperioden, auch so sehr wie ich? Wenn hinterher der Himmel wieder aufreißt und dampfende Schwaden in die feuchte Luft hochsteigen, dann ist das Leben fast mit Händen zu greifen. Und es ist zu riechen! Doch woher kommt dieser typische erdig-würzige Regenduft? Die auf den Boden aufschlagenden Tropfen verspritzen einen Sprühnebel mit Erdbestandteilen, die Geosmin enthalten. Geosmin ist ein Alkohol, auf den die menschliche Nase normalerweise eher ablehnend reagiert – wer mag schon muffige Lebensmittel? Außer vielleicht bei Roter Bete – deren erdiger Geschmack ist ebenfalls auf Geosmin zurückzuführen.[131] In diesem Fall ist die zweite Eigenschaft günstig, ansonsten eher nicht: Während sich der muffige Geruch in der Nase schnell wieder verflüchtigt, hält der muffige (oder erdige) Geschmack im Mund länger an.[132]

Die Substanz wird von besonderen Bodenbewohnern hergestellt, den Streptomyceten. Es handelt sich dabei um Bakterien, die eher wie Pilze daherkommen, nämlich in wattigen Fäden aneinandergereiht. Zusätzlich bilden sie Sporen, die kugelförmige Dauergestalt der Bakterien, als die sie lange unter widrigsten Umständen überleben können. Und hier kommt das Geosmin ins Spiel: Es wird gebildet, um Springschwänze anzuziehen. Diese Tierchen kennen Sie vielleicht aus den Blumentöpfen in Ihrem Wohnzimmer. Blasen Sie einmal in die Erde, dann hüpfen vielleicht winzige weiße Wesen hoch. Das machen viele Springschwanzarten mit einer kleinen Gabel, die am Hinterleib sitzt und mit deren Hilfe sie sich hochkatapultieren können, um jagenden Spinnen oder Käfern zu entkommen. In den Töpfen schaden sie nicht, und falls es mal zu viele werden, sollten Sie den Topf in einem Eimer unter Wasser setzen. Die Springschwänze schwimmen dann nach oben und können einfach im Garten abgegossen werden. Es sind äußerst nützliche Zersetzer, die tote Pflanzenreste zu Humus verarbeiten.

Die Streptomyceten nutzen sie, um sich auszubreiten. Das können sie paradoxerweise deshalb, weil sie zur Leibspeise der Springschwänze zählen. Riecht es nach Geosmin, wissen die Hüpfer, dass das Büfett angerichtet ist. Und während sie sich mümmelnd durch die Erde wühlen, bleiben immer wieder Sporen, also verkapselte Mitglieder der Bakterien-Community, an ihnen haften. Diese werden dann in andere Gefilde mitgenommen und dort im Vorbeigehen von den Springschwänzen abgestreift.[133] Der besondere Sommerregenduft ist also ein olfaktorischer Essensgong für Bodentierchen.

Bakterien machen sich aber auch in Ihrem Alltag ständig in der Nase bemerkbar. Sowohl Schweiß- als auch Mundgeruch sind Duftbotschaften der kleinen Racker, auf die man gerne verzichten könnte. Um dagegen anzugehen, wird seit Jahrtausenden zu wohlriechenden Substanzen gegriffen. Mit Parfümen kann man die eigene Duftnote finden. Allerdings sollte man sich bei der Suche nicht ausschließlich auf die Methode verlassen, die Sie vielleicht aus dem Fachgeschäft kennen. Dort stehen Gläser mit Probierstreifen herum, auf die man verschiedene Produkte sprühen kann. Vor der Nase in gebührendem Abstand herumgewedelt, sollen sie einen Eindruck davon vermitteln, wie die Käuferinnen oder Käufer demnächst riechen, falls sie zugreifen. Doch das tatsächliche Ergebnis weicht bei der Anwendung auf der eigenen Haut häufig ab, und dafür können die Hersteller rein gar nichts. Im Unterschied zum Papier treffen die Substanzen aus dem Flakon bei der Haut auf ein bewohntes Ökosystem, dessen Bevölkerung die eintreffenden Chemikalien aufnimmt und sofort bearbeitet. Wie beim Achselschweiß können dann Produkte entstehen, die den betörenden Duft in einen abstoßenden Geruch verwandeln. Um ein Parfüm abschließend beurteilen zu können, sollte man einige Stunden abwarten, rät Hans Hatt von der Ruhr-Universität Bochum. Und weil sich die Zusammensetzung der Hautmikroben im Laufe der Jahre immer wieder wandelt, kann sich auch der Geruch desselben Parfüms entsprechend verändern.[134]

Ein anderer Duft aus dem Reich der Bakterien ist nicht anziehend, sondern abstoßend. Die Substanz mit der wissenschaftlichen Bezeichnung Methylisoborneol riecht manchmal ähnlich wie Geosmin, aber mit einer für fast alle Menschen unangenehmen Note. Wenn Fisch zu sehr nach Fisch riecht oder das Trinkwasser nicht nur nach Chlor stinkt, sondern auch abgestanden, dann waren die kleinen Chemiker am Werk. Der Geruch von Methylisoborneol hält uns davon ab, die betreffenden Getränke oder Speisen zu uns zu nehmen, und das, obwohl die Substanz an sich harmlos ist. Trotzdem scheint der Ekel angeboren zu sein, muss also evolutionäre Vorteile bieten. Denn eigentlich waren unsere Vorfahren darauf getrimmt, jede verfügbare Nahrungsquelle auch zu nutzen, selbst wenn sie das Verfallsdatum schon ein wenig überschritten hatte. Die Erklärung könnte laut Stefan Schulz vom Institut für Organische Chemie der Technischen Universität Braunschweig darin liegen, dass einige Bakterien (darunter auch die Cyanobakterien) hochgiftige Stoffe produzieren.[135]

Für Gourmets haben Bakterien eine besondere Spezialität parat: Trüffeln. Die Pilze leben in mediterranen Gefilden an den Wurzeln von Laubbäumen, zum Beispiel Eichen, und bilden im Boden knollige Fruchtkörper. Diese sollen Tiere anlocken, die die Knollen ausgraben, verzehren und mit ihrem Kot dann die Sporen verbreiten. Das Problem: Man kann die Fruchtkörper nicht sehen, und dennoch sollen Wildschweine und Co. fündig werden. Die Lösung: ein betörender Duft, dem weder Wildschweine noch Menschen widerstehen können. Diesen Duft können die Pilze nicht selbst herstellen, sondern nur eine Vorstufe davon, die sich aber nicht verflüchtigen und in die Lüfte erheben kann. Da helfen Bakteriengemeinschaften aus, die in Symbiose mit den Pilzen leben und somit auch ein Interesse daran haben, dass Trüffeln nicht aussterben. Sie verwandeln die Pilzausscheidungen in Thiophene, die aus den Bodenporen strömen und die empfindliche Wildschweinnase erreichen.[136] Ohne die Bakterien gibt es also keinen Trüffelgenuss – weder olfaktorisch noch als Fund unter Bäumen.

Und damit sind wir auch schon im menschlichen Alltag angelangt. Nicht nur bei Edelpilzen, die wohl eher selten (und je nach Geschmack und Geldbeutel) bei uns auf dem Teller landen, spielen Bakterien eine ganz entscheidende Rolle, sondern bei jeder Mahlzeit, egal, ob Gemüse, Fleisch oder Süßigkeiten. Und es geht noch weit darüber hinaus: Sie greifen beherzt in unseren gesamten Tagesablauf ein.

WIE BAKTERIEN UNSEREN ALLTAG BESTIMMEN

Mehrzeller dürfen als Erfindung von Bakterien gelten. Das gilt auch für besonders komplizierte Strukturen wie etwa Homo sapiens. So ausgeklügelte Wesen brauchen vielfältigste Strategien, um sie zu steuern, und genau die haben Bakterien an Bord. Um abzuschätzen, was für Fähigkeiten im Verborgenen schlummern, schauen sich Forschende die Gene an. Gene sind Abschnitte im Erbgut, die Baupläne für alles Mögliche enthalten. Menschen haben etwa 22 000 solcher Baupläne; das Mikrobiom, also die Summe aller Miniwesen auf und in uns, mehr als acht Millionen.[137] *Damit ist klar, wer hier genetisch und strategisch das Ruder in der Hand hält. Wie und wohin uns die Bakterien im Alltag steuern und wie Sie dieses Wissen nutzen können, um die heimlichen Helden in Ihrem Sinne einzuspannen, schauen wir uns in diesem Teil an.*

Liebe geht durch den Magen

Weil uns eine bestimmte Sorte Bakterien fehlt (nämlich die grünen), können wir keine Fotosynthese betreiben, sprich nicht direkt Energie von der Sonne tanken. Also müssen wir, um satt zu werden, Teile anderer Lebewesen verspeisen. Dabei füttern wir nicht nur uns selbst, sondern auch all unsere kleinen Untermieter. Und diesmal schauen wir nicht in die einzelnen Zellen, sondern in unseren Körper und die verschiedenen Organe. Auch hier wartet eine hungrige Heerschar von Bakterien ständig darauf, dass wir uns Nachschub in den Mund schieben. Dabei ist es keineswegs egal, was da seinen Weg von der Speiseröhre über den Magen in den Darm findet. Das ist eine Binsenweisheit in Bezug auf Fette, Salz oder Zucker für unsere Gesundheit, doch hier meine ich es mit Blick auf die Bakterien, die in den Tiefen der Darmfalten auf Lebensmittel warten. Sie müssen nämlich einen beträchtlichen Teil des zerkauten Breis so verarbeiten, dass wir ihn überhaupt nutzen können.

Aber fangen wir doch ganz oben an, nämlich im Mund und beim Kauen der Nahrung. Dabei wird jede Menge Speichel freigesetzt – rund 1,5 Liter pro Person und Tag.[138] Es gibt mehrere Drüsen; die größten sind die Ohrspeicheldrüsen, die unter dem Ohr beginnen und im Mund unterhalb der hinteren oberen Backenzähne eine Auslassöffnung haben, die Sie mit der Zunge ertasten können. Speichel dient dazu, den Nahrungsbrei schön einzufeuchten, damit er ohne Probleme die Speiseröhre hinunterrutscht. Daneben ist er aber auch die erste Abwehrlinie gegen fremde Keime. Er enthält verschiedene Stoffe, um unerwünschte Bakterien noch im Mund zu töten, zu verklumpen und dann mit der Nahrung in den Magen zu befördern. Zusammen mit erwünschten Bakterien, die ebenfalls mitgerissen werden, verschlucken wir pro Tag drei Gramm der Winzlinge.

Halsinfektionen werden also oft durch Spucke verhindert. Der Saft hält zudem die Schleimhaut der Mundhöhle so feucht, dass sich die Heimmannschaft der Bakterien hier sehr wohlfühlt. Und das ist wichtig für unseren Blutdruck, denn die Kleinen wandeln Stickstoffverbindungen so um, dass sich die Blutgefäße entspannen und dadurch der Blutdruck sinkt. Hoher Blutdruck kann demnach auch an einem gestörten Gleichgewicht der Bakterienarten im Mund liegen. Solche Störungen können durch zu wenig Speichel ausgelöst werden, und das wiederum ist nicht nur eine Frage des Alters und der Menge, die wir trinken. Es gibt nämlich auch etliche Medikamente, die den Speichelfluss reduzieren, wie etwa Blutdrucksenker.[139] Und auch hier zeigt sich: Die kleinen Helfer im Mund werden im Alltag noch viel zu wenig berücksichtigt.

Weiter geht es auf der Reise mit dem Nahrungsbrei durch die Speiseröhre in den Magen. Hier wartet Salzsäure auf die Passagiere und ätzt sie zu Tode. Wie aggressiv diese Chemikalie ist, erleben Menschen mit Sodbrennen. Dabei läuft Mageninhalt in die Speiseröhre zurück, zum Beispiel dann, wenn man abends viel gegessen hat und sich kurz darauf schlafen legt. Manchmal schafft es der Ringmuskel dann nicht mehr, den Rückfluss aus dem Magen zu verhindern, sodass der Saft die ungeschützte Speiseröhre verätzen kann.

Früher dachte man, dass durch das Säurebad im Magen alle lebenden Keime ins Nirwana befördert würden. Doch weit gefehlt – eine erstaunliche Anzahl überlebt, und noch erstaunlicher: Ihre

Zusammensetzung kann an diesem Ort verändert werden. Heute vermuten Forschende, dass der Magen eine Kontrollfunktion ausübt und mit darüber bestimmt, wie sich die Darmflora zusammensetzt. Das müssen manche Menschen erfahren, die Säurehemmer einnehmen, etwa um Sodbrennen zu lindern. Damit nehmen sie dem Magen gleichzeitig einen Teil seiner Reaktionsfähigkeit. Das zeigt sich, wenn obendrein Antibiotika genommen werden müssen. Das Resultat sind häufigere Durchfallerkrankungen, die anzeigen, dass im Darm Chaos herrscht, weil der Magen nicht mehr richtig gegensteuern kann.[140]

Doch auch im Magen können Bakterien ein Chaos anrichten. Bis Anfang der 1980er-Jahre dachte die Wissenschaft, dass Magengeschwüre überwiegend durch Stress entstehen. Zwei australische Forscher hegten allerdings einen Verdacht: Möglicherweise waren bei manchen Entzündungen auch Bakterien (*Helicobacter pylori*) im Spiel, die sich in der empfindlichen Schleimhaut einnisten und dort Veränderungen auslösen. Aber damals winkten die Kollegen ab: Bakterien könnten sich nicht in der Magensäure halten, geschweige denn teilen und dauerhaft festsetzen. Barry Marshall, einer der beiden Bakterien-Rebellen, ließ sich nicht beirren und schluckte als Selbstversuch eine Portion der Keime. Prompt entwickelte er eine schmerzhafte Gastritis.[141] Damit war klar: Diese Entzündungen gehen zumindest teilweise auf Bakterien zurück (es gibt auch andere Ursachen für eine Gastritis, zum Beispiel aggressive Medikamente oder Alkohol). Damit lassen sie sich wenigstens unter diesen Umständen relativ einfach und kurzfristig mit einer Antibiotikatherapie behandeln.

Nicht jeder Befall mit *Helicobacter pylori* muss jedoch zu Problemen führen: Etwa die Hälfte aller Menschen ist von dieser Bakterienart besiedelt, und unter ihnen bleiben vier Fünftel symptomlos. Auch wie Helicobacter im Magen und in der ätzenden Säure überleben kann, ist mittlerweile geklärt. Mittels spezieller Haftstrukturen klammern sie sich an die Magenwände. Um von der Säure nicht zersetzt zu werden, scheiden sie spezielle Enzyme aus, die direkt um die Bakterien herum den pH-Wert anheben und damit die Magensäfte unschädlich machen.

Helicobacter pylori ist offenbar ein wenig herrschsüchtig. Sobald er die Bühne betritt, beginnt er nicht nur mit der Ausbreitung im Magen, sondern fängt sogar an, die Bakterienzusammensetzung im Mund und im Darm zu dominieren. Warum er das macht, ist nicht geklärt, allerdings könnten diese Veränderungen ebenfalls zur Entstehung von Krankheiten, etwa Darmkrebs, beitragen.[142]

Doch warum essen wir überhaupt, was wir essen? Entscheiden bei der Auswahl der Nahrungsmittel auch die Bakterien als heimliche Herrscher über höheres Leben mit? Wenn sie im Darm über Hormone und Nervensignale Botschaften ans Gehirn senden, warum dann nicht auch solche, die uns gezielt bei Obst, Gemüse, Nudeln oder aber auch Fleisch zugreifen lassen? Genau dafür gibt es erste Hinweise. So untersuchte die Universität Leipzig, was sich verändert, wenn man besonders viele Ballaststoffe isst. Dazu wählte sie leicht übergewichtige junge Erwachsene aus, die sich üblich westlich (mit Fleisch) ernährten. Diese Teilnehmenden nahmen zwei Wochen lang täglich konzentrierte Ballaststoffe aus der Chicoréewurzel zu sich. Danach wurden ihnen Bilder von hochkalorischem Essen gezeigt. Das Resultat: Durch die Verdauung der Ballaststoffe sank ihr Verlangen nach diesen ungesunden Nahrungsmitteln. Die Aktivität im Belohnungszentrum des Gehirns, zuständig für dieses Begehren, ging merklich zurück. Gleichzeitig veränderte sich die Zusammensetzung der Darmbakterien.[143]

Das ist aus zwei Gründen bemerkenswert: Zum einen kann das als deutlicher Hinweis darauf verstanden werden, dass die Darmbewohner tatsächlich ein deutliches Wörtchen dabei mitreden, was bei uns Menschen auf den Tisch kommt. Und zum Zweiten verhalten sich Darmbakterien wie jede Wildtierpopulation, denn deren Zahl steigt und sinkt auch je nach verfügbarem Nahrungsangebot. Je mehr gute Darmbakterien, und je mehr Botschaften von ihnen an das Gehirn gesendet werden, desto stärker legen wir gesundheitsbewusstes Handeln an den Tag. Das sind gute Neuigkeiten für Menschen, die ihre Ernährung gesünder gestalten wollen. Wenn man wenigstens ein paar Wochen durchhält (so lange brauchen die Einzeller offenbar, um zu verstehen, was ihnen guttut, um dann mehr davon zu verlangen), dann erleichtern uns die Darmbakterien die Entscheidung, auf ungesunde Produkte zu verzichten.

Und warum stehen Darmbakterien auf Ballaststoffe? Darauf gibt eine weitere Studie eine erste Antwort. Bei dem Versuch erhielten 18 gesunde Frauen vier Wochen lang 12,5 Gramm Polydextrose. Der synthetische Ballaststoff wird als Füllstoff bei der Lebensmittelherstellung verwendet. Vor und nach den vier Wochen wurden die Mikrobenzusammensetzung im Darm der Frauen, aber auch Entzündungsmarker und vor allem ihre geistige Leistungsfähigkeit getestet. Das Resultat: Die Zusammensetzung der Bakteriengemeinschaft hatte sich nicht verändert, die Entzündungsmarker waren jedoch verbessert. Vor allem aber interessierte die Wissenschaftlerinnen und Wissenschaftler das Gehirn und die Frage: Kann eine ballaststoffreiche Ernährung die Kommunikation zwischen der Darmbesatzung und dem Oberstübchen verbessern? Sie kann, und nicht nur das: Die Forschenden attestierten den Probandinnen eine moderate, aber messbare Verbesserung in den kognitiven Leistungstests.[144]

Bakterien haben also ein Interesse daran, dass wir geistig fit bleiben. Allerdings überkommt sie im Alltag auch einfach Hunger, und sie brauchen ständig Nachschub. Wenn wir essen, füttern wir sie schließlich ebenfalls. Im Gegenzug helfen sie uns dann bei der Verdauung – das könnte man allerdings auch anders ausdrücken. Denn die Verdauungsprodukte der Bakterien, also deren Fäkalien, sind Teil der Nährstoffe, die durch die Darmwand in den Blutkreislauf übertreten. Wir sind, Pardon, demnach so etwas wie die Kläranlage für die kleinen Wesen. Und weil sie so gerne gefüttert werden, sorgen sie zusätzlich dafür, dass es ihrem großen mehrzelligen Trägerorganismus so gut wie möglich geht, denn nur dann versorgt dieser sie weiter mit ihren Lieblingsprodukten. Nebenbei kümmern sie sich darum, dass sich hier unten im Keller niemand anderes breitmacht. Sie verteidigen ihr Revier, ihren Körper, ihren Nahrungslieferanten, und das nützt uns genauso wie ihnen. Denn wenn die Originalbesetzung, deren Abbauprodukte wir brauchen, durch rücksichtslosere Bakterien verdrängt wird, werden wir krank. Aber auch ohne Revierkämpfe endet das Dolce Vita im dunkel-feuchten Schlaraffenland irgendwann, nämlich spätestens dann, wenn wir auf Toilette sitzen und die festen Bestandteile wieder ausscheiden. Wenn man das Wasser herausrechnet, besteht 60 Prozent des Stuhls aus Bakterien,[145] die heimatlos in die Kanalisation gespült werden.

Manchmal wird die geschluckte Nahrung im Darm allerdings abgelehnt und wieder zurück an den Absender geschickt, sprich, man erbricht sich. Das ist immer dann der Fall, wenn sich Giftstoffe einschleichen, die im Untergeschoss erkannt werden. Ist es zu spät für eine Beförderung nach oben, wird die Schleuse eben unten geöffnet; Hauptsache, man wird den unerwünschten Ballast so schnell wie möglich los. In etlichen Fällen sind Bakterien die Ursache der Misere, sogar solche, die auf der Haut oder den Schleimhäuten vieler Menschen siedeln. Sie hören auf den Namen *Staphylococcus aureus* und verhalten sich normalerweise unauffällig. Bei geschwächten Menschen können sie Krankheiten auslösen, doch diesmal schauen wir uns ihr Wirken in Lebensmitteln an. Hier produzieren sie Giftstoffe, die tückisch sind. Denn selbst wenn man das Essen kocht, tötet man zwar die Bakterien, nicht aber deren Hinterlassenschaften. Die Toxine sind äußerst hitzebeständig und gelangen beim Verzehr auch in den Darm. Das kommt leider relativ häufig vor; die genannten Bakterien sind die Hauptverursacher von Lebensmittelvergiftungen.

Spezielle Darmzellen bemerken die gefährliche Fracht und schlagen Alarm. Sie produzieren Serotonin, welches gemeinhin als Auslöser von Glücksgefühlen bekannt ist. Hier unten dockt es jedoch an bestimmten Nervenzellen an, und die übermitteln dem Gehirn ein Gefühl heftigster Übelkeit. Das Resultat ist bekannt: Erbrechen und Durchfall. Dabei verknüpft das Gehirn die soeben verzehrten Speisen mit dem anschließenden unangenehmen Gefühl, wie Tierversuche eindrucksvoll belegen. So wurde Mäusen zuerst ihr Lieblingsgetränk Zuckerwasser angeboten und nach dem Verzehr ein Toxin verabreicht, welches die entsprechenden Darmzellen stimuliert, die Übelkeit hervorrufen. Anschließend lehnten die Mäuse Zuckerwasser grundsätzlich ab.[146]

In manchen Fällen lassen bakterielle Infektionskrankheiten keinen anderen Ausweg als die Einnahme von Antibiotika, also Medikamenten, die sich gegen das Leben richten. Gemeint ist das Leben von Mikroorganismen, und weil viele Mittel wie Breitbandantibiotika nicht zwischen Freund und Feind unterscheiden, wird gleich beiden der Garaus gemacht. Anschließend herrscht Chaos im Darm, und die Frage ist, wie sich das abgetötete Ökosystem regenerieren soll.

Eine unappetitliche Transplantation

Antibiotika reißen große Lücken in unser Bakterienteam, doch manchmal lässt sich die Einnahme nicht vermeiden, wenn man lebensbedrohliche Situationen, zum Beispiel eine schwere Lungenentzündung, schnell beseitigen möchte. Ist der Kollateralschaden angerichtet, gilt es, die ursprünglichen Ökosysteme im Körper wiederherzustellen. Im Fokus steht dann meistens der Darm, schon allein deshalb, weil er besonders heftige Beschwerden macht. Die ramponierte Einzellertruppe vermag das Essen nicht mehr ordnungsgemäß zu verwerten, was zu Blähungen, Durchfällen oder Bauchschmerzen führt. Könnte man als Gegenmaßnahme nicht einfach wieder passende Bakterien ansiedeln? Schließlich macht die Wissenschaft das auch mit in freier Natur ausgestorbenen Arten wie dem Wisent. Der letzte Bulle wurde 1927 geschossen, und nur in Zoos überlebten wenige Tiere. So stammen alle heute wieder in Freiheit umherziehenden Herden von zwölf Wisenten ab, mit denen so gezüchtet wurde, dass der Gesamtbestand auf über 8000 Tiere angewachsen ist.[147]

Wenn derlei Auswilderungen im großen Maßstab funktionieren, warum dann nicht auch im allerkleinsten? Nachzüchtungen braucht es dazu nicht, denn Darmbakterien sind nicht vom Aussterben bedroht, ganz im Gegenteil: Es gibt sie in Hülle und Fülle. Sie reproduzieren sich ständig zu Milliarden, und das müssen sie auch. Mit dem weiter rutschenden Nahrungsbrei und dem daraus entstehenden Kot landen pro Gramm bei jedem Toilettengang 100 Milliarden Bakterien in der Kloschüssel.[148] Warum sollte man für Menschen, deren Darmökosystem verarmt ist, nicht ein paar (oder sehr viele) Bakterien einfangen und umsiedeln? Genau das wird gemacht, vor allem dann, wenn ein krankheitsbedingter Ausrottungsfeldzug den meisten Darmbewohnern den Garaus gemacht hat.

Der verwaiste Lebensraum Darm wird danach manchmal von Bakterien gekapert, die im Normalzustand kaum eine Chance hätten: *Clostridium difficile*. Sie lauern auf Oberflächen im zivilisierten Umfeld oder sitzen bei bis zu sieben Prozent der Erwachsenen bereits im Darm, ohne Probleme zu machen. Gewinnen sie allerdings die Oberhand, sieht die Sache anders aus. Ohne Rücksicht auf den Wirt (Mensch) toben sie sich im Untergeschoss aus, verursachen Durchfälle, Entzündungen der Schleimhäute und schwächen die Barriere zum Blutkreislauf nach innen. Irgendwann gelingt dann der Durchbruch in den übrigen Körper, der ob dieser Infektion rasch zusammenbrechen kann und stirbt. Deshalb gilt es, nach einem bakteriellen Kahlschlag im Gedärm so schnell wie möglich wieder die originale freundliche Artengemeinschaft herzustellen. Dazu gibt es zwei Möglichkeiten: Man schluckt ein sogenanntes Probiotikum, in Wasser verrührtes Pulver, das lebende Bakterien über den Magen in den Darm bringt, oder man lässt sich rektal die Bakterien fremder Personen einführen.

Sehen wir uns zunächst das Pulver an (das für mich ein wenig angenehmer klingt): Es enthält pro Portion Milliarden Individuen erwünschter Arten, die sich, nachdem sie das Säurebad im Magen überstanden haben, im Darm ansiedeln sollen und offenbar auch können. Das Problem: Bis heute lässt sich nur ein kleiner Teil der Darmbakterien überhaupt kultivieren, geschweige denn verarbeiten und so aufbereiten, dass er lebend im Darm ankommt. Immerhin gelingt es bei einer kleinen Artenauswahl, doch die Frage ist, ob sich die »ausgewilderten« Bakterien durchsetzen können und die Wiederherstellung des Darmökosystems beschleunigen.

Das untersuchte ein Team des Weizmann-Instituts für Wissenschaften in Israel, indem es drei Gruppen von Versuchspersonen bildete. Die Teilnehmenden waren gesund, wurden aber zu Forschungszwecken eine Woche lang mit Antibiotika behandelt. Danach bekam die erste Gruppe vier Wochen lang einen Bakteriencocktail (Probiotika) zum Aufbau der Darmflora, die zweite Gruppe eine Stuhltransplantation, und die dritte Gruppe musste ausschließlich auf die Selbstheilungskräfte bauen. Das Ergebnis: Die Gruppe, die Probiotika geschluckt hatte, schnitt am schlechtesten ab. Selbst nach einem halben Jahr war sie noch nicht auf dem Stand der Gruppe, die gar nichts erhalten hatte. Offenbar hemmten die Probiotikagaben die Besiedelung des Darms mit den ursprünglichen Arten, sodass eine routinemäßige Einnahme derartiger Präparate nach Antibiotikatherapien fraglich erscheint. Der Grund: Wenn nach einem Antibiotikakahlschlag alles wüst und leer ist und dann Probiotikabakterien in diesen öden Lebensraum entlassen werden, dann besiedeln sie diesen auch. Damit sind die Reviere quasi besetzt, und zwar mit nur wenigen Arten, die sich industriell verarbeiten und danach verabreichen lassen. Die Rückkehr der Arten, die jeder Mensch individuell zusammengesetzt für sein Wohlbefinden braucht und die man nicht als Probiotika kaufen kann, wird erschwert.

Am schnellsten erholte sich die Gruppe, die eine Stuhltransplantation erhalten hatte, was nicht weiter verwundert: Sie bekam auf einen Schwung eine riesige Auswahl an heimischen Bakterien eingeflößt, die sich dann untereinander arrangieren konnten, um in der passenden Zahl pro Art den Darm zu besiedeln.[149]

Wie effektiv eine Transplantation sein kann, berichteten Wissenschaftlerinnen und Wissenschaftler der Universität Innsbruck. Sie beschäftigten sich mit einem besonders unangenehmen Darmgast, dem erwähnten *Clostridium difficile*. Da er sich nur schwer bekämpfen lässt und mehrmalige Antibiotikabehandlungen hier oft sogar gegenteilige Effekte haben – die Bakterien verbreiten sich danach in vielen Fällen umso stärker –, wird oft eine Stuhltransplantation vorgenommen, die hier deutlich besser helfen kann. Dazu wird gereinigter Kot gesunder Erwachsener im Rahmen einer Darmspiegelung eingeführt, und die kleinen Helfer machen sich sofort ans Werk. Bis zu 95 Prozent der Patientinnen und Patienten werden geheilt. Manche, die schon auf der Intensivstation lagen, konnten sie 48 Stunden nach der Transplantation wieder verlassen.[150] Die Resultate aus Innsbruck wurden mittlerweile auch durch internationale Studien bestätigt.[151]

Doch woher bekommt man die passenden Kotproben? Frisch ist es nicht immer möglich, weil man dazu erst einmal geeignete Spender finden muss (diese sollten eine ideale reiche Artenzusammensetzung von Bakterien an Bord haben). Dafür werden, analog zu Blutbanken für Blutspenden, Stuhlbanken eingerichtet. Auch hier geht es um Standardisierung und Verfügbarkeit für den medizinischen Notfall. Blutspenden sind heute ein selbstverständliches Prozedere, mit dem Reserven für die Krankenhäuser vorgehalten werden. Um die Stuhlbanken ähnlich zu füllen, braucht es Personen, die ihren Kot zur Verfügung stellen. Das Universitätsklinikum Jena geht dazu wie folgt vor: Es sucht Spenderinnen und Spender im Alter zwischen 18 und 60 Jahren, die bei guter Gesundheit sind. Zudem dürfen sie keine Medikamente, insbesondere natürlich keine Antibiotika, eingenommen haben. Nachdem auch noch das Blut und der Stuhl gecheckt wurden, kann es ans Spenden gehen. Das kann man glücklicherweise zu Hause auf der eigenen Toilette erledigen; das gewünschte Produkt kommt in spezielle Behälter und muss innerhalb einer Stunde im Labor abgegeben werden. Im Gegensatz zum Blutspenden kann man hier bis zu viermal pro Woche tätig werden, der Kot verlässt ja ohnehin den

Körper. Aus dem Stuhl werden dann Kapseln hergestellt, die die Erkrankten drei Monate lang einnehmen. Das ist im Gegensatz zu einer Transplantation per Nasen- oder Darmsonde deutlich angenehmer und kann wie jede Medikamenteneinnahme entspannt zu Hause erfolgen.[152]

Im Normalfall oder nach einer Transplantation ist alles im Lot, und die körpereigenen Bakterien arbeiten wie geschmiert. Doch weil wir durch Atmen, Essen, Küssen und andere Tätigkeiten unseren Körper wortwörtlich ständig öffnen, wundert es nicht, dass sich auch ungebetene Gäste einschleichen und an Speis und Trank laben möchten.

Wegelagerer

Sobald wir Essen in den Mund schieben, fällt die erste Gruppe gieriger kleiner Wegelagerer über die Speisen her. Schon beim Kauen versorgen wir unfreiwillig die Truppe der Zahnbewohner. Richtig, es sind Bakterien, die Karies verursachen. Sie lieben Zucker, und wenn sie ihn verdauen, scheiden sie Säure aus. Diese Fäkalien ätzen Löcher in die Zähne. Dabei sind die Bakterien nicht grundsätzlich schädlich, sondern tummeln sich in einer ausgewogenen Mischung mit anderen Arten auf den Zähnen. Wird allerdings ständig unnatürlich viel Zucker gegessen, verändert sich dieses friedliche Zusammenspiel. Viel Zucker für die Winzlinge bedeutet viel ausgeschiedene Säure, und wenn es immer saurer wird, werden diejenigen begünstigt, die solche Bedingungen lieben.[153] Die Heerschar der säureausscheidenden Bakterien wächst, die Löcher in den Zähnen leider auch.

Aber wieso wächst die Heerschar überhaupt? Werden die Winzlinge nicht von der nächsten Portion Essen und Trinken einfach mit in den Magen gespült? Nein, denn das wissen diese ungebetenen Gäste erfolgreich zu verhindern. Zunächst bildet sich nach dem Essen eine dünne Schicht aus Eiweiß und abgeschilferten Zellen auf den Zähnen. Diese Schicht ist völlig unproblematisch und könnte einfach weggespült werden. Doch kurze Zeit später siedeln sich erste Bakterien auf diesem Nährboden an, immer noch harmlos, aber jetzt schon nur noch mit der Zahnbürste zu beseitigen. Auf der ersten Schicht von Bakterien siedeln weitere, jedoch nicht als Konkurrenz, im Gegenteil. Zwischen den verschiedenen Schichten beginnt ein reger Handel mit Nährstoffen, quasi eine Art Arbeitsteilung: Die untere sorgt für einen festen Halt, die obere für ständigen Nachschub aus den Mahlzeiten, die die Mundhöhle passieren. Das ganze Gebilde verstärkt sich noch durch Eiweißeinlagerungen und wird so immer stabiler. Zumindest jetzt können Sie diesen ganzen Verein immer noch durch gründliches Zähneputzen entfernen. Doch auch dagegen haben die Knilche ein Mittel: Zahnstein! Er bildet sich bei länger bestehender Plaque (so heißt der zähe Bakterienfilm), indem Mineralstoffe eingelagert werden.

Der Zahnstein heißt übrigens nicht deshalb so, weil er im übertragenen Sinne so hart ist, sondern weil hier tatsächlich eine Fossilisierung stattfindet, also eine Versteinerung. Damit spielt die weiße Substanz in derselben Liga wie die Knochen von Tyrannosaurus Rex oder Archaeopteryx, dem Urvogel im Plattenkalk der fränkischen Gemeinde Solnhofen. Das ist für Archäologen ein Gewinn, denn weil diese Substanz die einzige ist, die schon zu Lebzeiten versteinert, ist sie ein unendlich lange haltbares Archiv all dessen, was den Mund der Verstorbenen passiert hat. So fanden Forscherinnen der Universität York und des Max-Planck-Instituts für Menschheitsgeschichte in Jena ungewöhnliche blaue Ablagerungen im Gebiss einer mittelalterlichen Nonne. Eine genaue Untersuchung offenbarte, dass im Zahnstein Reste von Lasurit eingeschlossen waren, hergestellt aus Lapislazuli und Bestandteil des extrem teuren Ultramarinblaus. Lapislazuli stammte damals aus Afghanistan und wurde importiert, um zum Beispiel Schriften zu kolorieren. Wahrscheinlich, so die Forscherinnen, hatte die Frau selbst Schriften angefertigt und dabei immer wieder den Pinsel mit dem Mund angespitzt und in Ultramarinblau eingetunkt.[154]

Spätestens mit Errichtung der steinernen Bakteriengebäude hat selbst die Zahnbürste verloren, und lediglich die Zahnarztpraxis kann diese Trutzburgen mit Metallwerkzeugen einreißen.[155] Dieselben Vorgänge sind auch für die Parodontose verantwortlich. Werden die Bakteriensiedlungen an den Zähnen nicht ständig gründlich entfernt, können sie sich unter das Zahnfleisch vorarbeiten. Hier bilden sie tiefe Taschen und sind dadurch vor dem Zugriff der Zahnbürste endgültig geschützt. In ungünstigen Fällen dringen sie noch tiefer vor und können sogar den Kieferknochen angreifen.[156]

Und nicht nur das: Eine Studie zum Gebrauch von Zahnseide (die auch zwischen Zahnfleisch und Zahn kommt) machte die überraschende Entdeckung, dass der regelmäßige Gebrauch des Fadens das Schlaganfallrisiko um bis zu 44 Prozent senken kann. Der Grund dafür liegt in den Blutgefäßen des Zahnfleisches. Können sich hier unerwünschte Bakterien austoben, entstehen Entzündungen, die letztendlich auch Schlaganfälle auslösen können. Auch Herzrhythmusstörungen und Vorhofflimmern reduzierten sich durch die bessere Mundhygiene signifikant. Allerdings ist die gute Gesundheit nicht zwingend *nur* auf die Zahnseide zurückzuführen. Wer sich so die Zähne säubert, achtet wahrscheinlich insgesamt mehr auf Zahnhygiene.[157] Und zur Ehrenrettung der kleinen Angreifer muss man sagen, dass sie sich unter normalen Umständen weniger zu solchen Übeltaten hinreißen lassen. Es ist die moderne Ernährung mit viel Zucker, die die beschriebenen Veränderungen der Zusammensetzung der Lebensgemeinschaften hervorruft und dann verstärkt zu solchen Entgleisungen führt.

Es bleibt eine letzte Frage. Wenn man sich täglich zweimal die Zähne putzt, obendrein noch mit Zahnseide nachhilft und womöglich sogar Interdentalbürstchen benutzt: Woher zum Teufel kommen dann die Bakterien, die immer wieder innerhalb weniger Stunden erneut Kolonien auf unserem Gebiss gründen? Diese Frage stellte sich auch ein Team der Guarulhos-Universität in São Paulo, Brasilien. Die Forschenden hatten die Zunge in Verdacht und untersuchten dazu zehn Personen im Alter zwischen 19 und 22 Jahren. Sie wurden angewiesen, sieben Tage lang auf jegliche Zungenhygiene zu verzichten und anschließend drei Tage lang sogar das Zähneputzen zu unterlassen. Danach folgten 21 Tage Pause, und dieses Prozedere wurde noch zweimal wiederholt.

Am Beginn und am Ende der Aktionen nahmen die Forschenden Proben und untersuchten sie auf Bakterien. Das Ergebnis: Die Zahl der Einzeller stieg während der Studie deutlich an, und unter den Arten waren gleich mehrere, die Parodontose verursachen. Die Wissenschaftlerinnen und Wissenschaftler folgerten, dass die Zunge ein wichtiger Rückzugsort für solche Bakterien ist und auch für diejenigen, die Mundgeruch verursachen. Außerdem werden von hier aus immer wieder die Zähne besiedelt.[158] Wenn Sie die unerwünschten Kolonisten also loswerden wollen (so ganz wird das wohl nie gelingen), dann reicht reines Zähneputzen nicht aus. Ein Zungenschaber, von hinten nach vorne zur Zungenspitze gezogen, befördert die Reservebesatzung ans Tageslicht und anschließend ins Waschbecken. Das dauert nur wenige Sekunden und erspart so manche Zahnbehandlung.

Einen letzten Rückzugsort für Zahnbakterien bietet die Zahnbürste. Auf ihr finden sich zwar nicht so viele Arten wie im Mund, dafür sind diese aber breiter in Bezug auf Antibiotikaresistenzen aufgestellt, was angesichts dieses Lebensraums nicht wundert: Zahnpasta enthält antibakterielle Substanzen und trainiert damit die Flora in Bezug auf Überlebensstrategien.[159] Daher sollte man die Bürsten alle drei Monate austauschen.

Neben Mund und Nase gibt es ein weiteres Einfallstor in Ihrem Gesicht, welches stets schön feucht gehalten wird und damit Bakterien, die durch die Luft segeln, ideale Landebedingungen bietet: die Augen. Sie werden ständig benetzt, indem wir mit den Wimpern schlagen, damit sie ja nicht austrocknen. Ansonsten sind sie der Luft ausgesetzt, und das heißt zwangsläufig, dass ununterbrochen umherschwebende Bakterien eintreffen. Wenn es ihnen gelänge, auf dem feuchten Augapfel Fuß zu fassen oder gar Kolonien zu bilden, dann trübte sich unsere Welt wortwörtlich ein. Doch das weiß unser Körper zu verhindern. Seine Waffe gegen die Vernebelung durch solche Luftpiraten heißt Lysozym. Mit jedem Blinzeln wird wie mit einem Scheibenwischer diese Substanz, aufgelöst in Tränenflüssigkeit, über die beiden optischen Kugeln gewischt. Befinden sich Bakterien darauf, dann löst sich ihre Hülle und damit ihr Leben auf. Bei Menschen mit Erkältungskrankheiten ist die Konzentration von Lysozym niedriger, ebenso bei Personen, die Kontaktlinsen tragen.[160]

Der moderne Mensch wäre kein Mensch mehr, wenn er diese Mikrowaffe nicht gleich freudig herstellen würde und auch für ganz andere Einsatzzwecke nutzte. Gewonnen wird das künstliche Lysozym unter anderem ausgerechnet mit gentechnisch veränderten Bakterien, die nun gezwungenermaßen dabei helfen, ihre Kolleginnen umzubringen.[161] Die Substanz wird dann zum Beispiel zur Konservierung von Lebensmitteln genommen, etwa zur Stabilisierung von Wein oder zur Vermeidung der Rissbildung bei Käse.[162]

Körpereigene Bakterien sind zwar wie feindliche Einzeller stets an Feuchtigkeit und Nahrung interessiert, im Gegensatz zu den zuvor beschriebenen Arten sind sie jedoch penibel darauf bedacht, dass es Ihnen (und damit ihnen) stets bestens geht. Dazu trainieren sie im Rahmen ihrer Fähigkeiten Ihre Fitness – gesunder Geist in gesundem Körper, Sie wissen schon. Wie Sie und Ihre kleinen Helfer ein regelrechtes Sportteam bilden können, schauen wir uns jetzt an.

Wie Sie Ihre Bakterien sportlicher machen

Smartwatches sind heutzutage beim Sport kaum noch wegzudenken. Auch ich trage so eine Uhr und tracke damit nicht nur meine Fahrradtouren, sondern schaue auch, ob mein Schlaf wirklich ausreichend ist oder wie viele Aktivitätskalorien ich beim Training verbrannt habe. Man kann darüber streiten, ob die elektronischen Helfer wirklich notwendig sind, aber mir erleichtern sie den Alltag, weil es mich motiviert, Fortschritte zu sehen. Einen solchen Fortschritt kann man am VO_2Max ablesen. Hinter dem Begriff verbirgt sich die maximale Sauerstoffaufnahme des Körpers unter Höchstleistung. Es lohnt sich, den eigenen Wert zu kennen und auch zu beobachten, ob er im Laufe der Jahre zu- oder abnimmt. Denn die Sauerstoffaufnahme ist wesentlich mit dem Herz-Lungen-System verbunden, neben dem Gehirn unseren beiden wichtigsten Organen für ein langes und gesundes Leben. So wundert es nicht, dass Studien einen hohen VO_2Max mit eben diesen positiven Folgen in Verbindung bringen: Bis zu fünf Jahre mehr Lebenszeit kann ein hoher Wert bringen. Abgesehen davon eignet sich der VO_2Max auch besonders gut, um langfristige Trainingserfolge zu dokumentieren.

Schauen wir uns die Zusammenhänge um die Sauerstoffaufnahme näher an, stoßen wir wieder auf unsere alten Bekannten, die Mitochondrien. Diese Zellbakterien können sich ja unabhängig von der Zelle teilen und in riesigen Mengen pro Zelle auftreten. Ihre Anzahl ist entscheidend dafür, wie viel Energie den Muskeln in kurzer Zeit zur Verfügung steht. Und diese Zahl können Sie aktiv beeinflussen! Wenn Sie trainieren, beginnt Ihr Körper, mit den Mitochondrien zu kommunizieren. Sie erhalten über das Protein PGC-1alpha das Signal, sich fleißig zu vermehren, was sie dann auch folgsam machen. Dabei können Sie übrigens ganz normal trainieren und etwa im Alltag mehr Treppen steigen oder auch Rad fahren.[163]

Bei mir hat sich der Wert in den letzten Jahren über die Nutzung eines E-Bikes, mit dem ich statt des Autos vom Forsthaus in die Waldakademie fahre, noch mal verbessert. Ein E-Bike? Ich hatte früher ein ganz normales Fahrrad (heute Biobike genannt), doch wegen der bergigen Eifel habe ich es verschenkt und bin dann 20 Jahre lang entweder nur gelaufen oder Auto gefahren (öffentlichen Nahverkehr gibt es hier nicht). Als dann E-Bikes aufkamen, meinte meine Frau, das sei etwas für alte Leute – und dazu zählten wir uns natürlich nicht! Doch eines Tages kam unser Sohn auf solch einem »Seniorengefährt« angefahren und meinte: »Probiert doch mal!« Für sich selbst hatte er schon ein Fabrikat herausgesucht, und nach einer Probefahrt, die uns restlos begeisterte, bestellten wir im Coronajahr 2020 auch zwei Stück. Seitdem fahre ich fast jeden Tag Fahrrad und habe festgestellt, dass es für mich das optimale Trainingsgerät ist. Zudem konnten wir dadurch den Zweitwagen abschaffen. Das Resultat, ärztlich bestätigt: Meine Fitness verbesserte sich deutlich, und ich konnte sogar Muskeln aufbauen. Gerade bei etwas älteren Menschen wie mir bauen sich Muskeln ja eher ab als auf, doch das konnte ich dank des Fahrrads umkehren. Es sind bloß sechs Kilometer Distanz, die ich überwinden muss, allerdings geht es permanent bergab und bergauf, weil die Akademie auf dem Nachbarberg liegt. Dank der Smartwatch befindet sich mein Puls im optimalen Trainingsbereich, und so kann ich das Nützliche mit dem Angenehmen verbinden (ich bin kein Typ für Fitnessstudios). Offensichtlich haben sich also meine Zellbakterien fleißig vermehrt.

Aus der Radsportszene kommt ein Tipp, wie Sie Ihre Mitochondrien regelrecht erziehen können. Denn oft ist Sport mit dem Wunsch verknüpft, ein bisschen Fett abzubauen. Die Zellbakterien können sich von unterschiedlichen Dingen ernähren, doch wenn sie bevorzugt Fett auf dem Speiseplan haben sollen, dann ist Training in Zone 2 angesagt. Dabei bewegen Sie sich laufend oder auf dem Fahrrad so, dass Sie zwar etwas schwitzen, sich aber noch gut unterhalten können. Keinesfalls sollten Sie sich verausgaben. Neben der Fettverbrennung hilft dieses Training auch dabei, das Risiko für Diabetes Typ 2 oder Herzerkrankungen zu verringern.[164]

Nun könnte man auf die Idee kommen und schummeln: Warum sich jahrelang mühen, bloß um den Kleinen die Botschaft zur Reproduktion und Fettverbrennung zu schicken? Kann man das nicht einfach abkürzen und sich PGC-1alpha spritzen? Abgesehen davon, dass das Training auch noch andere gesundheitsfördernde Aspekte hat (beispielsweise für die Gelenke) und allein schon deshalb gemacht werden sollte, funktioniert das Schummeln nicht. Denn wenn man das Eiweiß-Signal nur spritzt und nicht trainiert, wird man nicht fit, sondern fett, wie Forschende der Universität Basel herausfanden. Sie untersuchten die Zusammenhänge an Mäusen und stellten fest, dass bei inaktiven Mäusen ein hoher PGC-1alpha-Wert und eine fettreiche Kost bloß zu Übergewicht, nicht aber zu erhöhter Leistungsfähigkeit führten.[165] Offensichtlich lassen sich Bakterien nicht so einfach überlisten.

Vielleicht brauchen Sie aber auch gar keine List, sondern nur weitere kleine Helfer. Die sitzen allerdings nicht in den Zellen, sondern im Bauch. Es gibt starke Hinweise darauf, dass Ihre Lust auf

Sport von Darmmikroben befeuert wird, die sich offenbar über Ihre Fitnessübungen freuen. Das beobachteten Wissenschaftlerinnen und Wissenschaftler der University of Pennsylvania an Mäusen. Auch bei den Nagern gibt es verschiedene Mentalitäten: Manche können sich gut zu körperlichen Betätigungen motivieren, während andere lieber faul herumlümmeln. Diejenigen der kleinen Probanden, die sich gerne und viel bewegten, hatten während des Mäusesports einen höheren Dopaminspiegel im Blut als ihre Artgenossen. Aber ist das wirklich Charaktersache?

Dazu schaute sich das Team die Darmbakterien der verschiedenen Gruppen an und erlebte eine Überraschung. Denn die Differenzen beruhten offenbar auf einer abweichenden Besiedelung der Organe mit unterschiedlichen Arten. Darunter solchen, die beim Sport fleißig mit dem Gehirn telefonieren. Dazu produzieren sie Stoffe, die die Nervenverbindungen vom Darm ins Gehirn anregen, und zwar nicht irgendwelche. Ziel der Telefonate ist das ventrale Striatum. Diese Schaltzentrale ist zuständig für unser Belohnungssystem – wie genau das funktioniert, ist noch nicht erforscht. Eine große Rolle spielt jedoch Dopamin. Dieses Glückshormon wirkt wie eine körpereigene Droge und kann uns in rauschhafte Zustände versetzen. Wenn die Darmtelefonate im Oberstübchen eintreffen, steigt der Pegel dieser Hormone signifikant an. Das Ergebnis: Sport wird als Glück empfunden und kann sogar süchtig machen. Zumindest bei den Mäusen wurde nachgewiesen, dass die Bakterien dabei eine entscheidende Rolle spielen.

Um zu schauen, welche Arten besonders motivierend sind, nutzten die Forschenden Antibiotika. Mit diesem chemischen Dampfhammer ließ sich ihre These überprüfen – wurden die Darminsassen malträtiert, dann sollte sich das auch in der Motivation der Mäuse für Bewegung zeigen. Und richtig – nach der Medikamentengabe ließ die sportliche Leistung der Nager um bis zu 50 Prozent nach. Nun variierten die Wissenschaftlerinnen und Wissenschaftler die Antibiotikagaben so, dass bestimmte Bakterien überlebten, und beobachteten, wie sich die Sportlichkeit veränderte. Schließlich fanden sie heraus, welche Arten die eigentlichen Motivatoren sind. Sie hören auf die lateinischen Namen *Coprococcus eutactus* und *Eubacterium rectale* (nomen est omen).[166] Die erste Art haben Sie schon kennengelernt – es ist das »Glücksbakterium«. Die zweite Art gehört ebenfalls zu den häufigsten Spezies im Darm des Menschen. Es liegt nahe, dass die beiden auch bei uns eine große Rolle für die sportliche Motivation spielen. Und wenn das so ist, dann sollte man es sich dreimal überlegen, ob man bei kleineren Wehwehchen Antibiotika einsetzt und damit unbeabsichtigte Folgewirkungen für die körperliche Fitness auslöst.

Doch warum sollten uns die Bakterien überhaupt dazu ermuntern, Sport zu treiben? Das lässt sich meiner Meinung nach ziemlich einfach erklären: Wenn wir fit und gesund sind, leben wir länger und sind leistungsfähiger. Das kommt unserer Darmmannschaft zugute und lässt sie ebenfalls länger und gesünder leben. Nun ist Sport eine relativ moderne Erfindung, die Bakterien dagegen begleiten unsere Art schon seit Hunderttausenden von Jahren. Das muss kein Widerspruch sein, denn in grauer Vorzeit gab es ebenfalls Gründe für die Kleinen, unsere Ahnen zu motivieren, den Hintern vom fellbedeckten Höhlenboden hochzubekommen. Nur wer aktiv durch die Gegend streifte, entdeckte Nahrung. Bewegungsaktive Steinzeitmenschen brachten mehr Essen nach Hause, sammelten mehr Vorräte und kamen damit zum selben Ergebnis wie Sporttreibende in unserer Überflussgesellschaft: gesund und lange zu leben.

Kommen wir noch einmal zurück auf die Überschrift dieses Kapitels. Sie ist bewusst doppeldeutig formuliert: Sie selbst können Ihre Bakterien (die Mitochondrien in den Zellen) sportlicher machen, und die Darmbakterien ihrerseits machen Sie sportlicher. Streng genommen sind es die Darmbakterien, die die Zellbakterien auf Trab bringen, mit Ihrem Bewusstsein als Zwischenstation, das wähnt, alles selbst unter Kontrolle zu haben.

Auf Trab bringen die Darmbakterien auch noch eine andere Sache: die Gasproduktion. Wenn sich zu viel Druck aufbaut, wird dieser wieder durch das zuständige Ventil entlassen, und das sind dann eher unangenehme Hinweise darauf, dass dort unten jemand tätig ist. Willkommen im Reich der Gerüche!

Unbeliebte Stinker

Die buckelige Verwandtschaft der Cyanobakterien, also diejenigen, die nicht auf Sauerstoff gesetzt hatten, fristen seit der großen Sauerstoffkatastrophe ein Schattendasein. Das ist durchaus wörtlich zu nehmen, denn die altmodischen Geschöpfe sind wie in Urzeiten eher im Dunkeln tätig. Sie sind anaerob unterwegs, also nicht auf frische Luft angewiesen. Deshalb konnten sie überall dort überleben, wo ihre erfolgreicheren Vettern ersticken würden. Solche Orte können die schon erwähnten schwarzen, heißen Raucher in der Tiefsee sein, aber auch die heimischen Waldböden. Sobald nämlich eine schwere Erntemaschine darüberrollt, wird der Untergrund zusammengepresst. Die Poren verschwinden, die feinen Luftkanälchen fallen zusammen. Wer von den Bodenlebewesen auf Sauerstoff angewiesen ist, haucht sein Leben aus. Lediglich die anaerobe Fraktion, allen voran die entsprechenden Bakterien, bekommt nun Oberwasser. Sie baut Reste von Humus ab und entlässt dabei übel riechende Gase. Typischerweise findet sich darunter das brennbare und extrem klimawirksame Methan.

Falls Sie die Wirkstätte dieser Einzeller einmal mit eigenen Augen sehen wollen, brauchen Sie einen Spaten. Damit stechen Sie ein Stück Boden in einer Fahrspur aus. In etwa 20 Zentimeter Tiefe verändert sich die Farbe: Ist das Erdreich oben noch sattbraun, kündigt sich die Todeszone für Sauerstoffatmer durch einen Wechsel zu Grau, durchsetzt mit rostfarbenen Flecken, an.

Schnuppern Sie an diesen grauen Brocken: Es stinkt, hier beginnt also das Reich der Methanproduzenten. Diese müssen nicht befürchten, dass ihr Ökosystem, erzeugt durch tonnenschwere Fahrzeuge, eines Tages wieder verschwindet. Geschädigte Waldböden erholen sich Stand heute wahrscheinlich viele Jahrtausende nicht mehr.

Einen für anaerobe Bakterien besonders geeigneten dunklen Ort tragen Sie ständig mit sich herum: Ihren Darm. Dort drinnen gibt es zwar auch ein paar sauerstoffliebende Bakterien, doch 90 Prozent gehören zu der altmodischen Variante. Deshalb stinkt es dort gewaltig, aber zum Glück riechen wir nicht alles, was da drinnen vor sich geht. So produziert das Bakterium *Faecalibacterium prausnitzii* Buttersäure. Sie riecht, wie der Name schon vermuten lässt, nach ranziger Butter oder nach Erbrochenem – je nachdem, was Mensch mit dem Geruch assoziiert.[167] Diese Säure ist gefährlich und stinkt schon in geringsten Konzentrationen erbärmlich, wie das Datenblatt des Instituts für Arbeitsschutz der Deutschen Gesetzlichen Unfallversicherung zeigt. Geruchlich wahrnehmbar sind schon 0,06 Milligramm pro Kubikmeter Luft.[168]

Zum Glück dient die Substanz intern anderen Zwecken: Sie stärkt nämlich die Immunabwehr, reduziert schädliche Bakterien und fördert nützliche.[169] Zudem hilft sie dem Darm, sich zu bewegen – und das ist immer gut, denn der ganze Brei muss bis zu seinem Abgang in der Toilette immer weiterbefördert werden.[170] Daneben kümmern sich diese Fäkalbakterien auch noch um entzündungshemmende Substanzen, heilen also den Darm von innen. Wer möchte schon, dass die eigenen vier Wände instabil werden? Deshalb dienen diese Wächter der Gesundheit auch als medizinisches Frühwarnsystem, als Sensoren für aufkeimende Krankheiten wie etwa Reizdarm, Diabetes oder Darmkrebs. Und weil die Einzeller so gute Heiler sind, schlagen Wissenschaftlerinnen und Wissenschaftler vor, im Bedarfsfall deren Zahl durch unterstützende

Maßnahmen zu erhöhen. [171] Wenn es also mal wieder ein bisschen riecht – es dient Ihrer Gesundheit!

Damit sind wir bei einem Thema angekommen, welches jede und jeden betrifft, und zwar etliche Male pro Tag: Furzen. Letztendlich sind Fürze nichts anderes als Rülpser, also das Ablassen von Gasen mit mehr oder weniger großer Geräuschentwicklung. Der Unterschied ist bekannt: Es ist der Geruch, der die gesellschaftliche Akzeptanz von Blähungen deutlich mindert. Der Hauptbestandteil von Furzen ist, ähnlich wie in den befahrenen Waldböden, Methan. Das können Sie mit einem einfachen Test selbst überprüfen. Methan ist brennbar, und ich habe als Kind folgendes Experiment gemacht: In der Badewanne sitzend machte ich ein bereitgelegtes Feuerzeug an. Die Flamme hielt ich über die Stelle, an der ich anschließend ein paar Bläschen aus dem Po aufsteigen ließ. Puff! Die Dämpfe ließen sich entzünden, womit die Biogasproduktion der Darmbakterien aufs Schönste (für Kinder) nachvollzogen werden konnte. Neben Methan werden auch der hochexplosive Wasserstoff, Stickstoff (aus beim Essen mitgeschluckter Luft) sowie das nicht brennbare CO_2 bakteriell erzeugt und zugemischt. Warum in der Badewanne? Weil der Minibrand da nicht bis auf den Körper zurückschlagen kann. Dass so etwas passiert und dramatische Folgen haben kann, beweist eine Meldung aus dem Jahr 2016. Damals wurde eine Frau in Japan mittels Laser am Gebärmutterhals operiert, als sich in Narkose ein Furz löste und schwere Verbrennungen bei der Patientin verursachte. Zusätzlich griff der Brand sogar auf den Operationssaal über, wo die Vorhänge Feuer fingen.[172] Im Zweifelsfall also bitte nicht nachmachen!

Stickstoff, Methan, Wasserstoff und CO_2 stinken aber nicht, und sie machen zusammen 99 Prozent der Furzgase aus.[173] Nur ein Prozent sind weitere Bestandteile, die geruchlich stören. Die Buttersäure haben wir schon kennengelernt, und das Duftpotpourri wird unter anderem noch durch Schwefelwasserstoff (den Grundstoff der früher als Scherzartikel beliebten Stinkbomben) bereichert. Insgesamt kommt pro Tag übrigens etwa ein Liter Pupsvolumen zusammen; das entspricht einem kleinen Luftballon.[174]

Dass man die Menge der Blähungen über die Nahrung steuern kann, ist eine Binsenweisheit. »Jedes Böhnchen gibt ein Tönchen« und ähnliche Redensarten zeigen, dass die Verursacher der Gase schon lange bekannt sind. Hülsenfrüchte, aber auch andere ballaststoffreiche Nahrung enthalten bestimmte Zuckermoleküle (Oligosaccharide), die unser eigenes Verdauungssystem nicht knacken kann. Hier helfen die Bakterien gerne mit der Fermentation aus, also mit der Umwandlung zu besser verwertbaren Komponenten. Ähnliches geschieht außerhalb unseres Körpers zum Beispiel bei der Herstellung von Sauerkraut oder Joghurt, und auch bei diesen Prozessen werden Gase freigesetzt. Doch deshalb auf Ballaststoffe zu verzichten wäre ungesund – Sie wissen ja, dass die Darmbakterien diese Kost regelrecht einfordern.

Genug vom Darm! Wandern wir hinauf zu den Achselhöhlen. Auch hier riecht es manchmal ein wenig unangenehm, denn hier sitzen Schweißdrüsen, die mit ihren Produkten über den Tag hinweg immer deutlicher auf sich aufmerksam machen. Deshalb ist es laut einer GfK-Umfrage 89,5 Prozent der Menschen wichtig, morgens frisch gewaschen und gekleidet das Haus zu verlassen.[175] Doch trotz Waschens, frischer Unterwäsche und ordentlich Deo bricht sich der Schweißgeruch oft seine Bahn, vor allem, wenn es stressig wird. Dabei ist es gar nicht die den Achseln entströmende Flüssigkeit, die zu stinken anfängt. Eine ganze Bakteriengemeinschaft lebt hier, die unter anderem einen Stoff mit dem Namen Cystein-Thiol-Lyase produziert. Den stellen die kleinen Vertreter aus geruchlosen Thiolalkoholen her, die normaler Bestandteil unseres Schweißes sind. Diese Fähigkeit haben sie sich vor 60 Millionen Jahren angeeignet und dann mit dem Auftreten von uns Menschen sehr genau auf diesen Lebensraum unter den Armen angepasst.[176] Doch warum möchte diese Gemeinschaft stinken? Oder ist Cystein-Thiol-Lyase nur so etwas wie der Kot dieser Bakterien?

Ich muss gestehen, dass ich im Zusammenhang mit Bakterien nicht mehr an Zufälle glaube. Was genau Körpergeruch bewirkt, ist erst ansatzweise erforscht. Fest steht, dass er schon lange existiert und bei sehr vielen Tierarten eine große Rolle spielt. Wenn es etwa um Sexualität und Partnerwahl geht, beginnen die Männchen vieler Spezies zu stinken. Das konnten wir zu unserem Missvergnügen alljährlich bei unseren Ziegen beobachten. Bock Vito pinkelte sich, wenn es so weit war, in sein Maul und auch gegen die Vorderbeine. Der Geruch erinnerte stark an alten Ziegenkäse, nur noch intensiver. Dann rieb er sich an seinen Damen, die nun auch alle zu duften begannen.

Die Forschenden der Universität York, die die Rolle der Schweißbakterien entdeckt hatten, gaben zu bedenken, dass zumindest bei den Urprimaten Körpergeruch eine wichtige Rolle bei der Kommunikation gespielt haben müsste. Ob das heute immer noch so ist, wäre noch zu klären. Nicht gesichert (aber auch nicht endgültig widerlegt) ist Schweißgeruch bei der Partnerwahl[177] oder auch bei der Synchronisation des Zyklus von Frauen, die zusammenleben. Möglicherweise sitzt unter den Armen also eine Art Geruchsorchester, welches noch nicht mitbekommen hat, dass seine Art der Duftkomposition in modernen Zeiten nicht mehr gefragt ist.

Und weil wir diese Dienste der Bakterien nicht mehr schätzen, bietet die Industrie allerlei Produkte zur Bekämpfung an, allen voran Deos. In Verruf gekommen ist eine Sorte, die Aluminiumsalze enthält. Es bekämpft den Schweiß wortwörtlich an der Quelle, nämlich den Drüsen, und zählt deshalb streng genommen nicht zu den Deos, sondern zu den Antitranspirantien. Diese ziehen sich nach dem Auftragen zusammen und reduzieren so den Durchfluss. Zusätzlich bilden körpereigene Substanzen wie zum

Beispiel Proteine gemeinsam mit den Salzen Pfropfen, die die Drüsenöffnungen verstopfen. Der Nachschub wird so zwar nicht komplett unterbunden, aber erheblich reduziert.

Bis vor wenigen Jahren waren Aluminiumsalze umstritten, weil sie im Verdacht standen, in den Körper zu gelangen und dort zum Beispiel Alzheimer zu fördern. Mittlerweile schätzt das Bundesamt für Risikobewertung die Gefahr jedoch als gering ein. Viel höher sei die Belastung durch Aluminiumfolien und -behälter für saure und salzige Lebensmittel, wie etwa Grillschalen.[178] Ich selbst hatte bis zum Aufkommen der Kritik an diesen Salzen sogar einen Deokristall benutzt, der praktisch nichts anderes enthält als Aluminiumsalz. Das sah hübsch aus und hielt unglaublich lange. Doch der Hinweis auf mögliche Hirnschäden hat mich so abgeschreckt, dass ich heute auch nach der Entwarnung durch das Bundesamt lieber auf andere Produkte setze.

Solche Deos versuchen, den unangenehmen Geruch zu übertünchen, was aber nicht ausreicht. Deshalb enthalten die meisten auch noch Stoffe, die den Bakterien nach dem Leben trachten, denn die sind ja die eigentlichen Verursacher des Müffelns. Und womit bringt man Bakterien am schonendsten (für die eigene Gesundheit) um? Richtig, mit dem guten alten Alkohol. Der ist deshalb auch besonders häufig in Deos zu finden. Manche Inhaltsstoffe legen einfach nur den Sumpf trocken und machen damit das Mini-Ökosystem für Bakterien unattraktiv – diese lieben und brauchen ja Feuchtigkeit.[179]

Eine weitere Möglichkeit ist es, die Bakterien über Inhaltsstoffe der Kleidung zu bekämpfen. Silberpartikel und Silbernitrat sind nur zwei von vielen potenziellen Kandidaten. Fachleute sind allerdings skeptisch, gleich die ganze Unterwäsche mit solchen Substanzen zu behandeln, weil sie damit großflächig negativen Einfluss auf die Hautbakterien nehmen. Und die gehören ebenfalls zu unserem Körper.

Unangenehme Körpergerüche können auch ein Hinweis darauf sein, dass an den betreffenden Stellen Bakterien überhandgenommen haben, die dort eigentlich wenig zu sagen haben. Riecht etwa die Vagina fischig, so wurden die Milchsäurebakterien von Angreifern verdrängt. Normalerweise bilden Erstere ein leicht saures Milieu, welches die empfindlichen Schleimhäute vor fremden Keimen schützt. Werden sie von Neuankömmlingen der Gattungen Gardnerella oder Mobiluncus verdrängt, so geht der Schutz verloren. Der jetzt einsetzende Ausfluss riecht nach Meeresgetier und ist ein Zeichen dafür, dass eine Behandlung einsetzen sollte. Neben Ansteckungsmöglichkeiten durch Geschlechtsverkehr spielen auch andere Faktoren eine Rolle, etwa eine übertriebene Hygiene mit zu viel Seife, die den Milchsäurebakterien zu stark zusetzt.[180]

Düfte ganz anderer Art präsentiert das Wasser aus der Leitung – je nach Land mal mehr (USA) oder weniger (Deutschland): einen Geruch nach Schwimmbad. Den produzieren zwar nicht die Bakterien, aber weil sie selbst (und noch viel größere Wesen) sich in unserem wichtigsten Lebensmittel tummeln, werden sie dort auch bekämpft.

Tägliche Bakteriencocktails

Kennen Sie den Geruch von Chlor im Trinkwasser? Je nach Gegend ist dieser Duft dezent oder deutlich in der Nase, wenn Sie ein Glas Wasser zum Mund heben. Dieser Schwimmbad-Cocktail wäre viel seltener wahrnehmbar, wenn die Landwirtschaft nicht großflächig tierische Fäkalien ausbringen würde, doch dazu später mehr. Denn trotz allem ist Trinkwasser eines der am besten kontrollierten Lebensmittel und damit zumindest in unseren Breiten absolut unbedenklich und gesund.[181] Der erfrischende Trank belebt nicht nur, sondern ist selbst belebt. Wo ständig Feuchtigkeit herrscht, können die Hauptdarsteller dieses Buches nicht weit sein. Doch wie gelingt es ihnen, sich in Trinkwasserleitungen anzusiedeln? Schließlich brauchen sie nicht nur Feuchtigkeit, sondern auch etwas zu fressen. Wo das herkommt, schauen wir uns jetzt einmal genauer an (es wird nicht allzu ekelhaft, versprochen!).

Hauswasserleitungen sind prinzipiell nichts anderes als der verlängerte Arm des Grundwassers. Ständig gibt es Nachschub an frischer kalter Flüssigkeit, ähnlich wie tief unten im Gestein. Gewiss, dazwischen geschaltet arbeiten Pumpen, die in riesigen Brunnenanlagen das frische Nass für ganze Städte heraufholen, sowie Reinigungs- und Filteranlagen. Natürlich darf der Zusatz von Chemikalien nicht fehlen. Dennoch schlüpfen immer wieder nicht nur organische Reste, sondern winzige Einzeller und sogar größere Tiere durch die Siebe und Filter, sei es als Ganzes (Bakterien) oder als Eier (Tiere). In den Leitungen bis ins Haus hinein tummelt sich dadurch ein faszinierender Kosmos. Darunter sind winzige Einzeller-Tiere, aber auch größere Gesellen wie Borstenwürmer oder Wasserasseln. Letztere können beachtliche zwei Zentimeter Körperlänge erreichen und werden damit größer als die bekannteren Kellerasseln (die Sie vielleicht unter dem Fußabtreter oder Blumentöpfen im Garten finden).

Ob Ihre Leitungen auch solche Untermieter beherbergen, können Sie an der Zahl der betroffenen Systeme abschätzen: Laut Angaben von Günter Gunkel, TU Berlin, sind fast alle Leitungen betroffen (okay – hatte ich versprochen, es wird nicht allzu ekelhaft? Sorry!). Die Proben wurden an Hydranten genommen, Wasserentnahmestellen, die zum Beispiel von der Feuerwehr zu Löscharbeiten genutzt werden können. Zwischen den Hydranten und Ihrem Waschbecken liegen keine weiteren Filteranlagen, falls Sie nicht eine Spezialeinrichtung im Hauskeller haben. Auf gut Deutsch: Mit ziemlicher Sicherheit landen regelmäßig Tiere oder Teile von ihnen in Ihrer Kaffeetasse.

Das muss Sie jetzt nicht beunruhigen: Zum einen ist deren Zahl überschaubar. Größere Individuen treten normalerweise in Dichten von rund 20 Stück pro 1000 Liter auf, es landet also zumindest nicht jedes Mal etwas in Ihrem Heißgetränk.[182] Zum anderen ist die Besiedelung der Leitungen sogar vorteilhaft, zumindest dann, wenn es echte Grundwassertierchen sind. Während sich Wasserasseln auch in Oberflächengewässern tummeln und in den Leitungen ungern gesehene Gäste sind, werden die »echten« Tiefenbewohner wie etwa Brunnenkrebse durchaus freudig begrüßt. Denn sie helfen dabei, Schadstoffe im Wasser zu beseitigen, und verbessern damit sogar die Qualität dieses wichtigen Lebensmittels. Sie dürfen als eine Art Gütesiegel gelten und sind weiterhin Gegenstand der Forschung, weil man davon ausgeht, dass man noch längst nicht alle Arten entdeckt hat.[183]

Und damit zurück zu den Bakterien. Ihre Nahrung besteht aus dem, was die Tiere ausscheiden oder nach ihrem Tod hinterlassen. Das sind zwar keine großen Mengen, aber es reicht, damit sich die Winzlinge in den üblichen Kolonien zusammenfinden, die wie ein dünner Film die Innenseite der Rohre bedecken. Frisch in Betrieb genommene Rohre können zu erhöhten Keimzahlen im Wasser führen, doch je länger sich die Bakterienfilme dort ausbreiten, je älter und reifer sie werden, desto mehr verbessert sich überraschenderweise die Wasserqualität.[184] Die Winzlinge mit Chlor zu bekämpfen ist also nicht die allerbeste Idee, und davon abgesehen werden Bakterien, wen wundert's, mit der Zeit gegen Chlor resistent, vor allem diejenigen, die eher ungünstig für unsere Gesundheit sind.[185] Chinesische Forschende entdeckten noch eine problematische Folge der Chlorbehandlung: Sie erleichtert offenbar den Austausch von Genen zwischen antibiotikaresistenten Bakterien und solchen, die diese Eigenschaft bisher nicht besaßen.[186] In den Wasserleitungen werden also tickende Zeitbomben produziert, zumindest dann, wenn man zu viel Chemie einsetzt.[187]

Solche Bösewichte können sich allerdings auch von ganz alleine einschleichen, wie etwa die Legionellen. Diese Wasserbewohner wurden erst entdeckt, nachdem sie auf der Jahresversammlung der American Legion, einer Veteranenvereinigung, für Aufruhr gesorgt hatten. Etliche der 10 000 Teilnehmer waren im Juli 1976 in einem alten Hotel untergebracht: dem Bellevue-Stratford. In dessen Wasserleitungen lauerte der Tod: 182 Menschen erkrankten an einer Lungenentzündung, 29 starben. Nach langem Suchen wurden schließlich Bakterien als Ursache identifiziert, die nach dem Veteranentreffen »Legionellen« benannt wurden.[188]

Es gibt eine ganze Reihe von Arten, die im Boden oder im Ozean leben, doch diese spezielle (*Legionella pneumophila*), die es in die Schlagzeilen schaffte, ist eigentlich eine harmlose Bewohnerin von Süßwasser, zum Beispiel in Bächen. Dort hat sie eine spezielle Überlebensstrategie entwickelt. Grundsätzlich sind Bakterien extrem gefährdet, und zwar durch größere Einzeller, die Jagd auf sie machen. Diese Einzeller werden zu den Tieren gezählt und dürften damit zu den winzigsten aus diesem Reich gehören. Um in einem solchen Umfeld zu überleben, haben die Legionellen den Spieß umgedreht: Sie dringen in die Tierchen ein, um sich dort ungefährdet zu vermehren. Ansonsten leben sie, wie das unter Bakterien üblich ist, in Kolonien, tauschen mit anderen Nährstoffe aus und mümmeln friedlich tote organische Substanz. Niemals käme es ihnen in den Sinn, sich in die Lüfte zu erheben, um menschliche Lungen zu befallen – wenn es dazu kommt, kann das Ganze also als tragischer Irrtum bezeichnet werden.[189]

Doch wie gelangen die Legionellen in die Wasserleitungen? Ganz einfach: so wie alle anderen Bakterien, die dort nichts zu suchen haben, also durch verunreinigtes Grund- oder Oberflächenwasser (der Chlorgeruch aus dem Wasserhahn lässt grüßen). *Legionella pneumophila* mag ebenfalls gerne frisches Quellwasser – es ist ja ihr ursprüngliches Ökosystem, auch wenn es jetzt durch Rohre begrenzt wird. Gerne darf es angenehm warm sein, zwischen 20 und 45 Grad. Am besten vermehren können sich die Knirpse bei 37 Grad – das ist zufällig ziemlich genau unsere Körpertemperatur. Ähnlich warm ist es auch in heimischen Warmwasserleitungen oder Tanks, die im Keller stehen und stets wohltemperiert Wasser zum Duschen bereithalten. Um Energie zu sparen, stellt man normalerweise die Temperatur nur wenig höher als 45 Grad ein – dabei wäre das genau der Bereich, ab dem es für die Legionellen kritisch wird. Bei dieser Wärme können sie sich nicht mehr vermehren, und ab 55 Grad wird es tödlich, je heißer, desto schneller.[190] Deshalb gilt die Empfehlung, regelmäßig die Temperatur in solchen Speichern kurz zu erhöhen und solche Insassen auf diese Weise zu beseitigen. Nebenwirkungen wie bei Chlor sind durch solche Maßnahmen nicht zu befürchten.

Die Infektion mit Legionellen wird übrigens nicht durch das Verschlucken von Wasser verursacht, sondern durch das Einatmen des Sprühnebels, sodass die Bakterien in die Lunge gelangen (wohin sie eigentlich gar nicht wollen). Solche Sprühnebel entstehen zum Beispiel beim Duschen, in der Nähe von Springbrunnen, bei der Zahnbehandlung (die Bohrer arbeiten mit Wasser) oder in Whirlpools. Einmal in die Lunge gelangt, starten die ungebetenen Gäste ihre Attacke auf das Gewebe und sorgen damit für schwerste Lungenentzündungen.

Warum aber befallen Legionellen Lungenzellen überhaupt, wenn sie doch eigentlich hinter tierischen Einzellern her sind? Ganz einfach: Im Gegensatz zu vielen anderen Arten, die hoch spezialisiert sind, können Legionellen eine Vielzahl verschiedenster Urtierchen heimsuchen, sie sind also nicht wählerisch.[191] In der Sackgasse Lunge angelangt, nehmen sie zur Not auch menschliche Zellen. Dort richten sie sich gemütlich ein, schotten sich ab und geben schädliche Substanzen in den Blutkreislauf. Milde Infektionen müssen nicht behandelt werden, in heftigeren Fällen werden die Irrgäste mit Antibiotika beseitigt. Mit ihrem schlechten Image reihen sich die Legionellen bei anderen Arten wie den Erregern der Borreliose ein, die auch nicht vorhatten, im Menschen zu landen.

Kommen wir nach dem ganzen Wasser-Desaster zu einer positiven, ja unverzichtbaren Hilfeleistung von Bakterien in unserem Lebensmittel Nummer eins. Pro Kopf und Tag verbraucht jeder Mensch in Deutschland durchschnittlich 126 Liter Trinkwasser.[192] Egal, ob zum Duschen, Wäschewaschen, Klospülen oder Trinken – das meiste davon landet noch am selben Tag in der Kanalisation. Und die kann ziemlich kurz sein, wenn man nicht ans öffentliche Netz angebunden ist, wie das bei unserem Forsthaus (Baujahr 1934) lange der Fall war. Erst im Jahr 2006 wurde es über Rohre an das Nachbardorf und dieses wiederum an die 15 Kilometer entfernte Kläranlage angeschlossen, ein ziemlicher Aufwand für ein abgelegenes Gebäude. Bis dato befand sich hinter dem Haus eine Sickergrube mit Überlauf, der die festeren Stoffe zurückhielt und das überschüssige Abwasser in den nahen Wald leitete. Einmal im Jahr kam dann der Pumpenwagen und entleerte den unappetitlichen Inhalt mit einem großen Saugrüssel. Früher war eben doch nicht alles besser …

Warum das damals überhaupt funktionierte und heute noch viel besser klappt, liegt mal wieder an unseren Protagonisten. Schon in den häuslichen Rohren sitzen Arten, die im Darm zahlenmäßig schwach vertreten sind, hier aber dominant werden. Der Lebensraum ist sehr speziell: Es ist stockdunkel, der Sauerstoffgehalt schwankt, dafür aber nicht die Temperatur. Sie ist relativ gleichbleibend, spätestens dort, wo die Hausleitung in die öffentlichen Rohre einmündet, die metertief unter der Erde ganzjährig gleich warm sind, egal, ob es draußen schneit oder brütende Hitze herrscht. Hier unten warten die Einzeller auf die (aus ihrer Sicht) mit leckeren Speisen beladenen Flüssigkeiten, um sich an ihnen zu laben. Die Wände der Rohre sind mit großen Kolonien bedeckt, die sich die ersten Partikel herausfischen, diese fressen, verdauen und damit schon einmal einen Teil der Fracht umwandeln.[193] Dabei können sie sich Zeit lassen, denn der Wasserfluss ist ja nicht konstant. Immer wieder gibt es Pausen, in denen sich die Feststoffe absetzen, dann in Ruhe bearbeitet werden können und mit der nächsten Toilettenspülung weiterbefördert werden. So rauscht das Schmutzwasser Richtung Kläranlage an unzähligen Gemeinschaften vorbei, die eine erste Stufe des Säuberungsprozesses darstellen.

Trotzdem ist ein Abwasserrohr selbst für Bakterien kein Schlaraffenland. Hier fließt alles durch, was wir uns einverleiben oder womit wir das Wasser anreichern. Das sind in vielen Fällen nicht nur Medikamente wie Antibiotika, sondern auch Desinfektionsmittel. Daran müssen sich die Einzeller gewöhnen, und das tun sie auch. Hier unten in der Dunkelheit werden gewissermaßen Resistenzen ausgebrütet, die dann durch die »Rohrpost« weitergeleitet werden.[194]

Nach etlichen Kilometern ist die Reise vorerst beendet: Das Abwasser ergießt sich in die Becken der Kläranlage. Hier spielen Bakterien eine weitere wichtige Rolle, oder besser gesagt: genau dieselbe wie in den Abwasserleitungen. Ihre von Menschen zugedachte Aufgabe ist die Verarbeitung der organischen Stoffe (um es einmal vornehm auszudrücken), und das machen sie auch. Doch in den Becken tummeln sich ebenfalls die Passagiere der Rohrpost, unter ihnen auch viele unerwünschte Arten, allen voran die antibiotikaresistenten Spezies. Diese erhalten im Schmutzwasser noch einmal eine Art Extratraining, denn aus den häuslichen Toiletten kommt ein beständiger Nachschub an solchen und anderen Medikamenten. Das liegt daran, dass Antibiotika teilweise oder sogar fast vollständig wieder ausgeschieden werden.[195] Um nicht die umliegenden Flüsse zu verseuchen, in die das geklärte Wasser eingeleitet wird, muss eine chemische Nachbehandlung (mit Ozon) oder eine Bestrahlung mit UV-Licht erfolgen.[196] Trotzdem gelingt damit keine hundertprozentige Beseitigung, zudem nutzen nicht alle Kläranlagen solche Verfahren. Deshalb entwischen immer wieder resistente Arten aus den Becken.

Den ganzen Aufwand betreiben wir nicht nur zur Gewässerreinhaltung, sondern auch zur Abwehr von Parasiten. Früher waren Fäkalien wichtiger Dünger und wurden auf den Feldern ausgebracht – Kunstdünger gab es nicht, und die Böden waren durch jahrhundertelange Bewirtschaftung so ausgelaugt, dass die Erträge recht kümmerlich ausfielen. Nach dem Zweiten Weltkrieg lebte diese Praxis wieder auf, wie mir mein Vater erzählte. Er wohnte bei seiner Tante in Aschaffenburg, die zum Glück einen kleinen Schrebergarten besaß. Dort wurden Salat, Kartoffeln und Bohnen angebaut, um den bohrenden Hunger der Nachkriegszeit etwas zu lindern. Der notwendige Dünger kam aus der Jauchegrube des kleinen Reihenhauses, wodurch sich der kurze Nährstoffkreislauf perfekt schloss. Perfekt vor allem für die Darmwürmer, die über das Gemüse wieder zurück in ihre Wirte gelangten und die Familie ordentlich plagten. Aus hygienischen Gründen wäre eine solche Praxis heute streng verboten.

Wenn man den Aufwand betrachtet, den wir berechtigterweise zur Klärung der Abwässer und zum Schutz unserer Gesundheit mittlerweile betreiben, dann ist es unverständlich, warum andererseits die großflächige Verseuchung der Landschaft mit ebensolchen Abwässern immer noch zulässig ist. Richtig, ich meine damit die Ausbringung von Gülle. Das ist nichts anderes als die Substanz, die der Pumpenwagen einmal im Jahr aus der Sickergrube des Forsthauses absaugte.

Gülle besteht aus Kot, Harn und Einstreuresten. »Erzeugt« haben diese erbärmlich stinkende Brühe Schweine und Kühe, die zu Tausenden dicht an dicht in Ställen stehen und natürlich regelmäßig ihr Geschäft verrichten. Würden sie wie früher auf der Weide gehalten, so schlösse sich ein natürlicher Kreislauf: vorne Gras rein, hinten Dünger raus. Doch in der industriellen Massentierhaltung ist das viel zu aufwendig; zudem geben die Weiden und Äcker gar nicht so viel Futter her, als dass man diese Heerscharen ernähren könnte. Also landet eine Armada von Frachtschiffen Futter aus fernen Gestaden an: Soja, aber auch anderes Getreide – überwiegend genmanipuliert – macht die Haltung von 21 Millionen Schweinen und 10 Millionen Rindern allein in Deutschland erst möglich (geschlachtet werden übrigens einschließlich Schafen, Ziegen und Pferden jährlich knapp 48 Millionen große Säugetiere; Schweine werden ja nur wenige Monate alt und dann gleich ersetzt). Der Rest ist einfache Mathematik: Wenn ich zu wenig Fläche habe, um die Tiere zu halten oder gar das Futter für sie zu erzeugen, dann habe ich auch zu wenig Fläche, um die Gülle auszubringen und das Ganze als Kreislauf vernünftig auszubalancieren.

Doch wie viel Platz braucht man dafür überhaupt? Das ist eine Frage der Region und der Haltungsform. Die Kansas State University untersuchte das einmal für die nördlichen Prärien und kam auf einen Bedarf von 3,3 Hektar für eine Mutterkuh mit Kalb.[197] Für Deutschland habe ich eine solch konkrete Zahl nicht gefunden, weil meist nur der Weidebedarf im Sommerhalbjahr angegeben wird oder die Anbaufläche für Kraftfutter fehlt. Doch selbst wenn wir großzügig annehmen, dass ein Hektar pro Tier ausreichen würde, bräuchten wir allein in Deutschland bloß für die Rinderhaltung 100 000 Quadratkilometer. Für die Schweinehaltung kämen noch einmal Zehntausende Quadratkilometer hinzu, obendrauf noch Flächen für Hühnerhaltung (plus Enten und Gänse) zur Schlachtung von jährlich über 700 Millionen Tieren.[198] Damit ist klar, dass die gesamte landwirtschaftliche Fläche schon allein für die Fleisch- und Milchproduktion zu klein ist und deswegen quasi nach Brasilien oder in die USA auf die dortigen Sojafelder ausgedehnt wird.

Und nun kommt der Fehler im System zum Tragen: Wenn man eine echte Kreislaufwirtschaft installieren wollte, müsste man Schiffe mit Gülle beladen und zurück in die Erzeugerländer schicken, damit sie dort ihre Felder düngen. Das ist offenbar zu aufwendig, und deshalb entsorgt man den Überschuss auf heimischen Äckern. Dort ersticken im Fäkalienregen millionenfach Bodentiere. Wie viel das ist, wird statistisch erfasst: Pro Jahr werden allein in Deutschland 204 Milliarden Liter Gülle (amtlich: flüssiger Wirtschaftsdünger) ausgebracht,[199] was nicht nur eine temporär kaum erträgliche Geruchsbelastung mit sich bringt. Denn während die Kläranlagen mühsam die menschliche Gülle entschärfen, wird die Entsorgung der Abfallprodukte der Massentierhaltung der Natur überlassen.

Das Problem verschwindet nach der Ausbringung zumindest optisch recht schnell: Die stinkende Flüssigkeit versickert im Boden und wird vom Regen in tiefere Schichten getrieben. Zudem spült der nächste Gewitterguss manchmal einen Teil der Ladung in Bäche und Flüsse; doch auch was versickert, taucht leider in mehr oder weniger großen Mengen im Grundwasser wieder auf. Das sollte eigentlich nicht passieren, denn offiziell ist Gülle ja bloß ein Dünger, geht es mitnichten um eine Fäkalienentsorgung. Doch durch den gewaltigen Importüberschuss an Futtermitteln ist klar, dass in jedem Fall zu viel dieser Brühe anfällt, die dann auf Feldern und Wiesen landet. Zwar gibt es Obergrenzen, muss eine Mindestwirksamkeit (also die Aufnahmefähigkeit der Nährstoffe durch die Pflanzen) gewährleistet sein, doch wo kein Kläger, da kein Richter.

Ich selbst habe das einmal in unmittelbarer Nähe unseres Forsthauses erlebt. Ein Landwirt hatte mehrere Gülle-Anhänger mit 20 Kubikmeter Fassungsvermögen auf einem Acker so abgeladen, dass die Fäkalien 20 Zentimeter hoch standen und einen stinkenden See bildeten. Daraufhin rief ich bei der Polizei an – so etwas ist meiner Meinung nach keine Düngung, sondern eine illegale Abfallentsorgung. Die Polizei kam mit einem Streifenwagen vorbei und stoppte die Aktion. Der wütende Traktorfahrer versuchte nun, mich bei der Polizei wegen Behinderung seiner Arbeit anzuzeigen, was diese aber ablehnte.

Etwas später bemühte sich dann ein älterer Mann der zuständigen Aufsichtsbehörde heraus, um dessen Hals eine kleine Digitalkamera baumelte. Damit machte er ein paar Fotos und wollte sich dann wieder auf den Heimweg machen. Ich fragte ihn, was er denn nun unternehmen wolle. Er zuckte nur mit den Schultern. Der Landwirt habe angegeben, nicht mehr als zwölf Kubikmeter pro Hektar auszubringen. Ich deutete auf den braunen See und warf ein, dass hier auf dieser kleinen Fläche allein schon 60 Kubikmeter ausgeleert worden seien. Das focht den Mann nicht an. Er wiederholte, dass man sich auf die Angaben des Bauern verlassen würde, verabschiedete sich dann schnell und brauste mit seinem Auto wieder zurück in die Dienststelle.

Warum ich mich so über die Aktion aufregte? Neben der schweren Schädigung des Bodenlebens (und das allein reicht für mich als Grund schon aus) verseuchen solche Zeitgenossen unser aller Grundwasser. Dabei taucht in den Medien häufig Nitrat als Stichwort auf. In der Gülle, aber auch im Mineraldünger (Kunstdünger) sind jede Menge Stickstoffverbindungen. Das freut zumindest manche Bodenbakterien, die sich begierig auf die Stoffe stürzen, sie verspeisen und als Nitrat wieder ausscheiden. Dieses Nitrat ist dummerweise gut wasserlöslich und wird umso leichter mit Regenfällen immer tiefer gespült, bis es in den Schichten ankommt, aus denen wir unser Trinkwasser abpumpen. Gerade für Säuglinge ist nitratbelastetes Wasser lebensgefährlich, weshalb der Grenzwert pro Liter auf 50 Milligramm festgelegt wurde. Das wird auch eingehalten, aber in Deutschland wird im Grundwasser an 16 Prozent der Messstellen dieser Wert überschritten – mit auffälliger Häufung in besonders intensiv landwirtschaftlich genutzten Gebieten.[200]

Bakterien können auch zur Lösung des Nitrat-Problems eingesetzt werden. So gibt es Arten, die das Gift in harmlosen Stickstoff umwandeln und deshalb eine Möglichkeit bieten, Trinkwasser biologisch aufzubereiten. Doch die Bakterien sind nicht nur an der Umwandlung der Stoffe beteiligt, sie können unserer Gesundheit auch direkten Schaden zufügen, und damit sind wir wieder bei den Antibiotika: Mit den braunen Fluten ergießen sich mitreisende Einzeller in das Untergeschoss der Landschaft, die zuvor in Tiermägen und Ställen zu Hause waren. Und dort wurden in vielen Fällen ebendiese Medikamente in großen Mengen zur Steigerung der Fleischproduktion eingesetzt. Antibiotika ermöglichen einerseits die Haltung Tausender Tiere auf engstem Raum, ohne dass

Krankheiten ausbrechen, andererseits bewirken sie auch, dass Rinder und Schweine schneller an Gewicht zulegen. Und weil Zeit Geld ist, wird lieber zu viel als zu wenig von dem Pulver eingesetzt, welches eigentlich ein Notfallmedikament für den menschlichen Bedarf sein sollte. Ziel der Behandlung sind unerwünschte Bakterien, die so reagieren, wie sie das seit Jahrmilliarden gewöhnt sind: Sie passen sich an. Über Resistenzen haben wir ja schon gesprochen, und grundsätzlich weisen viele Bakterienarten solche Eigenschaften auf – sie trainieren sich ja schließlich seit Urzeiten selbst, indem sie mit Antibiotika gegeneinander vorgehen. Das Fatale an den resistenten Bakterien in der Gülle ist die Tatsache, dass sie mit für den menschlichen Gebrauch vorgesehenen Medikamenten traktiert und damit trainiert wurden. Darunter sind selbst besonders kritische Reserveantibiotika wie Colistin, das als letzte Verteidigung gegen multiresistente Keime gilt.

All diese Wesen werden nun auf Zehntausenden von Quadratkilometern allein in Deutschland freigesetzt. Gefährlich wäre das nur, wenn den Bakterien der Sprung zurück auf unsere Teller gelänge. Unter ungünstigen Umständen ist das tatsächlich der Fall, beispielsweise über kontaminiertes Gemüse.[201] Es müssen noch nicht einmal direkte Nachkommen der früheren Stallbakterien sein. Forschungen haben gezeigt, dass selbst Schnipsel des Erbgutes toter Einzeller in Unmengen ins Freiland gelangen. Diese Antibiotikaresistenzgene (AGRs) gelten mittlerweile als eigene Schadstoffklasse, weil sie von wilden Bakterien geschnappt und kurzerhand in das eigene Erbgut eingebaut werden. Das Resultat: Nun können auch diejenigen der Freiland-Einzeller, die niemals Kontakt zu landwirtschaftlichen Aktivitäten hatten, Resistenzen entwickeln.[202] Die Gülleausbringung verschärft also das Problem und die verheerenden Folgen, die wir schon besprochen haben.

Kommen wir noch einmal auf die Bakteriencocktails der Kapitelüberschrift zurück. Die Knilche in der Leitung sind (abgesehen von den Legionellen) nicht das große Problem, sondern die »durchgesickerten« Kerlchen aus der Gülle. Sie müssen, falls ihnen ein Durchbruch gelingt, mit Chlor bekämpft werden. Dieses Durchsickern klappt umso leichter, je durchlässiger das Gestein im Untergrund ist. Kalkstein etwa weist besonders viele Risse und Poren auf und kann deshalb Regen gut nach unten weiterleiten. Wird hier Grundwasser als Trinkwasser nach oben gepumpt, füllt sich das Reservoir besonders schnell wieder auf. Dies ist einer der Gründe, warum Brunnen so gerne in kalkreichen Gegenden gebohrt werden.[203] Auch hier in unserem Eifeldörfchen, im Untergrund kalkarm und mit bestem Trinkwasser gesegnet, kommt das Leitungswasser aus einem weit entfernten Kalkgebiet. Dadurch haben wir im Forsthaus einen Härtegrad, der deutlich über dem Durchschnitt liegt und Armaturen sowie Kochtöpfe verkalken lässt. Doch nicht nur das: Mit dem schnell versickernden Regen werden viel leichter Güllebestandteile bis in tiefe Schichten gewaschen. Dass es mal wieder so weit ist, macht ein deutlicher Chlorgeruch aus dem Wasserhahn klar, der uns statt des eigenen guten Eifelwassers einen Schwimmbadcocktail liefert. Zum Glück kommt das sehr selten vor, doch es erinnert mich daran, dass hier mal wieder jemand die Landschaft als Klärgrube missbraucht hat und das Wasserwerk die daraus resultierenden Bakterien bekämpft.

Mit dem Wasserhahn sind wir wieder in der Küche angekommen, und hier schlägt eine besonders bekannte Art immer dann zu, wenn es bei der Fleischzubereitung unhygienisch zugeht.

Lassen Sie uns über Salmonellen sprechen

Es gibt nur wenige Bakterien, die so bekannt sind wie Salmonellen. Sie verursachen schwere Durchfallerkrankungen und stehen oft in Zusammenhang mit keimbelasteten Lebensmitteln. Doch bevor wir zum berühmt-berüchtigten rohen Hühnerfleisch auf dem Schneidebrett in der Küche kommen, lassen wir Hunde die Bühne dieses Kapitels betreten. Sie sind für viele Menschen Familienmitglieder, und auch wir hatten lange Jahre Fellnasen bei uns im Forsthaus – eine Zeit, die wir nicht missen möchten. Unsere Hündin Maxi, eine Kleine Münsterländerin, begleitete uns im Alltag (mich vor allem in den Wald), aber auch in den Urlaub ans Meer. Und wenn sie mal im Auto warten musste, kletterte sie aus dem Kofferraum nach vorn auf den Fahrersitz und rollte sich dort zusammen. Trotzdem achteten wir auf Hygiene – das hatten wir uns wegen der ganzen anderen Tiere (Pferde, Ziegen, Hühner, Kaninchen) angewöhnt, also zum Beispiel das Händewaschen, wenn wir von draußen hereinkamen. Das sah eine damalige Forstamtsangestellte anders. Sie erzählte, dass sie sich das tägliche Frühstück mit ihren Hunden teilte und diese ihr dabei sogar die Wurst aus dem Mund fressen würden. Das ist in Bezug auf das Frühstück Geschmackssache, in Bezug auf Hygiene nicht. Denn Hunde können Salmonellen übertragen, und immer dann wird's gefährlich.

Salmonellen sind Bakterien, die sich auf Tiere (und damit auch auf den Menschen) spezialisiert haben. Es müssen aber nicht immer Säugetiere sein – Salmonellen sind auch in Vögeln, Reptilien und sogar Insekten zu finden. Hier tummeln sie sich im Magen und im Darm und verursachen je nach Typ heftige Beschwerden. In Deutschland werden laut Robert Koch-Institut jährlich rund 16 000 Fälle gemeldet. Erfasst wird jede Erkrankung, bei der eine Arztpraxis aufgesucht wird, denn Salmonellose ist meldepflichtig. Eine Infektion startet in der Regel über einen Kontakt mit landwirtschaftlichen Tieren. Hier ist der Erreger weit verbreitet, doch führt er bei den Vierbeinern und beim Geflügel selten zu Beschwerden. Die treten erst auf, wenn man diese Tiere verzehrt, und zwar dann, wenn das Fleisch roh oder nicht komplett durcherhitzt ist. Den ersten Platz halten nach wie vor Lebensmittel, die rohe Eier enthalten, auch wenn die Zahl der infizierten Hühner durch die Einführung von Impfungen drastisch gefallen ist.

Nach 12 bis 36 Stunden versucht der Körper, das infizierte Essen wieder loszuwerden, setzen heftiger Durchfall, Erbrechen und Kopfschmerzen ein. Damit sich die Bakterien fleißig weiterverbreiten können, bleiben Erkrankte selbst nach Abklingen der Symptome bis zu sechs Monate ansteckungsfähig. Dabei reicht es, wenn sie Lebensmittel nur berühren, die dann von anderen verzehrt werden. Und warten können die kleinen Parasiten ebenfalls besonders lange: Wo andere Bakterienarten schon nach Stunden dahinscheiden, überleben Salmonellen mehrere Monate. Einfrieren nützt leider auch nichts, und das Erhitzen von Speisen über 70 Grad sollte mindestens zehn Minuten lang erfolgen.[204]

Zurück zu den Haustieren: Auch sie können wie geschildert eine Salmonellenquelle sein. Sie infizieren sich ähnlich wie Menschen, also zum Beispiel über das Futter (auch Trockenfutter!). Das kommt zwar nicht allzu häufig vor, aber wenn, dann kann es haarig werden. Ein Team der Pennsylvania State University untersuchte

87 Hunde, die eine Salmonelleninfektion aufwiesen. Dann schauten die Forschenden bei Frauchen und Herrchen nach und fanden 77 befallene Personen, bei denen die Erreger wahrscheinlich vom Hund auf den Menschen übertragen worden waren. Die Bakterien waren durch die Bank auch resistent gegen Antibiotika.[205] Panik im Umgang mit Hunden ist deswegen nicht angebracht, Händewaschen nach dem Streicheln oder gar Abschleckenlassen schon. Eine besondere gefährliche Infektionsquelle für Kleinkinder sind übrigens Reptilien, sodass das Robert Koch-Institut von der Haltung in entsprechenden Haushalten abrät.

Salmonellen sind also nicht out, aber als typisches Küchen-Hygienethema hat ihnen eine andere Art den Rang abgelaufen: *Campylobacter jejuni.* Diesen Namen kann man sich kaum merken, was vielleicht auch daran liegt, dass die Artbezeichnungen zu einer Zeit erfunden wurden, da es in der Wissenschaft als erstrebenswert galt, dass Laien nichts verstanden (wobei – das ist auch heute manchmal noch so). Wir können sie auch einfach Durchfallbakterien nennen, doch Dünnpfiff verursachen eben auch etliche andere Kobolde.

Campylobacter sitzt gerne in den Gedärmen von Geflügel und kann sich dort harmlos vom durchgeschleusten Inhalt ernähren. Manchmal verhält er sich aber auch schon in den Vögeln rabiat und verursacht Beschwerden. Richtig problematisch wird die Sache erst durch die Massentierhaltung und den anschließenden Verzehr der Tiere durch den Menschen. Trotz aller Hygienevorschriften lässt es sich nach wie vor nicht vermeiden, dass bei der Schlachtung Keime auf das Fleisch gelangen. So hat eine Prüfung von 142 Supermärkten ergeben, dass nur zwei Proben keimfrei waren. Die anderen enthielten einen jeweils unterschiedlich bunten Mix von krank machenden Bakterien, darunter alle üblichen Verdächtigen wie Kolibakterien, Salmonellen und auch Campylobacter.[206] Die landen beim Auspacken der Ware bei Ihnen auf dem Küchentisch oder auf dem Schneidebrett. Die heiß diskutierte Frage ist, ob die Bretter aus Kunststoff oder Holz sein sollen. Für Holz spricht, dass beim Schneiden keine Mikroplastikpartikel in die Lebensmittel gelangen; zudem ist es bei der Entsorgung unproblematisch. Für Plastik spricht, dass es spülmaschinenfest ist und sich bei hohen Temperaturen reinigen lässt. Die Zeitschrift *Ökotest* empfiehlt, Fleisch auf Kunststoff und Gemüse auf Holz zu zerkleinern. Noch wichtiger ist, dass auf dem Brett für rohes Fleisch nicht anschließend Salat geschnitten wird – der wird ja nicht mehr erhitzt.[207] Doch weil viele Menschen in der Küche nicht so hygienisch hantieren wie ein Team in einem Operationssaal, gelangen jede Menge der kleinen Wegelagerer auf die Teller und anschließend zu ihrem Ziel: unserem Inneren. Da die Inkubationszeit der Krankheiten, die diese Bakterien hervorrufen können, zwei bis fünf, manchmal aber auch an die zehn Tage beträgt, stellen die Betroffenen oft keinen Zusammenhang mehr zur Küchenhygiene her. Das Resultat: Laut Robert Koch-Institut haben sich Infektionen durch Campylobacter zur häufigsten meldepflichtigen Erkrankung gemausert; pro Jahr werden allein in Deutschland 60 000 bis 70 000 Fälle registriert.[208]

Auch Rohmilchprodukte geraten immer wieder in die Schlagzeilen. So riet das Internetportal »Lebensmittelwarnung« 2025 vom Verzehr französischen Käses ab, der mit Kolibakterien (die Durchfall und Schlimmeres verursachen können) verseucht war.[209] Kolibakterien sind uns in diesem Buch schon öfter begegnet – es sind Bewohner der Eingeweide, und Artgenossen der Rohmilchverderber sitzen auch im menschlichen Darm, wo sie sich allerdings als harmlose Begleiter unserer Verdauung zeigen. Die Knilche aus der Käsewarnung sind normalerweise ebenfalls friedlich – und zwar im Darm von Wiederkäuern. Dort scheiden sie Shigatoxine aus, Giftstoffe, die Kühen oder Ziegen nichts anhaben können. Doch wenn wir sie mit Rohmilchprodukten zu uns nehmen, kann im Darm die Hölle los sein.[210]

Auch hier ein kleiner Einschub zur Ehrenrettung der Bakterien: Sie hatten es ganz bestimmt nicht auf dem Schirm, aus dem Darm von Kühen, die in Massentierhaltung dahinvegetieren, in unser Essen zu gelangen. Bei unsauberen Melkvorgängen, in denen es zur Verschmutzung der Milch mit Darminhalt (sagen wir ruhig: Kotresten) kommt, landen sie schließlich im Käse und später im Mund. Auf der sicheren Seite ist man nur dann, wenn die Milch pasteurisiert, also erhitzt wurde, sodass alle blinden Passagiere vor dem Verzehr abgetötet wurden.

Nein, wir sind noch nicht fertig mit der Abteilung Bösewichte. Ein Kapitel lang werfen wir noch einen gemeinsamen Blick auf die alltäglichen Möglichkeiten für Bakterien, Mitfahrgelegenheiten zu nutzen, von der Toilette über Chipsschalen bis hin zu den Schuhsohlen. Falls Ihnen das zu viel wird, dann überspringen Sie ruhig einige Seiten.

Tauschbörse

Unfreiwillige Transplantationen von Bakterien gibt es zuhauf, etwa beim Händeschütteln. Eine andere Möglichkeit, sich eine Portion Keime einzufangen, sind die berühmten Schalen mit Nüssen oder Chips in Restaurants und Bars. Sie sind schon vor vielen Jahren in Verruf geraten, weil alle möglichen Personen im Laufe eines Abends dort hineingreifen. Und – man kennt es – bei dem Versuch, eine größere Portion aus der glatten Schale zu angeln, rutschen einige der Nüsse wieder aus der Hand zurück in den Behälter. Die bekommt dann der nächste Gast in die Finger: Guten Appetit!

Dass dieser Übertragungsweg von Durchfallerregern wie Kolibakterien kein Gerücht ist, konnten Studien belegen. So wurden 2018 in Siena, einer italienischen Stadt mit 60 000 Einwohnern, Proben aus zehn Cafés genommen, die eine Happy Hour anboten. Die aus Chips- und Nussschalen wurden zu Beginn und am Ende der Events auf Keime untersucht. Das Ergebnis war eine deutliche Zunahme von genau solchen Bakterien mit dem entsprechenden Anstieg der Wahrscheinlichkeit, Krankheitserreger unter den Gästen zu verbreiten. Der Rat der Forschenden: Die Gastronomie möge kleinere Portionen anbieten, weil dann das Risiko der Kontamination pro Gast deutlich sinkt.[211]

Ganz nebenbei würde ich mir den Griff in solch eine Gemeinschaftsschale noch aus einem anderen Grund verkneifen: Viele

Menschen waschen sich nach dem Gang auf eine öffentliche Toilette nicht die Hände, oder wenn, dann häufig nicht mit Seife. Das hat die London School of Hygiene & Tropical Medicine in einer aufwendigen Studie herausgearbeitet. Dazu ließ sie durch eine Kamera insgesamt 250 000 Personen nach dem Toilettengang automatisiert beobachten. Es waren vor allem Männer, von denen sich ein Drittel gar nicht die Hände wusch und ein weiteres Drittel nur mit Wasser. Bei Frauen war die Quote deutlich besser.[212] Kein Wunder, dass sich auf den Knabbereien Spuren von Urin verschiedenster Menschen wiederfinden.

Schauen wir doch mal gemeinsam, wo die meisten fremden Bakterien auf eine Mitfahrgelegenheit warten. Haben Sie einen Tipp? Ich hätte vor der Recherche auf öffentliche Toiletten gewettet, zum Beispiel auf Klobrillen. Doch echte Hotspots lauern andernorts, etwa in Fitnessstudios. Egal, ob auf dem Crosstrainer, dem Rad oder den Hanteln, überall warten kleine Reisende auf eine Mitnahmegelegenheit. Es ist ja nicht so, als würde an solchen Orten nicht auf Hygiene geachtet. In den meisten Studios gibt es spätestens seit der Coronapandemie genügend Desinfektionsmittel und Papiertücher zum Abwischen der Kontaktflächen nach dem Training. Doch trotz der an der Wand befestigten Ermahnungen, die Geräte nach Gebrauch zu reinigen, machen das offenbar viele Nutzerinnen und Nutzer nicht. Anders sind die unglaublichen Mengen an Keimen, die eine Untersuchung der Plattform »Fitrated« zutage förderte, nicht zu erklären. So tummelten sich an den Griffen der Geräte (27 Stück aus drei Studios) im Durchschnitt 197 686 Bakterien pro Quadratzentimeter. Von den vielen Arten waren laut Untersuchung über 70 Prozent potenziell krank machend und können zu Augen-, Ohren- und Atemwegsinfektionen führen. Demnach wäre es also besser, man würde die Vorschrift dahingehend ändern, dass die Griffe *vor* dem Training zu desinfizieren sind. Bei einer solchen Regelung wäre dann jeder selbst dafür zuständig, wie hygienisch das Training ablaufen soll. Zum Vergleich: Auf einem Mehrweg-Essenstablett fanden sich 39-mal weniger Bakterien, ein Wasserhahn spendete neben dem Wasser 74-mal weniger Bakterien, und auf einem Toilettensitz tummelten sich 399-mal weniger Bakterien (496 pro Quadratzentimeter).[213]

Wenn Bakterien reisen wollen, müssen sie aber nicht auf den Griffen von Fitnessgeräten auf eine Gelegenheit warten. Oft geht es viel schneller und direkter – nämlich mit einem einfachen Händeschütteln. Das ist vor allem für diejenigen Bakterien günstig, die in der Nase von erkälteten Menschen sitzen, wie etwa Streptokokken. Unter ihnen gibt es viele, die vorteilhaft für den Wirt sind und ihm helfen, gesund zu bleiben; andere dagegen sorgen zum Beispiel für eine deftige Angina. Letztere werden vom Körper bekämpft und müssen sich daher nach längerem Aufenthalt in einer erkrankten Person in einen neuen Wirt flüchten, dessen Immunsystem noch nicht in Alarmbereitschaft ist – ansonsten werden sie ausgelöscht.

Der Transfer gelingt in modernen Zeiten besonders gut mithilfe von Taschentüchern. Mit den praktischen (und hygienischen) Wegwerfläppchen geht es im ersten Schritt von der Nase auf die Hand – die Tücher suppen leider oft bis auf die Finger durch. Nun fehlt noch eine freundliche Person, der zur Begrüßung die Hand geschüttelt wird – zweiter Schritt erledigt. Allein bei dieser Transaktion wechseln bis zu 50 000 derartig krank machender Bakterien ihren Menschen.[214] Nun fehlt – Schritt drei – nur noch ein Griff ins Gesicht. Das machen wir bis zu 800-mal täglich; es gibt also mehr als genug Gelegenheiten für die Kleinen. Diese Berührungen, die unwillkürlich erfolgen, sollten Sie sich aber nicht abtrainieren, denn sie haben einen Sinn: Wenn man sich ins Gesicht fasst, kann man sich besser konzentrieren, etwa auf Gespräche oder Vorträge. Geht die Hand zum Beispiel ans Kinn, harmonisieren sich die Gehirnströme und sorgen dafür, dass wir uns nicht so leicht von Geräuschen oder anderen Störungen ablenken lassen.[215]

Daher ist es sinnvoller, in der Erkältungssaison nach intensiven Begrüßungen die Hände kurz zu desinfizieren, als zu versuchen, die Finger vom Gesicht fernzuhalten.

Es wäre schön, wenn so manche Küchenbedienstete in sonnigen Urlaubsländern diesen Rat ebenfalls beherzigen würde. Denn ein besonderer Fall von unfreiwilligen Tauschgeschäften, bei denen das eine Rolle spielt, ist Montezumas Rache. Mit diesem martialischen Begriff wird Reisedurchfall bezeichnet, von dem viele Menschen im Urlaub betroffen sind. Zwischen 20 und 56 Prozent aller international Reisenden werden derart unangenehm an den Urlaubsfreuden gehindert.[216] Neben Viren sind es vor allem örtliche Bakterien, die Touristinnen und Touristen ungefragt begrüßen. Im Gegensatz zu den Einheimischen, die sich von Kindesbeinen an zum Beispiel mit ansässigen Kolibakterien herumschlagen mussten und eine gewisse Resistenz entwickelt haben, treffen die Wichte mit den Urlaubern auf wenig vorbereitete Opfer. Die Keime leben normalerweise im Darm von Vögeln, Säugetieren, aber auch von Menschen und werden bei unhygienischer Zubereitung von Speisen und Getränken an die Gäste weitergereicht. Im Darm produzieren die Bakterien quasi als Abfall Gifte, die für sehr dünnflüssigen Stuhlgang sorgen.

Eine weitere Quelle unerwünschter Freisetzung von Mikroorganismen sind Toiletten. Moment. Hatte ich nicht gerade ausgeführt, dass die Sitze des stillen Örtchens nicht besonders stark kontaminiert sind? Richtig, doch um die Klobrillen geht es auch gar nicht. Die sprudelnde Quelle für Bakterien ist in diesem Fall wörtlich zu nehmen. Jedes Mal, wenn die Spülung betätigt wird, verwirbelt sich auch Luft in den tosenden Wassern und führt wie bei den Niagarafällen (nur in klein) zu Sprühnebel. Im Unterschied zu echten Wasserfällen wird hier allerdings eine Brühe durcheinandergewirbelt, die Milliarden von Lebewesen enthält, die nun mit den platzenden Luftblasen auf die Reise geschickt werden. Noch vier bis sechs Stunden nach dem Abspülen können Mikroben in den Tröpfchen durchs Badezimmer schweben, darunter auch solche, die Durchfall hervorrufen.

Bevor Sie nun Angst vor der Toilette bekommen, lassen wir die Wissenschaft noch einmal zu Wort kommen. Aufwendige Untersuchungen belegen, dass es entscheidend auf den Deckel ankommt. Ist er während des Spülens geöffnet, werden nicht nur größere Tropfen herausgeschleudert, sondern auch zwölfmal mehr Bakterien als bei geschlossenem Deckel. Die Lösung ist also einfach: Deckel zu! Dabei gilt es zu beachten, dass dann Deckel und Brille von der Unterseite stark kontaminiert werden und deshalb öfter gereinigt werden sollten.[217] Einen Wermutstropfen gibt es allerdings doch: öffentliche Toiletten, zum Beispiel in Autobahnraststätten. Hier sind grundsätzlich keine Deckel vorhanden, und bei der Frequenz der Nutzung ist hier tatsächlich von einem deutlich erhöhten Infektionsrisiko für Magen-Darm-Erkrankungen auszugehen. Und ja, es lohnt sich, die Türen mit dem Ellenbogen aufzustoßen: Auch auf den Griffen lauern Heerscharen von reiselustigen Einzellern.

Verlassen wir den öffentlichen Raum und schauen uns zu Hause um. Bei uns auf dem Land ist es üblich, die Schuhe auszuziehen, wenn man von draußen kommt. Bei unserem Forsthaus kommt hinzu, dass die Einfahrt ein Erdweg ist, der bei Regen für allerlei Mitbringsel unter den Schuhsohlen sorgt. Bei städtischen Besucherinnen und Besuchern flackert manchmal ein leichtes Unverständnis auf, wenn meine Frau oder ich höflich um das Ausziehen bitten. Dabei sitzen Stadtmenschen im selben Boot wie wir. Es ist nicht nur der Hundekot, der sich spazieren tragen lässt, sondern auch die kleinen Einzeller. Es gibt Studien, die die Verbreitung von Fäkalbakterien durch Schuhsohlen untersuchen (und ich sage es gleich: Ihre Neigung, Straßenschuhe in Innenräumen auszuziehen, wird nach der Lektüre der folgenden Zeilen gerade im städtischen Bereich zunehmen).

Solch eine Studie wurde in New York gemacht. Dazu untersuchte ein Team die Straßen der Stadt und hatte schnell Ergebnisse: Pro 100 Milliliter Regenwasser, welches sich auf den Gehwegen sammelte, wurden durchschnittlich 31 000 Enterokokken (die auch im Darm wohnen) nachgewiesen. Sie werden zumindest teilweise von Schuhsohlen weiterbefördert und natürlich auch unwissentlich wieder abgeladen. Im Eingangsbereich war die Konzentration größer als in weiter entfernten Innenräumen, zudem gab es eine stärkere Häufung der Funde auf Teppichböden im Vergleich zu harten Oberflächen (die sich besser reinigen lassen). Die Autorinnen und Autoren der Studie betonen, dass dieser Transportweg von Fäkalkeimen eine beachtliche Möglichkeit für den Kontakt mit Krankheitserregern bietet.[218]

New York ist weit weg, und hier ist alles anders? Wie wäre es dann mit Wien? Dort nahmen Forschende die Schuhsohlen von Menschen unter die Lupe, die einen Weihnachtsmarkt besuchten. Auf solchen Märkten gibt es ja auch Toiletten, und diesmal standen Bakterien im Fadenkreuz, die Lebensmittel verunreinigen und Durchfälle hervorrufen können. Das Team wurde fündig, besonders bei solchen Schuhen, die ein tiefes Profil haben. Und die Moral von der Geschicht: Wenn die Schuhe im Haus unbedingt anbleiben sollen, dann empfehle ich solche mit glatten Sohlen.[219]

Jede Stadt, jeder Ort hat eine individuelle Zusammensetzung verschiedenster Bakterienarten. Sobald Sie dort hindurchspazieren, haben Sie zumindest eine Zeit lang den bakteriellen Fingerabdruck des letzten besuchten Ortes an den Schuhsohlen. Dieser Abdruck lässt sich so eindeutig mit den Städten, in denen Sie waren, in Verbindung bringen, dass Forschende empfehlen, solche Untersuchungen für die Lösung von Kriminalfällen einzusetzen.[220]

Nach all den doch ein wenig ekelhaften Fällen von Bakterienübertragungen sollten wir uns den angenehmen Austauschmöglichkeiten zuwenden. Wie wäre es zum Beispiel mit Küssen? Je nach Intensität werden dabei Körperflüssigkeiten ausgetauscht, und darin schwimmen wie üblich auch unsere Hauptdarsteller. Bei einem zehnsekündigen intensiven Kuss wechseln 80 Millionen Bakterien die Seite. Da wundert es nicht, dass Paare eine ähnlichere Zusammensetzung der Mikroorganismen im Mund haben als einander unbekannte Menschen. Die Ähnlichkeit der Bakterien im Speichel korreliert mit der Kusshäufigkeit, die auf der Zunge dagegen nicht. Ihre Ähnlichkeit wird von den Wissenschaftlerinnen und Wissenschaftlern nicht nur auf Intimitäten, sondern auch auf den gemeinsamen Lebensstil, wie etwa zusammen eingenommene Mahlzeiten, zurückgeführt.[221]

Eine wesentliche Bakterienübertragung ganz anderer Art findet bei der Geburt von uns Menschen statt. Während das Baby durch den Geburtskanal gepresst wird, bekommt es etliche Arten von Hautbakterien mit auf den Weg. Diese besiedeln rasch die Körperoberfläche des kleinen Erdenbürgers. Das ist wichtig, damit kurze Zeit später an der frischen Luft nicht gefährliche Keime freies Terrain besetzen können. Bei Babys, die durch Kaiserschnitt zur Welt kommen, müsste die Haut demnach andere Gäste aufweisen, und tatsächlich: Auf ihr befinden sich in diesem Fall Spezies wie Staphylokokken oder Propionibakterien, die von den Händen der Geburtshelferinnen und -helfer übertragen wurden. Künftig wäre zu überlegen, ob man Kaiserschnittbabys nicht anschließend sofort mit einer entsprechenden Lösung einpinselt, ähnlich einer Stuhltransplantation für den Darm.[222]

Der ständige Austausch von Bakterien, den wir gar nicht verhindern können, müsste langfristig dafür sorgen, dass wir eine wilde Mischung an Bord haben und uns damit sowohl körperlich als auch geistig verändern. Das wissen Bakterien schon allein aufgrund ihrer Revierkämpfe zu verhindern (die kleinen Eiweißpfeile lassen grüßen). Ein weiterer Grund könnte auch unser Nervensystem sein. Es deutet einiges darauf hin, dass es die Besiedelung der verschiedenen Stellen im Körper mit passenden Bakterien steuert, indem es sie hier fördert oder da durch den Ausstoß von Abwehrstoffen behindert. Einen solchen Zusammenhang konnten Forschende der Universität Kiel anhand von Süßwasserpolypen feststellen. Nun sind diese Polypen, winzige primitive Nesseltiere mit Fangärmchen, nicht direkt mit dem Menschen zu vergleichen. In Bezug auf die Abläufe im Nervensystem gibt es allerdings so viele Ähnlichkeiten, dass die Ergebnisse generell auf die Funktionsweisen von Nerven übertragbar sind.[223] So ist vielleicht zu erklären, wieso unsere Hände hartnäckig eigene Ökosysteme bleiben wollen.

Linke Hand, rechte Hand

Unser Körper ist für Bakterien wie ein eigener Planet. Genauso wie es auf der Erde Regenwälder, Ozeane, ewiges Eis, Wüsten oder Savannen gibt, so unterscheidet sich jeder Winkel des Menschen für die kleinen Siedler von den anderen. Ob die Haut hinter den Ohren, in der Ellenbeuge oder zwischen den Zehen, überall herrschen andere Bedingungen im Zusammenspiel zwischen Temperatur, Feuchtigkeit und möglicher Nahrung für die Zwerge. Was da alles kreucht und fleucht, ist noch lange nicht abschließend erforscht. Über deren Anzahl weiß man schon ein bisschen mehr. Wie viele Bakterien in einem Haut-Ökosystem leben können, hängt offenbar maßgeblich von der Feuchtigkeit ab. Und wo ist es besonders feucht? Zum Beispiel unter den Armen oder zwischen den Zehen. Dort tummeln sich rund zehn Millionen Exemplare pro Quadratzentimeter. In trockenen Biotopen wie etwa am Unterarm sind es dagegen nur um 100 auf der gleichen Fläche.[224]

Was nach einem vielfältigen Ökosystem klingt, ist zumindest beim modernen Menschen nur noch ein Abglanz dessen, was sich einst auf unseren Körpern tummelte. Das offenbarte eine Studie an Yanomami, einem Volk, welches fast isoliert von der westlichen Zivilisation in den brasilianischen Regenwäldern lebt und erst seit den 1960er-Jahren regelmäßig kontaktiert wird. Bei der Untersuchung auf Bakterien erlebten die Forschenden eine Überraschung: Im Vergleich zu den Ureinwohnern hat der moderne Mensch offenbar schon 40 Prozent seiner Arten verloren. Und während bei den Regenwaldbewohnern alle Bakterienspezies schön ausgewogen vorkamen, dominieren bei Bewohnern westlicher Industriestaaten wenige Arten. Das zeigt, wie sehr die Lebensweise, allen voran Ernährung und Hygiene, unser Mikrobiom schon verändert hat.[225]

Das macht mich nachdenklich: Wenn uns Bakterien mindestens zu einem Teil steuern, unsere Stimmungen gestalten und unser Denken beeinflussen, dann sollte sich eine veränderte Zusammensetzung der winzigen Drahtzieher auch in einem geänderten Verhalten niederschlagen. Das kann zumindest derzeit niemand beweisen, zumal es in unserem Kulturraum keine Person mehr gibt, in deren Körper die originale Stammmannschaft ihren Dienst verrichtet.

Für einige Körperteile weiß die Wissenschaft aber schon, was sich durch unser zivilisiertes Leben verändert. Ein solches Beispiel sind die Handinnenflächen. Diese werden offenbar von anderen Bakterien besiedelt als die Außenflächen, was vielleicht daran liegt, dass hier ein besonders rauer Wind weht. Ständig wird den Bewohnern mit Seife nach dem Leben getrachtet, andauernd müssen sie sich mit Fremden auseinandersetzen. Denken Sie etwa an das Händeschütteln – das bedeutet Stress ohne Ende, wenn man als Winzling sein Revier verteidigen will. Doch Moment: Wozu verteidigen, wenn nur Handinnenflächen-Bakterien ausgetauscht werden? Gleich und gleich gesellt sich gerne – nach dieser Maxime wäre es egal, ob man als Angehöriger einer solchen Spezies vorher bei Frau Müller und nach dem Handschlag dann bei Herrn Meier weiterlebte – Hauptsache, es ist derselbe Typ von Ökosystem.

Das ist aber nicht der Fall, wie Forschende von der University of Colorado feststellten. Dazu nahmen sie Proben der Handinnenfläche von 51 jungen, gesunden Freiwilligen. Das Ergebnis: Insgesamt konnte das Team 4762 verschiedene Bakterienarten ermitteln. Jede Testperson hatte im Durchschnitt 158 Spezies an ihren Händen. Das überraschte die Wissenschaftlerinnen und Wissenschaftler, galt doch die menschliche Haut bisher als deutlich weniger artenreich. Dabei ist linke Handinnenfläche nicht gleich rechter Handinnenfläche. Beide Seiten unterschieden sich bei den Probanden um 87 Prozent. Das ist umso verwunderlicher, als man sich ja spätestens beim Händewaschen die Hände reibt und dabei eine Vermischung stattfinden sollte. Offenbar pendelt sich das Ökosystem jeder Hand danach wieder in sein ursprüngliches Gleichgewicht ein.[226]

Das heißt natürlich nicht, dass *gar keine* Bakterien die Seiten wechseln, vor allem beim Handschlag mit Fremden: Der gilt als klassischer Übertragungsweg für Keime – denken Sie an die Coronapandemie (durch Viren ausgelöst) und die Millionen Liter an Desinfektionsmitteln, die in Spendern an den Türen von Supermärkten und Restaurants auf die Kundschaft warteten (und es teils heute noch tun).

Wie viele fremde krank machende Bakterien beim Händeschütteln den Menschen wechseln, untersuchte die Johns Hopkins University in Baltimore. Der Ort der Probenentnahme: Abschlussfeiern an Grundschulen und weiterführenden Schulen. Die Versuchspersonen: Schulbeamte, deren Hände vor und nach dem Schütteln beprobt wurden. Nach 5209 geschüttelten Händen stand fest: Das Risiko, sich einen bakteriellen Krankheitserreger einzufangen, ist äußerst gering. Pro Handschlag werden im Durchschnitt nur 0,019 Erreger übertragen, also praktisch nichts.[227] Ich muss gestehen, dass ich das komplett falsch eingeschätzt habe. Doch selbst wenn das Risiko geringer ist als vermutet, sind auch geringe Übertragungsraten ein gutes Argument dafür, sich wenigstens ab und zu die Hände zu waschen. Und das wirkt sich unmittelbar danach auf die Bakterienzusammensetzung aus, selbst wenn sie sich später wieder einpendelt. Die Bakterien der Handinnenflächen gehören vielfach seltenen Arten an. Das könnte, so das Team aus Colorado, auch daran liegen, dass sie einer Gruppe zuzuordnen sind, die dieses Areal nur vorübergehend besiedelt. Eine Ursache könnte das Händewaschen sein, denn wenn die Kleinen ständig dezimiert werden, gibt es andersherum auch ständig Neuland, das von Kurzzeitsiedlern in Besitz genommen werden kann.

In diesem Zusammenhang ist noch zu erwähnen, dass Frauen eine größere Artenvielfalt an den Händen beherbergen als Männer. Neben unterschiedlich saurer Haut (Männer sind saurer) könnte das auch auf die geschlechtsspezifische Frequenz des Händewaschens zurückzuführen sein. Frauen machen das im Durchschnitt häufiger als Männer, und dies fördert möglicherweise die Artenvielfalt.[228]

Nun ist Seife prinzipiell nichts Natürliches, sondern ein künstliches Reinigungsprodukt. Ihr Gebrauch hat sicher viele Menschenleben gerettet, doch wie passen sich die Bakterien an diese Art ihrer Bekämpfung an? Gewiss, in Bezug auf Veränderungen sind die Kleinen sehr schnell, und Seife gibt es schon seit fast 5000 Jahren.[229] Doch war sie damals nur wenigen Menschen vorbehalten. Den Siegeszug trat das schäumende Mittel erst nach dem Ersten Weltkrieg an und erreichte dann auch weniger wohlhabende Bevölkerungsschichten.[230] Seit dieser Zeit müssen sich die Handinnenflächen-Bewohner mit dem Stoff arrangieren – und das mehrmals täglich. Schauen wir uns doch einmal an, wie sie sich auf dieses Ritual eingestellt haben.

Die Sache mit der Seife

Wenn Bakterien ein Bewusstsein haben und uns sogar manipulieren, warum waschen wir uns dann die Hände mit Desinfektionsmitteln wie Seife? Damit schaden sie sich ja letztendlich selbst, weil nicht nur unerwünschte Keime mit dem Schaum in den Abfluss gespült werden, sondern auch die körpereigenen Bewohner der Handinnenflächen. Entweder haben die Knilche dabei nichts mitzureden, oder sie hatten evolutionär gesehen einfach noch nicht genug Zeit, sich auf derartige Chemie einzustellen. Es könnte natürlich auch sein, dass es den Darmbakterien, die unsere Gedanken zumindest teilweise steuern, herzlich egal ist, was den Kollegen an den Handflächen widerfährt.

Doch selbst wenn die Handbakterien auf sich allein gestellt sind, müssen sie nicht wehrlos sein. Denn die 100 Jahre, die Seife in Gebrauch ist, sind für Bakterien eine ausreichend lange Zeit, um zu reagieren. Bevor wir uns anschauen, wie sie das machen, werfen wir einen Blick in die Seifenspender. Sie sind nirgendwo mehr wegzudenken. Sei es auf öffentlichen Toiletten, in der Gastronomie oder in den allermeisten Haushalten, überall wird gepumpt und geseift. Die praktischen Nachfüllbehälter müssten eigentlich die Hölle für unsere kleinen Freunde (und Feinde) sein, denn länger und konzentrierter müssen sie sich nirgendwo mit dem glitschigen Gel auseinandersetzen. Das machen sie, und offenbar recht erfolgreich. Um zu schauen, ob und wie eine Besiedelung von Seifenspendern stattfindet, untersuchte ein Team der Hochschule Rhein-Waal aus Kleve 104 Exemplare, die in ganz Deutschland eingesammelt wurden. Das Ergebnis: Über 70 Prozent der nachfüllbaren Objekte enthielten Bakterien der verschiedensten Arten, am häufigsten *Pluralibacter gergoviae*. Diese Art ist bei Kosmetikartikelherstellern gefürchtet, denn wenn es in Duschgels, Seifen und anderen Produkten auftaucht, löst es mitunter schwere Infektionen bei Anwendern aus. Das Bakterium tritt zum Beispiel über offene Wunden ein und kann vor allem geschwächte Menschen gefährden.[231] Begleitet wurden diese Erreger von weiteren problematischen Kollegen der Gattung Pseudomonas, wie etwa solchen, die die gefürchteten Krankenhausinfektionen verursachen.

Doch wie kommen die Bakterien in die Seife? Ganz einfach: durch die Auslassöffnung der Spender. Wenn der Pumpenkopf nach unten gedrückt wird, kommt Seife heraus. Anschließend geht er wieder hoch, und dabei wird Luft mit Seifenflüssigkeit wieder zurückgesaugt – so gleicht sich der Druck im Inneren der Flasche wieder aus. Und mit dem Einsaugen gelangen auch die unerwünschten Lebewesen in den Behälter. Unter ihnen sind im Übrigen nicht nur Bakterien, sondern auch Hefen und Schimmelpilze, die ebenfalls krank machen können und zunehmend resistent werden.

Und nun? Sollen wir uns in Hotels (und auch zu Hause) nicht mehr die Hände waschen? Auf keinen Fall! Es ist schon sinnvoll, unerwünschte Bakterien und andere Keime loszuwerden. Unsere körpereigenen Bakterien kommen ja gut damit zurecht und sind nach kurzer Zeit wieder im Lot, wie wir schon erfahren haben. Selbst wenn wir uns mit der Seife ein paar problematische Arten einfangen, können die Vorteile trotzdem überwiegen. Ein solcher Vorteil ist die Vermeidung von Durchfallerkrankungen. In Ländern mit geringem Hygienestandard sterben jährlich 1,8 Millionen Kinder an solchen Infektionen. Mit regelmäßigem Seifengebrauch ließe sich die Erkrankungsrate um 30 Prozent senken, und selbst in Industriestaaten reduziert das Händewaschen immer noch den Ausbruch von Durchfallerkrankungen, etwa in Kindergärten und Schulen, um dieselbe Rate.[232]

Was können Sie machen, um die Seifenspender zu entschärfen? Da wäre zum einen der Pumpenkopf: Der ist nämlich laut Studie das Hauptproblem. Kann sich in ihm keine Flüssigkeit ansammeln oder fehlt er ganz (es gibt Spender ohne Pumpenkopf, zum Beispiel solche, die mit der Öffnung nach unten hängen), reduziert sich die Keimzahl schon einmal deutlich. Zum Zweiten sollten Sie unverdünnte Seifenlösung einfüllen – so können sich eingedrungene Bakterien praktisch nicht vermehren. Die dritte Möglichkeit wären nicht nachfüllbare Systeme, die ich aber aus ökologischen Gründen nicht empfehlen würde. Wenn Sie nachfüllen, dann reinigen Sie den Pumpenkopf und das Gewinde und tauschen Sie dieses Bauteil von Zeit zu Zeit ganz aus.[233]

Bevor wir die heimatlichen Badezimmer und Küchen verlassen, lassen Sie uns noch einen Blick auf Stückseifen werfen. Ich persönlich mag sie lieber, weil dabei viel weniger Seife verschwendet wird. Zudem sehen gerade die handgemachten Produkte wunderschön aus und passen auch optisch viel besser zu unserem Forsthaus-Badezimmer im Vintage-Design. Doch meine Frau sieht das anders und hat sich durchgesetzt – auf dem Waschbecken im Stil der 1920er-Jahre steht ein schnöder Plastikspender. Seit ich für dieses Buch recherchiere, muss ich ihr recht geben. Denn Stückseife ist für Bakterien viel heimeliger als Flüssigseife. Hier wird ihre Truppe ständig durch reibende Hände verstärkt, vermischt mit Hautresten und anderem, von dem man sich prima ernähren kann. Dazu gibt es immer wieder Wasser, und es wundert nicht, dass sich die Einzeller hier wohler fühlen als in der Flüssigseife. Paradoxerweise finden sich bestimmte Krankheitskeime nur in Seifen, die mit zusätzlichen antibakteriellen Wirkstoffen versehen wurden.[234]

Doch wie passen sich die Bakterien an die für sie eigentlich tödlichen Mittel an? Dazu hat sich die Forschung die Verursacher der berüchtigten Krankenhausinfektionen angesehen. Es ist unglaublich, wie die Wichte alles austricksen, was ihnen nach dem Leben trachtet. So nehmen sie die Antibiotika, die eigentlich sofort töten sollten, auf und bauen sie in unschädliche Substanzen um. Sollten die chemischen Attacken zu heftig werden, oder gehen gar die Fresszellen der körpereigenen Abwehr auf sie los, dann basteln sie eine Schleimschicht um sich herum und verstecken sich darin so lange, bis die Gefahr vorüber ist. Diese Schleimschicht produzieren die Bakterien als Gemeinschaft und sprechen sich dazu sogar ab. Wie sie das genau machen, wird aktuell noch erforscht.[235]

In Krankenhäusern ist der Wettlauf zwischen Bakterien und immer neuen Desinfektionsmitteln einer auf Leben und Tod. Multiresistente Keime können sich nicht nur erfolgreich gegen Antibiotika wehren, sondern auch gegen das putzende Personal, das vergeblich versucht, alle Oberflächen wie etwa die Böden keimfrei zu machen.

Vielleicht sollten wir endlich generell die Strategie wechseln und nicht das Leben an uns und um uns herum mit dem Dampfhammer bekämpfen. Wie wäre es, wenn wir stattdessen freundliche Bakterien dazu ermuntern, die unfreundlichen zu vertreiben? Schließlich gibt es solche Revierkämpfe ja tagtäglich auf und in unserem Körper – ansonsten könnte die individuell typische Zusammensetzung der Arten nicht lange Bestand haben. Könnte man also nicht eine Wischlösung zum Beispiel für Krankenhäuser herstellen, in der freundliche Bakterien statt Seife schwimmen? Man kann! Das deutet eine Studie an, die in der Berliner Charité durchgeführt wurde. Dort wurden Krankenzimmer mit verschiedenen Lösungen gereinigt. Lösung eins bestand aus Desinfektionsmittel, Lösung zwei war ein übliches Reinigungsmittel, und in Lösung Nummer drei tummelten sich friedliche Bakterien. Das Ergebnis: Bei allen drei Verfahren reduzierten sich die »bösen« Keime, waren aber immer noch nachweisbar. Auch das prozentuale Verhältnis der verschiedenen unerwünschten Bakterienarten blieb gleich. Allerdings ging die absolute Zahl der Keime bei Lösung Nummer drei zurück, während sich die friedlichen Bakterien stärker ausbreiteten. Besonders deutlich war der Effekt in Waschbecken.[236]

Apropos waschen: Dass es unserer Haut (und damit unseren nützlichen Bakterien) nicht guttut, zu oft mit Seife traktiert zu werden, zählt schon zum Allgemeinwissen. Die Hände haben wir thematisch abgearbeitet, aber was ist mit den übrigen zwei Quadratmetern Haut?

Wachhunde auf der Haut

Der menschliche Körper beginnt mit der Haut. Sie ist die äußere Hülle, die unser Inneres gegen Angriffe von Keimen, aber auch gegen Austrocknung abschirmt. Zudem hilft sie dabei, die Körpertemperatur konstant zu halten. Ein Durchschnittsmensch ist mit zwei Quadratmetern Haut bedeckt; nimmt man all die Ein- und Ausbuchtungen mit dazu, wie etwa Haarfollikel oder Schweißdrüsen, so sind es sogar 25 Quadratmeter.[237]

Doch unser Äußeres fängt noch ein paar Zellschichten früher an, denn streng genommen gehören auch die Bakterien dazu, die die erste Verteidigungslinie bilden. Während die Besiedelung des Darms mittlerweile recht gut erforscht ist und dabei etliche Überraschungen zutage getreten sind, lag das Mikrobiom der Haut lange Zeit im wissenschaftlichen Schatten. Das änderte sich im letzten Jahrzehnt, und – oh Wunder – auch hier stoßen Forschende auf Zusammenhänge, die unser tägliches Leben (Hygiene), aber auch die Medizin revolutionieren könnten.

Das Leben von Bakterien auf der Haut ist spartanisch, denn auf der Oberfläche ist es (von ein paar Hautfalten abgesehen) vergleichsweise trocken und nährstoffarm. Man könnte sie mit Wüstenbewohnern vergleichen, die sehr sorgsam mit ihren Ressourcen umgehen müssen. Deshalb mögen es die Einzeller gar nicht, wenn sich hier Konkurrenz von außerhalb ausbreiten und ihnen die Nahrung streitig machen möchte. Zur Abwehr produzieren sie eine ganze Reihe von Substanzen, die sogar gegen antibiotikaresistente Keime wirken.[238]

Das war aber noch nicht alles: Wenn ihre kleine Welt, also der Hautabschnitt, auf dem sie leben, zerstört wird (etwa durch eine Wunde), dann helfen sie dabei, sie so schnell wie möglich wieder aufzubauen. Das wurde durch Versuche mit Mäusen belegt, dann aber auch an menschlichen Probanden getestet. Verletzte Haut heilte deutlich schlechter, wenn die ortsansässigen Bakterien mittels Antibiotika abgetötet wurden. Man sollte also darüber nachdenken, Hautwunden nicht mehr routinemäßig mit solchen Medikamenten zu desinfizieren, weil man damit diejenigen beseitigt, die es besser können.[239]

Wenn unsere kleinen Helfer ungestört arbeiten, dann kommunizieren sie fleißig mit den Hautzellen. Dort aktivieren sie das Immunsystem und sorgen damit dafür, dass die Reparatur schneller abläuft. Selbst krank machende Keime behindern sie kaum, sondern spornen die Bakterien sogar noch an, sich mit ihrer Arbeit zu beeilen.[240] Gerät die kleine Gemeinschaft aus der Balance, kann sich das durch allerlei unangenehme Hautveränderungen bemerkbar machen. Darunter sind leichte Abweichungen wie trockene, irritierte oder empfindliche Haut, aber auch schwerere wie Akne, Ekzeme oder Allergien.

Sauer macht lustig – das gilt zumindest für die eigenen Hautbakterien. Viele feindliche Arten mögen das gar nicht, und deswegen bauen wir einen Säureschutzmantel auf. Schweiß- und Talgdrüsen sondern einen fettigen Film ab, der unter anderem Milchsäure enthält. Doch nicht nur die Drüsen – auch die eigene Bakterienmannschaft hilft fleißig mit, senkt den pH-Wert und reichert den Film mit zusätzlichen Abwehrstoffen an. Zu häufiges Waschen, gar mit Seife, bringt diese Gemeinschaft durcheinander. Shampoo und Co. trocknen die Haut aus, schwächen also den Film und machen unseren heimlichen Helfern das Leben schwer. Zudem wird der pH-Wert angehoben: Statt sauer wird es nun basisch. Während sich die eigenen Einzeller stundenlang mühen, ihr Gleichgewicht wiederzufinden, können Angreifer leichter zum Zuge kommen.

Nun könnte man versuchen, durch bestimmte Pflegeprodukte ein wenig unterstützend einzugreifen. Das ist aber gar nicht so einfach, weil sich die Haut überall am Körper erheblich unterscheidet. Selbst im Gesicht gibt es eine ganze Reihe von verschiedenen Mini-Ökosystemen. Und das betrifft nicht nur die Haut – die Bakteriengemeinschaften, die darauf leben, sind in jedem Winkel ganz unterschiedlich zusammengesetzt (wie etwa auf der Oberfläche der Augen).[241] Die bessere Alternative lautet also: nicht jeden Tag duschen und nicht zu viel Seife benutzen.

Doch die dermatologischen Wachhunde werden schon am frühen Morgen mit weiteren Stoffen traktiert. Ich mache da keine Ausnahme: Nach der Gesichtswäsche und Rasur trage ich eine Creme auf, weil ich ziemlich trockene Haut habe und sie sonst nach dem Waschen spannt. Die Rasurflächen rund um den Dreitagebart pflege ich mit Aftershave, welches vor allem Alkohol enthält, um die winzigen Schnittflächen zu desinfizieren. Im Sommerhalbjahr kommt noch Sonnencreme mit Schutzfaktor 50 hinzu und nach dem Waschen oder Duschen (nicht täglich) natürlich Deo unter den Armen. So startet der Tag für mich frisch und für die Bakterien katastrophal.

Noch ist nicht tiefgründig erforscht, was diese Behandlungen im Detail mit unserem Hautökosystem anrichten. Bekannt ist, dass sich Moleküle von Pflegeprodukten noch Wochen nach der Anwendung trotz Waschens auf der Haut nachweisen lassen. Deo etwa verändert auch die Artenzusammensetzung der Mikroben dauerhaft. Leider weiß man bis heute nicht, welche Konsequenzen das hat. Eines darf jedoch als sicher gelten: Bisher wussten die Wichte ganz gut, wie sie sich (und damit uns) am besten schützen. Daher wählt die Kosmetikindustrie zunehmend andere Ansätze:

Man könnte doch nach der Dusche abgewaschene Bakterien per Lotion wieder auftragen! Insbesondere die Art *Staphylococcus epidermidis* gilt als wichtig und könnte als Zusatz in Cremes Gutes bewirken.[242]

Doch so einfach lassen sich Bakterien nicht in Gut und Böse einteilen, selbst spezielle Arten nicht, weil die Winzlinge so wandelbar sind und ständig neue genetische Informationen aufschnappen. Die eben noch als Option für die Kosmetikindustrie genannten hilfreichen Staphylokokken können sich dadurch unter bestimmten Umständen in aggressive Monster verwandeln. Sie treten in Krankenhäusern als antibiotikaresistente Keime auf und infizieren frisch operierte Herzklappen, Katheter oder künstliche Gelenke. Bei der Wandlung von Dr. Jekyll in Mr. Hyde helfen Viren, die Genmaterial aus Krankheitserregern in die harmlosen Hautbewohner transportieren. Diese können nun schlechter auf ihrem angestammten Ökosystem wachsen und dringen stattdessen ins Gewebe und die Blutbahn ein.[243]

Auch ohne das Traktieren mit Kosmetika warten täglich Probleme auf die Mikroben, denn es grenzt an ein Wunder, dass sich derart kleine Lebewesen überhaupt auf der Haut halten können. Schließlich reibt ständig Kleidung darauf herum, streifen wir mit Armen oder Beinen gegen andere Personen oder Gegenstände, umwirbelt uns Luft und vieles mehr. Wie gelingt es den Bakterien, sich an uns festzuhalten? Da wäre zunächst die elektrostatische Anziehungskraft. Die kennen Sie möglicherweise von Luftballons: Wenn man sie an Kunststoffkleidung reibt und dann an die Haare hält, stehen diese Richtung Ballon ab, werden also von ihm angezogen. Das reicht den Bakterien aber nicht; sicherheitshalber produzieren sie noch Proteine, mit deren Hilfe sie sich so fest verankern, dass sie den meisten Störungen standhalten.

Selbst bei der Entstehung von Hautkrebs können bakterielle Ungleichgewichte eine Rolle spielen. Einer der Bösewichte ist die

Art *Staphylococcus aureus* – das sind die Bakterien, die unseren guten die Monstereigenschaften per Virentransport weitergeben. Bis zu einem Drittel aller Menschen hat sie als blinde Passagiere auf der Haut oder in der Nase, ohne dass sie Probleme bereiten. Ist die Haut allerdings durch zu häufige Sonnenbäder vorgeschädigt, können diese Bakterien plötzlich zum Problem werden, wie eine Studie ergab. Sie siedeln sich in hohen Stückzahlen in verändertem Gewebe an und beginnen, den Zellen ins Handwerk zu pfuschen und deren Reparaturmechanismus zu unterdrücken.

Es ist völlig normal, dass einmal etwas aus dem Ruder läuft. Bevor DNA-Schäden zu Problemen führen, werden sie im Normalfall noch innerhalb der Zelle in Ordnung gebracht. Gelingt das nicht, wird als zweite Instanz das Immunsystem tätig, schnappt sich das gesamte Gebilde und beseitigt es, bevor es Schaden anrichten kann. In Hautzellen funkt dann laut Studie möglicherweise *Staphylococcus aureus* dazwischen, indem es freie Radikale (aggressive Sauerstoffverbindungen) begünstigt und dadurch die Entstehung von Hautkrebs anheizt.[244] Warum? Das weiß die Wissenschaft noch nicht, ist doch insgesamt das Ökosystem Haut noch ein relativ junges Forschungsgebiet. Letztendlich gelten hier aber wohl dieselben Regeln der Natur wie in der Serengeti oder dem Yellowstone-Nationalpark: Auch dort gibt es Jäger und Gejagte, existiert eine Art Gleichgewicht, welches auf Störungen reagiert und danach versucht, sich wieder einzupendeln.

Zum Glück können wir etliche Störungen unserer körpereigenen Minisysteme vermeiden, wenn wir unsere bakteriellen Wachhunde, die unsere Haut beschützen, endlich ernst nehmen. Und das bedeutet zum Beispiel: Nach jedem Seifeneinsatz ausreichend Zeit zur Regeneration lassen und auf Funktionskleidung verzichten, die großflächig eingearbeitete Biozide (gegen Schweißgeruch) aufweist und damit ein Dauerfeuer auf die kleinen Mitarbeitenden abgibt.

Wo Licht ist, ist auch Schatten. Lassen Sie uns im nächsten Kapitel einmal ganz tief in den Schatten eintauchen, also in das Reich derjenigen Bakterienarten, die nicht zu uns gehören und nicht zufällig Schaden anrichten, wenn sie sich verirren, sondern sich einfach scham- und rücksichtslos an unserem Körper bedienen wollen.

Die dunkle Seite der Macht

Bakterien sind nicht nur redlich, genauso wenig wie alle Pflanzen, Tiere oder Pilze. Immer gibt es welche, die sich an den Ressourcen anderer bedienen wollen, und so verwundert es nicht, dass auch aus der Gruppe unserer heimlichen Helden jede Menge Arten kommen, die räuberisch unterwegs sind und gezielt zuschlagen.

Gerne bedienen sich diese Bakterien auch bei uns. So ein Mensch ist wie ein prall gefülltes Warenhaus, voller Köstlichkeiten, auf die die ungebetenen Gäste Heißhunger haben. Die Leibspeise vieler dieser Einzeller ist Schleim. Klingt ekelig, ist aber für feuchtigkeitsgebundene Lebensweisen eine feine Sache. Und Schleim haben wir Menschen in rauen Mengen zu bieten, wie zum Beispiel auf den Schleimhäuten (nomen est omen). Diese Gewebe schützen hohle Körperteile, wie etwa Lungen, die Mundhöhle, den Magen oder den Darm. Damit diese Organe nicht austrocknen, geben die Häute besonders viele Sekrete ab. Das ist auch aus einem anderen Grund wichtig: Hohle Organe eignen sich für fremde Bakterien bestens zum Angriff. Was die Fremden mögen, ist Feuchtigkeit, aber nicht Nässe, denn in dünnflüssigen Sekreten können sie sich schlecht vorwärtsbewegen und werden zudem ständig weggespült.

Speziell für die Lunge ist das von Bedeutung, denn hier geraten unablässig Staub, aber auch Krankheitskeime hinein. Bei rund 20 000 Atemzügen pro Tag ist das auch kein Wunder, und damit die Sauerstoffaufnahme reibungslos klappt und nicht alles hoffnungslos verdreckt, reinigt die Schleimhaut pausenlos die Innenwände. Dazu ist sie durchsetzt mit Becherzellen, die Schleim ausspucken, sowie Zellen mit Härchen. Diese leisten Schwerstarbeit. Bis zu 1000-mal pro Minute rudern sie durch den Schleim, wobei alle Millionen Zellgenossen dieselbe Schlagrichtung machen: in Richtung Mund, also bergauf. Dabei wird der Schleimfilm samt der in ihm hängen gebliebenen Bakterien ständig wieder hinausbefördert und zum Schluss entweder vom Mund in den Magen unbewusst abgeschluckt oder ausgehustet.[245] An dieser Stelle wird nebenbei noch einmal deutlich, warum Rauchen so lungenschädlich ist: Der Qualm tötet die Flimmerhärchen, sodass das Fließband nach oben erlahmt.

Ständiger Schleimfluss ist also notwendig, um die winzigen Angreifer immer wieder zur Haustüre hinauszukomplimentieren. Doch wenn man sich erkältet, das heißt entsprechende Viren einfängt, kommt der Schleimfluss oft ins Stocken. Er wird dicker und zäher, und darauf haben die Angreifer nur gewartet. Sie bilden große Schwärme, sprechen sich untereinander ab und formieren sich in dieselbe Richtung. Nun bewegen sie sich als Kolonne in den Schleim hinein und richten sich in der zähflüssigen Masse regelrechte Tunnel ein, die sie relativ lange benutzen können, da zäher Schleim kaum abfließt. So gelingt es ihnen, die Schleimbarriere zu durchdringen und das darunterliegende Körpergewebe zu befallen. Deswegen, so die Empfehlung der Wissenschaft, sollten Erkältete viel trinken, um viel dünnflüssigen Schleim zu produzieren und die Bauvorhaben der Invasoren zu torpedieren.[246]

Bleiben wir in der Lunge. Hier greift schon seit mindestens einer Million Jahre das Tuberkelbazillus an und machte bereits unseren frühen Vorfahren das Leben schwer.[247] Tuberkulose zählt zu den tödlichsten Infektionskrankheiten und hat sogar die Menschheitsentwicklung ein wenig beeinflusst. Als sich in grauer Vorzeit dunkelhäutige Menschen nach Norden aufmachten, legten sich die Krankheitserreger quer. Tuberkulose kann nämlich in manchen Fällen eine Hirnhautentzündung verursachen, und diese verschlimmert sich bei Vitamin-D-Mangel. Da im Norden die Sonne weniger intensiv scheint, erkrankten die Auswanderer heftiger durch diese Erreger. Das lässt sich anhand eines Fossils, gefunden in der Provinz Denizli im Westen der Türkei, nachweisen. In einem Gesteinsblock wurde das Schädeldach eines Frühmenschen entdeckt, das Krankheitsmerkmale einer Hirnhautentzündung an der Stirn aufwies.[248]

Schwerere Verläufe einer weitverbreiteten Krankheit zwingen Lebewesen dazu, sich anzupassen. Im Falle des Vitamin-D-Mangels war das aber gar nicht so einfach. Die Lösung wäre, hellere Haut zu entwickeln, denn dann kann auch bei geringerer Sonnenstrahlung genügend produziert werden. Allerdings tritt dann häufiger Hautkrebs auf. Die Lösung: viel Fleisch essen, denn darin ist das Vitamin in ausreichenden Mengen enthalten. Die helle Haut nördlich lebender Menschen wurde erst durch den Ackerbau und eine pflanzenbasierte Ernährung notwendig – darin ist kaum Vitamin D enthalten. Das ist eine Erklärung dafür, dass sich hellhäutige Menschen erst vor ungefähr 7000 Jahren in Europa zeigten.[249]

Wenn Bakterien angreifen, haben sie gleich mehrere Probleme: Zunächst einmal müssen sie einen Wirt finden. Das vermögen sie allerdings kaum aktiv zu bewerkstelligen, weil sie sich nicht zielgerichtet durch die Luft bewegen können. Im Wasser oder auf feuchten Oberflächen sieht das anders aus – da kommen sie mit ihrem Turboantrieb, den Fäden, die wie ein Propeller arbeiten, schnell voran. Dieser Fadenantrieb (übrigens bis zu zehnmal so lang wie der Körper) nützt aber auch nichts, wenn man nicht weiß, wohin man sich bewegen soll. Deshalb haben Bakterien, die nicht vorwärtskommen wollen, erst einmal gar keinen Heckantrieb. Wittern sie jedoch Beute, wachsen die Filamente hinten heraus, ähnlich wie bei einer Spinne, die einen Faden entlässt. Das Wachstum wird durch Moleküle vom Wirtsorganismus ausgelöst, die den Bakterien das Wasser im Munde zusammenlaufen lassen, sodass sie nach Fertigstellung des Antriebs zielgerichtet auf ihre Mahlzeit zusteuern können.[250]

Zuvor besteht aber ein viel größeres Problem: Wie überspringt man die für Bakterien riesige Distanz zwischen zwei Wirten? Das wurde unter anderem am Beispiel der Tuberkulose untersucht. Bisher schien klar: Die Krankheit schädigt das Lungengewebe, und dadurch wird ein Hustenreiz ausgelöst. Das Anhusten von Mitmenschen transportiert die Bakterien zu ihnen und infiziert sie, sobald sie die Tröpfchen einatmen. Das stimmt so weit, doch die Frage, was den Hustenreiz auslöst, wird mittlerweile anders beantwortet. Wenn die Erreger entscheiden, dass es Zeit zur Weiterreise ist, machen sie sich spezielle Mechanismen der Lunge zunutze. Die Atemwege sind durchzogen von Sensoren, die schädliche Moleküle wahrnehmen und dann einen Hustenreflex auslösen, um die Stoffe schnellstmöglich loszuwerden. Genau hier setzen die kleinen Räuber an, wenn es Zeit für einen neuen Aufenthaltsort wird. Sie produzieren Moleküle, die die Sensoren aktivieren, und werden anschließend mit einem kräftigen Huster nach außen geschleudert.[251] In ihren Tröpfchen können sie kurze Zeit an der freien Luft überleben und brauchen nun nur noch ein bisschen Glück, dass eine weitere Person anwesend ist und die Reisenden einatmet.

Apropos einatmen: Während der Coronapandemie waren wir alle an das Tragen von Masken gewöhnt, damit den Viren der Weg in Mund und Nase versperrt blieb. Masken helfen auch gegen Bakterieninfektionen, doch hier müssen es keine FFP2-Masken sein, sondern es reicht die viel gröbere medizinische Maske. Der Grund: Bakterien sind zwar winzig, doch im Verhältnis zu Viren riesengroß. Da reicht ein Vlies mit relativ großen Lücken aus, um sie aufzuhalten.[252]

Wenn es den Angreifern doch gelingt, sich festzusetzen und eine größere Infektion hervorzurufen, dann helfen manchmal nur noch Medikamente. Das habe ich selbst schon einmal erleben müssen. Es fing mit Kopfschmerzen an, die nicht mehr weggehen wollten. In mir verstärkte sich der Verdacht, dass sich jetzt alte Bekannte meldeten, die ich schon lange an Bord hatte: Borrelien. Die Auslöser der Borreliose – Schraubenbakterien (sie sehen tatsächlich aus wie Korkenzieher) – hatte ich mir wohl in den langen Jahren als Förster im Wald eingefangen. In unseren Breiten sind die Überträger Zecken. Sobald sie mit ihrer Blutmahlzeit starten, entlassen sie in vielen Fällen auch ihre Bakterienfracht in unsere Blutbahn, allerdings eher unabsichtlich. Sie pumpen Flüssigkeit in die Bissstelle, um die Umgebung zu betäuben. So können sie heimlich den roten Saft trinken, bevor es irgendwann anfängt zu jucken. Und damit werden dann leider auch die Borrelien freigesetzt.

Bei mir waren vielleicht sogar die ersten Tage meiner Forstlaufbahn entscheidend. Ich hatte mich für ein internes Studium der Forstwirtschaft bei der rheinland-pfälzischen Landesforstverwaltung entschieden. Nach einem Aufnahmetest wurden zehn Prozent der Bewerberinnen und Bewerber ausgewählt, darunter auch ich. Doch bevor es an die Hochschule nach Rottenburg ging, galt es, ein praktisches Jahr in einem Forstrevier zu absolvieren. Unbedarft war ich in Jeans und blauer Jacke zu meinem Ausbilder geradelt, der ob meiner Kleidung die Stirn in Falten legte. In Forstkreisen trägt man traditionell und bis heute Grün. Also fuhr ich am Wochenende ins nahe Bonn und besorgte mir in einem Jagdgeschäft eine grüne Kniebund-Cordhose, grüne Hemden und eine grüne Jacke. Die Kniestrümpfe zur Hose strickte meine Mutter. Endlich passend bekleidet, stapfte ich Tage später bei schönstem Sonnenschein durchs Unterholz, um nach jungen Bäumchen zu schauen. Abends dann beim Entkleiden sah ich die Bescherung: Allein an meinen Unterschenkeln saßen so viele festgebissene Zecken, dass ich bei 50 aufhörte zu zählen. Meine Bekleidung hatte sich als besonders zeckenfreundlich herausgestellt. Helle, lange Hosen, auf denen man die Plagegeister gut erkennen kann, wären viel besser geeignet gewesen. Darauf sieht man die Biester wie kleine schwarze Pünktchen herumkrabbeln und kann sie nach einem Gang durch die Vegetation einfach ablesen. Durch selbst gestrickte Strümpfe hingegen können Zecken natürlich bestens hindurchschlüpfen.

Es gibt zwar verschiedene Zeckenarten bei uns (und es kommen weitere Arten, eingeschleppt etwa durch Zugvögel, hinzu), aber der häufigste Überträger von Borrelien ist der Gemeine Holzbock. Er lauert an Gräsern oder Sträuchern, meist bis Kniehöhe, und wartet auf vorbeistreifende Tiere. Dabei spürt er die Erschütterung des Bodens durch Schritte oder riecht den Schweißgeruch seiner sich nähernden Saftbar, streckt die Beinchen aus und lässt sich mitnehmen. In seinem Darm sitzen die Schraubenbakterien, fein säuberlich angeheftet mittels spezieller Proteine an der Wand, und warten auf eine Mahlzeit. Die kommt im Gedärm an, sobald die Zecke zu saugen beginnt. Mit den ersten Schlucken Blut vermehren sich die kleinen Biester und wursteln sich Richtung Kopf durch bis zu den Speicheldrüsen. Immer wieder sondert die Zecke daraus Flüssigkeit in die Wunde, um sie so zu betäuben, dass der Wirt nichts merkt. Mit der Spucke schwimmen die Erreger dann in den Blutkreislauf und sind damit am Ziel ihrer Träume angelangt. Pro Jahr schätzen die Krankenkassen 200 000 Neuerkrankungen allein in Deutschland.[253]

Ich fing mir auch später noch im Laufe meiner Forstkarriere immer wieder diese Parasiten ein. Von der Borreliose wusste ich zwar, aber nachdem kein Biss jemals eine Wanderröte auf der Haut erzeugte (typische große rote Flecken), machte ich mir wegen einer Infektion keine allzu großen Sorgen. Vor etwa 20 Jahren ließ ich dann trotzdem sicherheitshalber mein Blut auf die Erreger untersuchen: Der Befund war positiv, und zwar mit sehr hohen Werten. Das erschreckte mich schon, denn wenn die Krankheit ausbrechen würde, könnte das zu allen möglichen Beschwerden bis hin zur Lähmung und einem Leben im Rollstuhl führen. Doch eine Therapie wurde mir damals nicht angeboten. Davon abgesehen zeigen Antikörper nur, dass es einen Erregerkontakt gegeben hat. Ob sie noch im Körper oder gar aktiv sind, weiß man dann leider immer noch nicht.

Vor einigen Jahren änderte sich die Situation mit den Kopfschmerzen, die gut zu einer ausgebrochenen Borreliose passten. Zum Glück fand ich einen spezialisierten Arzt nahe Köln, der aktive Bakterien nachweisen konnte und sie vor allem auch anschließend in den Griff bekam.[254] Aktuell ist ein Impfstoff in Entwicklung, der Antibiotikatherapien überflüssig machen könnte, aber noch ist es nicht so weit. Die Behandlung war für meine Darminsassen brutal: Ich musste zweimal eine zwei- bis dreimonatige Antibiotikabehandlung über mich ergehen lassen, bei der verschiedene Medikamente zum Einsatz kamen. Das eine sollte die Hülle der Bakterien angreifen, das zweite sie dann umbringen. Um es kurz zu machen: Es hat geklappt, und die Nebenwirkungen wie Darmbeschwerden blieben bei mir weitestgehend aus. Wenn ich damals schon gewusst hätte, was Sie bis hierhin erfahren haben, dass also zum Beispiel die Motivation zu Sport oder auch das Essverhalten darunter leiden können, hätte ich mich selbst viel genauer nach der Behandlung beobachtet.

Möglicherweise können die Folgen noch viel gravierender sein, zumindest für ältere Menschen. Die Darminsassen funken ja nicht nur Botschaften in unser Oberstübchen, sondern sorgen auch dafür, dass fremde Keime nicht zu Entzündungen in unseren Eingeweiden führen. Geraten sie jedoch durch zu häufige Einnahme von Antibiotika, aber auch falsche Ernährung aus dem Takt, kann es in den Darmwänden zu Entzündungen kommen. Die Schadstoffe werden in den Kreislauf und von dort bis ins Hirn gespült und können dort Parkinson, Alzheimer und ähnliche degenerative Prozesse auslösen. Gerade Parkinson hängt stark von den Darmbakterien ab. Die schädliche Substanz Alpha-Synuclein, die für die Veränderungen im Gehirn verantwortlich ist, entsteht, anders als früher vermutet, bei einem Teil der Patientinnen und Patienten im Darm. Wird ihnen eine gesunde Darmflora von Spendern per Schlauch in den Darm implantiert, bessert sich das Leiden signifikant. Die gute Nachricht lautet also: Wer seine Darmbakterien fit hält, kann einen gewichtigen Risikofaktor für geistigen Verfall im Zaum halten.[255]

Trotzdem bin ich froh, dass ich mithilfe des Antibiotikaeinsatzes die Borrelien losgeworden bin – das Risiko langfristiger Folgeschäden durch die Biester war mir einfach zu groß. Wie lange man solche oder ähnliche Krankheiten überhaupt noch mit Antibiotika bekämpfen kann, steht in den Sternen. Denn Bakterien, so viel ist bis hierhin klar, sind sehr findige Wesen und können sich unglaublich schnell an solche Giftstoffe anpassen.

Was aber sind überhaupt Antibiotika? Unter diesem Begriff werden chemische Substanzen zusammengefasst, die den Stoffwechsel von Bakterien so ausbremsen, dass sie entweder sterben oder sich zumindest nicht mehr weitervermehren. Das berühmteste Antibiotikum ist Penizillin. Es wurde 1928 von dem schottischen Mediziner Alexander Fleming entdeckt, und zwar per Zufall. Fleming beschäftigte sich schon länger mit Bakterien und Bekämpfungsmethoden gegen Keime, war aber noch nicht fündig geworden. Vor seinem Urlaub hatte er Petrischalen mit Kulturen von Staphylokokken (Krankheitserregern) angelegt, dann in das Waschbecken geräumt und vergessen, sie zu spülen. Nach seiner Rückkehr sah er, dass in einer der Schalen ein Schimmelpilz gewachsen war, und rund um ihn herum gab es keine Bakterien mehr. Da der Pilz zu der Gruppe mit dem lateinischen Namen Penizillium gehörte, taufte

Fleming das daraus entwickelte Medikament Penizillin. Schon damals warnte er allerdings davor, es zu gering zu dosieren, weil sich sonst die Bakterien darauf einstellen könnten.[256]

Wie viele ernsthafte Erkrankungen die verschiedenen Erreger verursachen, könnte ein Blick in die globalen Statistiken der Todesfälle erahnen lassen – wenn es sie denn gäbe. Die Gesamtzahl der weltweit durch bakterielle Infektionen Verstorbenen ist offenbar schwer zu fassen – ich habe dazu keine Statistik gefunden. So weist ein Artikel im Wissenschaftsmagazin *The Lancet* von 2022 zwar 7,7 Millionen Todesfälle aus, darunter die von den fünf häufigsten Bakterienarten hervorgerufenen mit jeweils mehr als 500 000 Opfern.[257] Doch es müssen weit mehr sein – allein schon die Erreger der Tuberkulose, die in dem Bericht nicht aufgeführt werden, schlagen mit zusätzlichen 1,6 Millionen Opfern jährlich zu Buche.[258]

Was Insektizide gegen Insekten und Herbizide gegen Pflanzen bewirken, das richten Antibiotika gegen Bakterien aus. Sie haben zumindest dort, wo sie verfügbar sind, die Zahl der Todesfälle erheblich reduziert. Doch wie bei den anderen beiden Gruppen passen sich auch die Einzeller an: Resistenzen sind das große Thema der Zukunft in der Medizin. Aktuell sterben jährlich global 1,7 Millionen Menschen an resistenten Keimen, und die Zahl wird sich aller Voraussicht nach in den nächsten 25 Jahren auf 39 Millionen direkte Opfer und zusätzlich 169 Millionen indirekte Opfer (die durch die kleinen Killer so geschwächt werden, dass sie anderen Infekten nicht standhalten können) erhöhen.[259]

Und damit wenden wir uns einem besonders düsteren Kapitel zu: multiresistenten Bakterien, denen gleich mehrere Medikamente nichts mehr anhaben können. Mein persönliches Aha-Erlebnis hatte ich bei der Voruntersuchung zu einer Leistenbruch-Operation. Dabei untersuchte mich ein Mitarbeiter des Krankenhauses auf MRSA, im vollen Wortlaut: Methicillin-resistenter Staphylococcus aureus. Diese Bakterien finden sich auf der Haut vieler Menschen und werden oft erst dann zum Problem, wenn man Verletzungen hat oder geschwächt ist, wie typischerweise im Krankenhaus. Dann können sich lebensgefährliche Entzündungen bilden.[260] Mein Befund war negativ, und ich fragte den Mitarbeiter, wie häufig er auf positive Ergebnisse stoßen würde. Seine Antwort: »Regelmäßig. Der Patient vor Ihnen war ein solcher Fall. Er ist Mitarbeiter in einem Geflügelbetrieb, ist infiziert und muss nun erst einmal behandelt werden, bevor er operiert werden kann.«

Der ausufernde Einsatz von Antibiotika nicht nur in der Massentierhaltung, sondern auch in der Humanmedizin bewirkt weitere Kollateralschäden, etwa beim Immunsystem. Dieses System wird von Mikroorganismen gefördert und auf dem neuesten Stand gehalten. Dabei findet ein ständiger Austausch, eine ständige Anpassung statt, also ein pausenloser Dialog, in dem Bakterien unseren Körper über die besten Strategien beraten. Mit Medikamenten, die wie Dampfwalzen Freund und Feind plattmachen, wird auch dieses fragile Miteinander beschädigt. Das Resultat kann eine veränderte Zusammensetzung der Bakteriengemeinschaften sein, die viel schlechter in der Lage ist, unseren Körper gegen bedrohliche Angriffe von Einzellern zu verteidigen. Oft spielen alle Beteiligten verrückt, und das Immunsystem bekämpft anschließend den eigenen Organismus. Das lässt sich statistisch nachweisen: Länder mit hohem Pro-Kopf-Einkommen und dem entsprechend häufigen Einsatz von Antibiotika zeigen einen dramatischen Anstieg von Autoimmun- und Entzündungskrankheiten.[261] Auch deswegen sollten wir uns andere Strategien gegen bakterielle Feinde überlegen.

Der Grund, warum sich Bakterien so schnell an Antibiotika anpassen können, ist recht simpel: Sie müssen sich seit Urzeiten damit auseinandersetzen, weil sie zu ihrem eigenen Waffenarsenal zählen. So fand ein Team der McMaster University, Hamilton,

Kanada, in der Lechuguilla-Höhle von New Mexico Bakterien, die dort seit vier Millionen Jahren isoliert von der Außenwelt leben. Diese Bakterien sind gegen 14 handelsübliche Antibiotika resistent![262] Wir dürfen deshalb annehmen, dass den meisten oder vielleicht sogar allen Arten diese Substanzen schon seit Jahrmilliarden bekannt sind und nicht erst seit dem Einsatz durch den modernen Menschen.

Und noch eines wird deutlich: Wenn sie sich schon so lange damit auseinandersetzen mussten, dann haben sie entsprechend viel Zeit gehabt, allerlei Strategien zu entwickeln, um mit den Giftstoffen fertigzuwerden. »Fertigwerden« ist für etliche Arten nicht mehr die richtige Beschreibung: Eine Studie aus dem Jahr 2007 kam zu dem Ergebnis, dass viele Bodenbakterien sogar bestens auf Antibiotika wachsen können. Dazu wurden Proben aus elf verschiedenen Böden genommen und deren Bewohner mit 18 unterschiedlichen Antibiotika malträtiert. Doch anstatt zu sterben, wuchsen die winzigen Probanden auf 17 der 18 Varianten bestens. Weil es sonst nichts zu fressen für sie gab, nutzten sie die Antibiotika sogar als Nahrungsquelle und gediehen dabei prächtig. Beunruhigend: Etliche Arten sind eng mit menschlichen Krankheitserregern verwandt.[263] Das ist deswegen problematisch, weil Bakterien (wie bekannt) untereinander munter Gene austauschen. Das ist ihre Art, Erfahrungen weiterzugeben, und eine Fähigkeit, von der wir nur träumen können. Wenn nun menschliche Krankheitserreger mit solchen Antibiotika-Liebhabern zusammentreffen, kann es passieren, dass die gefährlichen Keime von ihrer Verwandtschaft aus dem Boden aufgerüstet werden.

Und hier kommen wir noch einmal auf die Yanomami zurück: Auch die Bakterien der Urbevölkerung am Amazonas enthalten Gene, die gegen moderne Antibiotika immun machen, obwohl diese Menschen noch nie Kontakt mit derartigen Arzneien hatten. Selbst synthetische Reserveantibiotika der dritten und vierten

Generation, also quasi die letzte medikamentöse Verteidigungslinie, können solche Bakterien überstehen. Das ist alarmierend, denn solche Resistenzen haben die Bakterien aus dem Urwald offenbar zufällig und nebenbei entwickelt.[264]

Doch wenn alle Antibiotika versagen, bleibt noch eine letzte Hoffnung: die allerkleinsten Wesen dieses Planeten, die zudem noch viel zahlreicher als die Bakterien vorkommen. Es sind die Viren, die ungefragt überall mitmischen und den Bakterien kräftig auf die Nerven gehen. Weil sie wirtsspezifisch sind, also jeweils nur spezielle Bakterienarten angreifen, wäre ihr Einsatz eine Möglichkeit, Krankheitserreger zu bekämpfen, ohne die körpereigene Truppe in Mitleidenschaft zu ziehen. Solche Viren könnte man als intelligente Antibiotika bezeichnen. An entsprechenden Therapien wird bereits geforscht.

Wenn ein Virus ein Bakterium angreift, muss es zuerst andocken. Ziel ist es, das eigene Erbgut in das Bakterium einzuschleusen. Dort zwingt es den Einzeller, Kopien des Virus herzustellen. Nach Fertigstellung platzt das Bakterium – Game over. Das Besondere an diesen Viren ist der molekulare Schlüssel, der exakt ins Schloss, also die Andockstelle beim Bakterium, passen muss. Deshalb können solche Viren auch keine anderen Arten »aufschließen«. Man muss also nur die passenden Viren finden, vermehren und dann als Medikament gegen Krankheitskeime einsetzen.

Doch ganz so einfach ist es nicht. Einerseits können sich Bakterien gegen Viren wehren und Anpassungsstrategien entwickeln, also resistent werden, andererseits können die Viren gefährliche Nebenwirkungen haben. Transportieren sie vielleicht zufällig im genetischen Gepäck Antibiotikaresistenzen, die sich die Bakterien aneignen? Oder entwickeln sich mithilfe der Viren-DNA Giftstoffe, die für Patientinnen und Patienten alles nur noch schlimmer machen? Und last, but not least müssen im Gegensatz zu Breitbandantibiotika jeweils maßgeschneiderte Viren für verschiedene

Bakterienstämme entwickelt werden – das macht solche Medikamente teurer und damit weniger wirtschaftlich konkurrenzfähig. Angesichts der nun schon jahrzehntelang bekannten Resistenzentwicklung bei Antibiotika wundert es dennoch ein wenig, dass der Einsatz von Viren so lange im toten Winkel der pharmazeutischen Forschung verharrte. Er wird Antibiotika nicht ersetzen können, aber das Arsenal an Bekämpfungsmöglichkeiten für multiresistente Keime deutlich erweitern.

Doch warum können krank machende Bakterien überhaupt erfolgreich in Zellen eindringen? Immerhin existieren mehrzellige Organismen seit mindestens einer Milliarde Jahren und sollten ausreichend Zeit gehabt haben, sich zu wappnen. Und tatsächlich gibt es Abwehrmechanismen. Dringt ein Bakterium in eine Zelle ein, markiert sie den feindlichen Einzeller zur Beseitigung durch die zelleigene Müllabfuhr. Vielleicht ahnen Sie es schon: Die pfiffigen Winzlinge lassen sich diese Markierungen, angebracht an ihrer Bordwand, nicht gefallen. Deshalb brechen sie einen Teil der Markierung ab. Warum nur einen Teil? Ganz einfach: Das verbleibende Reststück ist zu kurz, als dass die Müllabfuhr es noch erkennen könnte. Zudem bleibt die Andockstelle verstopft – darin sitzt ja noch das Ende, sodass die Zelle keine neue Markierung anbringen kann.[265]

Bevor wir uns anderen Sicherheitsstrategien gegen Krankheitskeime zuwenden, lassen Sie mich eine besonders gefährliche Art beleuchten, die allgegenwärtig ist und nur durch Impfungen heute keine große Rolle mehr spielt.

Tetanus & Co. – tödliche Lieblinge der Schönheitsindustrie

Ich gebe es zu: Ich habe Angst vor Haien. Das ist mit ziemlicher Sicherheit auf den Film »Der weiße Hai« zurückzuführen, in dem ein riesiges Tier ein Boot verfolgt und ein Besatzungsmitglied nach dem anderen grausam auffrisst. Seitdem ich diesen Film gesehen habe, überkommt mich in wärmeren Meeresgegenden (nein, ich will ehrlich sein: in allen) beim Baden ein mulmiges Gefühl. Dabei haben es Haie grundsätzlich gar nicht auf Menschen abgesehen. Sie beißen in seltensten Fällen nur aus Versehen in schwimmende oder surfende Personen, weil sie diese mit Robben verwechseln.

Meine Angst ist natürlich völlig übertrieben, wie Sie sich vielleicht schon gedacht haben: Im Jahr 2024 wurden weltweit 47 Angriffe registriert, von denen vier tödlich endeten.[265] Gerne wird bei Wahrscheinlichkeiten der unwahrscheinliche Fall eines Blitzschlags zum Vergleich herangezogen. Global gibt es dazu nur Schätzungen, keine Statistiken, und diese Schätzungen belaufen sich auf 6000 bis 24 000 Tote pro Jahr und 240 000 Verletzte. Das ist bei weltweit 100 Blitzschlägen pro Sekunde sogar noch erstaunlich wenig, und dennoch wird das Lebensrisiko durch diese Wettererscheinung nicht messbar beeinträchtigt.[267] Die Gefahr von Haiangriffen wird also von (meiner) Fantasie extrem überbewertet.

Gar nicht hoch genug bewerten kann man aber eine ganz andere Gefahr, und nun wenden wir uns wieder den Bakterien zu. Unter ihnen gibt es welche, die im Verdacht stehen, Jagd auf große Tiere wie uns zu machen. Die Rede ist von den Erregern des Tetanus oder Wundstarrkrampfs, einer fürchterlichen Krankheit, an der jährlich weltweit immer noch etwa 300 000 Menschen sterben. In Industriestaaten gibt es nur noch sehr wenige Fälle, was auf flächendeckende Impfungen zurückzuführen ist. Falls Sie also in Ihrem Impfpass noch ein entsprechendes Versäumnis entdecken, handeln Sie vielleicht, nachdem Sie die folgende Passage gelesen haben.

Wo lebt dieses Bakterium? Überall! Na ja, nicht ganz, aber es kann an jedem Ort auftauchen, und zwar im Boden. Dort überdauern die verkapselten Formen, also die Sporen, während es als aktives Wesen vor allem im Darmtrakt von Tieren, zum Beispiel Rehen und Hirschen, aber auch in Schafen und Ziegen zu finden ist. Als Sporen können sie jahrelang im Erdreich warten, bis sich eine passende Gelegenheit ergibt, wieder aktiv zu werden. Weil sie gerne in einer sauerstoffarmen Umgebung leben, sind nicht nur Tierdärme ideal, sondern auch Wunden, selbst allerkleinste. Ein Holzsplitter, ein aufgeschürftes Knie, ein Kratzer vom Stacheldraht – das reicht schon, um die Pforten für die Erreger zu öffnen. Gelangen die Sporen in die offene Stelle, wachen die Bakterien auf und machen das, was alle anderen Arten auch machen: fressen und sich vermehren. Leider scheiden sie dabei ein extrem wirksames Nervengift aus, welches als zweitgiftigste Substanz der Welt gilt (noch giftiger ist nur Plutonium). Nach drei Tagen bis drei Wochen treten dann Symptome auf: Die Muskulatur ist wie gelähmt, zusätzlich kann es aber zu heftigen Krämpfen kommen. So zieht sich in manchen Fällen die Rückenmuskulatur zusammen und lässt die Opfer stark nach hinten gebogen heftig leiden, denn sie bleiben bei vollem Bewusstsein. Manchmal ist die Kontraktion so heftig, dass Wirbel brechen.

Ist das Zufall, werden Mensch und Tier aus Versehen von den Giften eines Bakteriums dahingerafft, welches ansonsten eher im Gedärm zu Hause ist? Das wird mittlerweile wissenschaftlich angezweifelt, weil das Toxin so speziell auf die Störung der Nerven angepasst ist, dass mehr dahinterstecken muss. Und nach weiteren Untersuchungen kommen Wissenschaftler der Universität in Waterloo, Kanada, zu folgendem Schluss: Das Bakterium tötet möglicherweise gezielt Opfer, um sich in den Kadavern unter Luftabschluss zu vermehren. Die Verbreitung erfolgt dann durch Aasfresser, die durchaus sehr klein sein können, zum Beispiel Schmeißfliegen. Diesen Aasfressern verschaffen die Kadaver einen Wettbewerbsvorteil – mehr Kadaver, mehr Fliegen, mehr Sporen von Bakterien, die durch die kleinen Füße verbreitet werden.[268] Zum Glück ist die Krankheit nicht von Mensch zu Mensch übertragbar, noch besser: Bei vollständig Geimpften geht das Risiko einer Infektion gegen null, und weil die Impfquote bei Tetanus hierzulande sehr hoch ist, werden in Deutschland weniger als 15 Erkrankungsfälle jährlich verzeichnet.[269]

Das Gift einer verwandten Art kann auch in schlecht konservierten Lebensmitteln enthalten sein – aus Sicht der *Clostridium botulinum*-Bakterien sind diese ebenfalls Kadaver, nur in Dosen oder Gläsern. Luft kommt auch nicht hinein, also sind die Bedingungen perfekt, zumindest dann, wenn der Inhalt nicht ausreichend erhitzt wurde. Man kann sich beim Verzehr zwar nicht infizieren, aber vergiften, was auch nicht viel besser ist. Das Resultat können Lähmungserscheinungen bis hin zum Tod sein.

Trotzdem nimmt die Zahl der Personen mit dem giftigsten Gift der Welt im Blut kontinuierlich zu, und das ist der Schönheitsindustrie zu verdanken, denn die Wirkung von Botulinumtoxin wird mittlerweile kräftig vermarktet. Weil der Stoff die Signalwege zu den Muskeln blockiert, kann man durch Botox-Spritzen (mit sehr geringen Giftkonzentrationen) bis zu einem gewissen Grad

Falten glätten. Die Wirkung hält drei bis sechs Monate an und zeigt in der Anwendung weitere überraschend positive Nebeneffekte: Es kann zum Beispiel Depressionen lindern. Zu diesem Ergebnis kam ein Team der Medizinischen Hochschule Hannover. In die Stirn gespritzt, lähmt das Mittel die Muskeln, die für Zorn- oder Sorgenfalten zwischen den Augenbrauen sorgen. Diese gehen zurück oder verschwinden ganz, und nun könnte man meinen, dass ein freundliches Gesicht im Spiegel die eigene Stimmung hebt. Es ist aber nicht die Optik, sondern das Feedback der Muskeln zum Gehirn, welches eine Verbesserung hervorruft. Während eine ständige Muskelanspannung ein emotionales Dauerfeuer bewirke, drossele das gespritzte Botox diese Rückmeldungen und erzeuge schon nach vier Wochen eine Verringerung der hochgradigen inneren Anspannung, so die Forschenden. Das gelte auch für Muskeln in anderen Körperteilen, etwa im Nacken oder in oberen und unteren Gliedmaßen, bei deren Behandlung mit dem Bakteriengift Angststörungen gemildert werden könnten.[270]

Diese Wirkungen hatten die Bakterien sicher nicht auf dem Schirm – sie wollten ja Kadaver produzieren. Hier konnte die moderne Medizin den Spieß umdrehen und die Waffe als Heilmittel nutzen. Wenn man die schier unendliche Anzahl an Bakterienarten betrachtet, bekommt man eine Ahnung davon, wie viele nützliche Substanzen noch zu entdecken sind. Trotzdem bleiben viele Spezies lästig bis gefährlich, und viele unserer alltäglichen Handlungen sind darauf ausgerichtet, sie in Schach zu halten. Schauen wir uns dazu doch einmal in heimischen Kühlschränken und Waschmaschinen um.

Manche mögen's kalt

Wenn man sich viel mit Bakterien beschäftigt, denkt man irgendwann bei jeder Gelegenheit an die kleinen Rabauken. Man? Ich! Zumindest während der monatelangen Recherche zu diesem Buch verging keine Stunde, in der ich nicht dachte: Moment! Beim Abspülen der Toilette (Deckel zu), Seifenspender überdenken (hängend, automatisch, also ohne Pumpenkopf) oder bei Essensresten, die wir für den nächsten Tag in den Kühlschrank stellten.

Der Kühlschrank ist längst eine Selbstverständlichkeit im modernen Haushalt, doch seine eigentliche Notwendigkeit haben wir nicht jederzeit im Bewusstsein: Es geht darum, Bakterien auszubremsen, die sich besonders gut bei Zimmertemperatur oder größerer Wärme entwickeln. Natürlich reifen auch Obst und Gemüse in der Kälte langsamer, aber grundsätzlich sollen nicht luftdicht verpackte, also angebrochene Packungen von Lebensmitteln oder der Teller mit dem letzten Mittagessen nicht verderben. Doch die Zeit arbeitet für die Bakterien. Da sie omnipräsent sind, ist leckere Nahrung der Jackpot, und sie starten sofort mit der Völlerei. Dabei vermehren sie sich rasant und hinterlassen ein geschmackliches und gesundheitliches Desaster.

Sobald Lebensmittel auf dem Feld geerntet werden, sind auch die ungebetenen Gäste mit an Bord. Bis dahin waren Früchte und Samen Bestandteil der jeweiligen Pflanzen, die sich mit ihrem Immunsystem gegen einen Befall durch Bakterien und Pilze gewehrt haben. Doch sobald sie gepflückt sind, erlahmt die Abwehr, und ein Wettlauf gegen die Zeit beginnt. Das Ziel: alles auf den Tisch zu bekommen, bevor es gesundheitsschädlich wird. Das gelingt nur teilweise, wie globale Statistiken belegen: Rund eine Milliarde Tonnen Lebensmittel wandern jährlich in den Abfall,[271] und neben vielen anderen Gründen sind ganz maßgeblich Bakterien und Pilze an diesen Verlusten beteiligt.

Wenn die Wesen so viel Nährstoffe zersetzt haben, dass die Lebensmittel gesundheitlich bedenklich werden, alarmieren die dabei frei werdenden Gase in vielen Fällen unsere körpereigene Sensorik. Unsere Vorfahren kannten schließlich kein Mindesthaltbarkeitsdatum oder Kühlketten, die penibel einzuhalten sind. Stattdessen dürfen wir uns wie unsere Urahninnen und -ahnen in den meisten Fällen auf Nase und Gaumen verlassen. Verdorbenes Essen riecht und schmeckt schlecht – das ist die Übersetzung eines Befehls des Unterbewusstseins in das Bewusstsein mit dem Inhalt: »Finger weg!« Doch so weit soll es ja gar nicht erst kommen.Also ab in den Kühlschrank damit!

Die Idee ist grundsätzlich gut (grundsätzlich heißt ja, es gibt Ausnahmen, aber dazu später), weil niedrige Temperaturen die Teilungsrate der Bakterien herabsetzen, sie also in ihrer Vermehrung erheblich langsamer machen. Damit dauert es etliche Tage länger, bis sie sich so im Essen ausgebreitet haben, dass es gesundheitsschädlich wird. Es gibt aber auch Bakterien, die sich in Kühlschränken wohlfühlen. Sie freuen sich besonders über eingelagertes Fleisch aller Art, gerne auch Meerestiere. Ist sonst nichts zu holen, siedeln sie sich in Kolonien an den Wänden an und bilden dort feuchte Filme.

Um ihnen das Leben schwer zu machen, gibt es mehrere Möglichkeiten. Die eine ist das regelmäßige Reinigen des Innenraums. Bitte benutzen Sie dazu nicht nur Wasser, sondern auch Spüli oder andere Desinfektionsmittel. Die andere ist das Einhalten der

Kühltemperaturen, und das ist gar nicht so einfach – die berühmte Kühlkette lässt grüßen. Wie kalt darf es denn sein? Da gibt es leider widerstreitende Empfehlungen: Während die Europäische Union 5 Grad empfiehlt, rät das Bundeslandwirtschaftsministerium je nach Lebensmittel zu 0 bis 8 Grad, und das Umweltbundesamt hält 7 Grad für ausreichend. Je kälter, desto schlechter für bestimmte Gemüse wie Tomaten, Gurken oder Paprika. Je wärmer, desto besser für Bakterien. Um einen halbwegs vernünftigen Kompromiss zu finden, haben moderne Kühlschränke verschieden kalte Zonen, wobei der kälteste Bereich in der Regel direkt über dem Gemüsefach liegt und für schnell verderbliche Lebensmittel wie rohes Fleisch genutzt werden sollte.

Sie sehen schon, dass es gar nicht so einfach ist, im Wettlauf gegen die Keime ein wenig Zeit herauszuschinden. Das größte Problem ist allerdings nicht die Festlegung der optimalen Temperatur, sondern die ständige Unterbrechung der Kühlkette. So wird ein normaler Haushaltskühlschrank pro Tag im Durchschnitt 9- bis 32-mal geöffnet. Die Tür steht dabei zwischen 12 und 33 Sekunden auf. Immer dann dringt Luft mit Zimmertemperatur ein, und diese muss erst wieder auf den eingestellten Wert abgekühlt werden – das dauert. Zudem erwärmen sich die Ablagen in der Kühlschranktür auf bis zu 10 Grad – auch das liegt oberhalb aller Empfehlungen. Im Durchschnitt sorgt das selbst bei niedrig eingestellten Geräten für Temperaturen von über 4 bis 5 Grad. Und immer dann wachsen die verschiedensten Arten von Einzellern munter drauflos. Die Kälteliebenden starten schon ab 0 Grad (oder sogar darunter), und so wundert es nicht, dass sie die Hauptursache für den Verderb von Lebensmitteln sind.[272]

Nach wenigen Tagen ist also Schluss mit lustig, und das Essen muss verzehrt werden. Dabei ist das Erhitzen die beste Möglichkeit, den unerwünschten Mikroben den Garaus zu machen. Wir haben zwar schon Arten kennengelernt, denen kochendes Wasser nichts ausmacht, doch die wohnen in oder nahe vulkanischen Quellen und nicht im Kühlschrank.

Und wie sieht's mit dem Gefrierschrank aus? Gut für die Lebensmittel, schlecht für die Bakterien. Wie effektiv Tiefkühlung wirkt, zeigen Mammuts in Sibirien. Dort werden immer wieder Kadaver dieser Giganten in den auftauenden Permafrostböden entdeckt, worin die Tiere über Jahrtausende im ewigen Eis geschlummert haben. Zwar wurde schon berichtet, dass das Fleisch noch so frisch sei, dass sich russische Forschende daraus eine Probemahlzeit herausgeschnitten und verzehrt hätten, doch gesichert ist lediglich, dass Raubtiere bei den Kadavern regelmäßig zuschlagen (was als Frischebeweis auch nicht schlecht ist). Bei dem 2013 auf einer sibirischen Insel gefundenen Mammutweibchen wurde sogar Blut sichergestellt, obwohl das Tier schon vor 10 000 bis 15 000 Jahren verendete.[273]

Einfrieren ist also eine gute Konservierungsmöglichkeit, selbst wenn viele Bakterien dabei nicht abgetötet werden, sondern nur erstarren und nach dem Auftauen wieder loslegen. Aber dann wartet ja in aller Regel schon der Kochtopf oder der direkte Verzehr. Dabei ist es wichtig, die Temperatur auf mindestens minus 18 Grad zu halten. Aber warum? Weil es tatsächlich Bakterienarten gibt, die bis minus 17 Grad wachsen – langsam, aber kontinuierlich. Und damit sind sie nicht allein – es gibt auch Pilzarten, die in diesem Temperaturbereich noch aktiv sind. Erst ab Werten von minus 18 Grad erlahmen die Aktivitäten und erlöschen schließlich ganz, wenn die Keime in einen Ruhezustand fallen.[274]

Neben Kälte, die als Konservierungsmöglichkeit für Lebensmittel kaum 100 Jahre lang zur Verfügung steht, gibt es noch die Trocknung als uralte Technik. Ihre Vorteile liegen auf der Hand: Ohne Flüssigkeit müssen Bakterien einpacken und sich in das Sporenstadium begeben. Neben Obst und Pilzen ist das wichtigste Trockenlebensmittel Getreide. Wenn sie konsequent vor Feuchtigkeit geschützt werden, können Weizenkörner noch nach Jahrhunderten keimen – bestes Zeichen für Frische. Das wurde kürzlich bei der Sanierung eines Gebäudes in Ulm festgestellt. In dem alten Gemäuer wurde im Jahr 1604 Spreu als Dämmung für eine Zwischendecke genutzt, worin auch einige Getreidesamen als Reste enthalten waren. Die Frau des Handwerkers, der den Bau sanierte, säte den Fund im Garten aus, und siehe da: Es spross Weizen einer uralten Sorte, die sie durch den Versuch retten konnte.[275]

Und weiter geht's mit der alten Technik: Salz und Zucker sind die nächsten Kandidaten für ein Erfolg versprechendes Ausbremsen von Bakterien. Denken Sie an den Kristall mit dem kleinen Wassereinschluss des ältesten Lebewesens der Erde – das musste salzbedingt 250 Millionen Jahre lang pausieren. Für Fleisch war das neben dem Trocknen die wichtigste Möglichkeit, es über einen längeren Zeitraum haltbar zu machen. Das war vor allem für monatelange Seereisen von erheblicher Bedeutung, bei denen eingesalzener Fisch und Fleisch in Fässern mitgeführt wurden. Zucker wirkt ähnlich – beide Mittel entziehen Zellen Wasser und zwingen Bakterien dadurch, sich in eine Spore zu verwandeln und inaktiv auszuharren. Allerdings muss bei Zucker die Konzentration wesentlich höher sein als bei Salz. Ein besonders langsames Bakterienwachstum erreicht man mit Werten über 70 Prozent, was vielen Menschen aber zu süß sein dürfte.[276]

Das letzte und bis heute häufig verwendete Mittel zum Ausbremsen von Bakterien ist das Erhitzen – Konservendosen und Marmeladengläser lassen grüßen. Diese Methode ist todsicher – zumindest für die Winzlinge. Die ersten werden dahingerafft, sobald die Temperatur für wenige Sekunden über 70 Grad steigt. Pasteurisieren nennt sich das Verfahren, das der französische Bakteriologe Louis Pasteur im 19. Jahrhundert erfand. Der Vorteil: Vitamine und Geschmack der Lebensmittel wie etwa Milch bleiben weitgehend erhalten. Der Nachteil: Es werden zwar fast alle Bakterien getötet, aber nicht diejenigen, die als Sporen im Ruhezustand sind. Moderne Verfahren kombinieren die Hitze mit hohem Druck, sodass zumindest ein Teil der kleinen Schläfer erwischt wird.[277]

Sicherer sind noch höhere Temperaturen. Wichtig ist dabei, dass das Lebensmittel gleichmäßig durcherhitzt wird. Die Königsklasse ist das Ohmsche Erhitzen. Dabei wird Strom zum Beispiel durch Brotteig gejagt, sodass sich der Teig (und nicht primär die Backform) aufheizt. Das geht schneller, gleichmäßiger und spart viel Energie.[278] Bisher ist das Verfahren allerdings für Haushalte nicht verfügbar, aber es bleiben ja der konventionelle Backofen und die Herdplatten. Dabei gilt das mehrminütige Kochen als zuverlässigste Methode, die allermeisten Keime ins Nirwana zu jagen (absolut alle ist mit haushaltsüblichen Geräten fast unmöglich). Wichtig: Alles muss gut durcherhitzt sein. Und wenn es mal nicht so warm werden soll, etwa beim Sous-vide-Garen (luftdichter Beutel im Wasserbad), muss das Thermometer 55 Grad zeigen und die Hitze auf das Gut mehrere Stunden einwirken, um Erreger wie Salmonellen in ihre Schranken zu weisen.[279]

Die Frage, wie warm es sein darf oder muss, spielt auch beim Wäschewaschen eine Rolle – im Gegensatz zu Lebensmitteln haben wir hier aber weitere Möglichkeiten, unsere Kleidung keimreduziert wieder in den Schrank zu bekommen.

In der Waschmaschine

Wenn es um häuslichen Klimaschutz geht, steht die Waschmaschine neben Heizen und Spülen im Zentrum der Überlegungen. Wer Wasser und Energie sparen möchte, muss vor allem das intensive Aufwärmen des Spülwassers vermeiden. Das steht allerdings im Widerspruch zum Zweck des Wäschewaschens: Die Textilien sollen nicht nur sauber werden, sondern auch keimfrei. Schließlich landen nicht nur verdreckte Sportbekleidung in der Trommel, sondern auch Handtücher und Unterhosen. Nun sind Bakterien wahre Überlebenskünstler – leider auch diejenigen, deren wir uns entledigen wollen. Können ihnen 30 Grad und ein bisschen Seifenlösung den Garaus machen? Wir haben es ja gerade bei der Zubereitung von Lebensmitteln besprochen: Ist die Temperatur zu niedrig, bleiben die Keime an Bord, egal, ob es um das Abendessen oder um Kleidung geht (den Unterschied kennen Bakterien nicht). Die gute Nachricht vorweg: Das Waschen bei niedrigen Temperaturen funktioniert trotzdem, wenn Sie ein paar Dinge beachten.

Dass Bakterien auf Seife und lauwarmes Wasser pfeifen, haben wir schon besprochen. In der Waschmaschine kann dieser Umstand dazu führen, dass sich Bakterien und andere Keime zu munteren Gesellschaften zusammenschließen. Diese Kolonien laben sich an dem Nachschub, der ihnen ständig in Form von Partikeln aller Art, die an der Wäsche haften, geliefert wird. Speziell *Pseudomonas aeruginosa* liebt Waschmaschinen und ist an den Innenwänden besonders häufig zu finden.[280] Hinter dem nichtssagenden lateinischen Namen verbirgt sich ein gefürchteter Krankenhauskeim, den man nicht unbedingt zu Hause züchten möchte. Neben der Infektionsgefahr sorgt er bei stärkerem Auftreten auch dafür, dass die Wäsche schon leicht müffelnd aus der Waschmaschine kommt. Das ist immer ein Alarmsignal: Auch langsam trocknende Wäsche, die ihren Geruch leicht unangenehm verändert, zeigt fröhliches Bakterienwachstum an. Dabei schneiden Baumwolltextilien übrigens schlechter ab als Kunstfaserstoffe.[281]

Und nun? Sollten Sie den Drehregler doch besser auf 60 oder gar 90 Grad drehen?Das wäre eine Möglichkeit, die Keime in die ewigen Jagdgründe zu befördern. Die andere besteht darin, sie chemisch zu knacken, und da reicht Seife nicht aus. Deshalb enthalten pulverförmige Vollwaschmittel Substanzen, die in der Waschmaschine Sauerstoff freisetzen.[282] Der beseitigt nicht nur Verfärbungen, sondern auch Bakterien – und man kann bei niedrigeren Temperaturen waschen. Doch nicht alle Produkte enthalten Bleichmittel, zum Beispiel flüssige Waschmittel. Da freuen sich die Bakterien, es sei denn, Sie heizen doch stärker auf. Das sollten Sie ohnehin mindestens zweimal im Jahr tun, um die Waschmaschine von den feuchtfröhlichen Gesellschaften zu befreien, die an den Wänden und Dichtungen siedeln.[283]

Ganz auf null wird man die Keime nicht reduzieren können, aber selbst nach der Wäsche kann man ihre Anzahl noch drücken: Es folgen ja oft weitere Hitzebehandlungen. Alles, was gebügelt wird oder im Trockner landet, eliminiert weitere Überlebende. Ich merke gerade, wie brutal sich das anhört, doch letztendlich dienen diese Maßnahmen der Unterstützung unserer körpereigenen Bakterien, die sich ebenfalls mit allen Mitteln (Pfeile und Antibiotika lassen grüßen) gegen Eindringlinge wehren.

Ähnliches spielt sich in der Spülmaschine ab. Essbesteck etwa ist aus Sicht von Bakterien perfekt vorbereitet. Sie kommen entweder aus der Luft, meist aber aus unseren Mündern und werden mit für ihre Verhältnisse königlichen Portionen von Essensresten an Gabeln und Löffeln in die Besteckkörbe gesetzt. Dort haben sie viel Zeit, zu schlemmen und sich zu vermehren, bis die Maschine eingeschaltet wird – bei manchen sind, Sie erinnern sich, 20 Minuten schon eine Generation.

Auch hier stellt sich die Frage: Soll man aus ökologischen Gründen mit geringerer Temperatur waschen oder sicherheitshalber allen Insassen mit heißem Wasser zusetzen? Oder tut es auch die gute alte Handwäsche? Nehmen wir Letztere zuerst unter die Lupe, und hier ganz besonders die Werkzeuge: Spülschwamm und Bürste. Sie kommen mit allem und jedem in Kontakt, vor allem mit den berühmt-berüchtigten Durchfallerregern. Um zu untersuchen, wie beliebt die Utensilien bei Bakterien sind, startete ein Team des norwegischen Instituts für Ernährung, Fischerei und Landwirtschaft eine groß angelegte Untersuchung. Zunächst wurden rund 10 000 Personen in zehn europäischen Ländern nach ihrer Lieblingsspülhilfe befragt: Außer in Norwegen und Dänemark (Bürstenfans) war das der Spülschwamm.

Anschließend wurden Schwämme und Bürsten auf Bakterienarten und -zahlen geprüft, mit katastrophalen Werten für Schwämme. So ermittelten die Forschenden, dass Salmonellen darin bis zu sieben Tage überlebten. Die Kontamination erfolgt beiläufig: Verschüttete Flüssigkeit auf der Spüle wird schnell und nebenbei mit dem Schwamm abgewischt. Schon richtet sich die Bakterienbande häuslich ein – genügend Feuchtigkeit und Nahrung sind jetzt für Tage garantiert. Deshalb ist der Gebrauch von Küchenpapier in diesem Fall besser (nein, nicht von Stoffhandtüchern, die sind ähnlich problematisch wie Schwämme). Insgesamt erreicht die Bakterienzahl laut der Studie pro Schwamm (gute und schlechte Arten) die atemberaubende Zahl von einer Milliarde! Bei den Bürsten war es genau andersherum: Die Zahl der Bakterien nahm ab, sobald diese trockneten, und die Menge an Krankheitserregern sank nach ein bis drei Tagen unter die Nachweisgrenze.

Die Empfehlung der Wissenschaft: Verwenden Sie keine Spülschwämme, sondern lieber Bürsten. Diese lassen auch höhere Spülwassertemperaturen zu, weil Ihre Hand dann nicht in das Wasser eingetaucht werden muss. Zudem können die Bürsten einfach in der Spülmaschine mitgewaschen werden und sind so stets sauber. Und nicht zuletzt trocknen sie auch viel schneller als Schwämme – Bakterien hassen Trockenheit und können sich deshalb auf den Borsten kaum noch vermehren.[284]

Das klingt nach klaren Vorteilen für die Spülmaschine. In Bezug auf Wasser- und Energieverbrauch schneidet sie deutlich besser ab als die Handwäsche,[285] aber wie sieht es mit der Keimbelastung aus? Aus Sicht der Bakterien unterscheiden sich Wasch- und Spülmaschinen nicht. Sie besiedeln in beiden fröhlich Wände und vor allem die Gummidichtungen und bilden dort Kolonien in Form von Filmen. Hier tummeln sich neben zahlreichen Bakterien (darunter auch potenzielle Krankheitserreger) viele Arten von Pilzen.[286] Und nun? Sollten Sie doch besser per Hand und mit Bürste spülen? Nicht unbedingt, wenn Sie die Maschine einmal im Monat leer in einem Intensivprogramm mit 70 Grad und der Zugabe von Reinigungspulver laufen lassen. So werden Sie die meisten der lästigen Bewohner los. Statt Pulver können Sie zwar auch Hausmittel wie Natron, Zitronenhälften oder Essig zufügen, aber in diesem Fall sind die chemischen Produkte effektiver.[287]

Lassen Sie uns nach dem Küchenrundgang abschließend einen Blick auf edlere Möglichkeiten werfen, unbeliebte Einzeller in Schach zu halten.

Gold und Silber mag ich nicht

Wenn Bakterien auf Schmuck stehen würden, dann wäre er sicher nicht aus Gold oder Silber. Bei Berührung mit diesen Edelmetallen würden die Wichte nämlich ganz schnell ihr Leben aushauchen. Dabei wirken beide Elemente unterschiedlich: Treffen Bakterien auf Gold, entsteht eine tödliche Spannung, die die Einzeller regelrecht zerreißt. Im Kontakt mit kleinsten Goldpartikeln wurde beobachtet, dass die Bakterien spontan explodierten, wie ein Luftballon, in den man eine Nadel sticht. Der Kontakt mit Silber ist nicht weniger brutal, funktioniert aber anders: Dabei entwickelt sich eine biochemische Reaktion, die die Außenhülle der Keime durchlöchert wie einen Schweizer Käse.[288]

Im Gegensatz zu teuren Ketten oder Ringen ist nicht das gelbe, sondern das deutlich billigere silberne Metall die erste Wahl, wenn es um den industriellen Einsatz geht. Dabei stehen Kundinnen und Kunden im Fokus, die die lästigen Bakterien in bestimmten Körperbereichen loswerden wollen. Solche Bereiche können zum Beispiel die Achselhöhlen sein, oder genauer gesagt die Textilien, die damit direkt in Kontakt kommen. Wer kennt es nicht: Eine geistig anstrengende Situation (bei mir zum Beispiel ein Bühnenauftritt) sorgt dafür, dass sich unter den Armen feuchte Flecken bilden. Wir wissen bis hierhin schon, dass für den anschließenden Geruch die lieben Kleinen verantwortlich sind, die den Schweiß in stinkende Verbindungen umwandeln. Doch das kann man lindern, indem man zum Beispiel ihre Produkte durch regelmäßiges Waschen beseitigt. Für zwischendurch ist ein Deo angesagt, welches im günstigsten Fall auch durch einen stressigen Tag trägt.

Eine bequemere Möglichkeit ist es, auf die Edelmetalle zurückzugreifen und mit ihrer Hilfe die Arbeit der Schweißfresser permanent zu unterdrücken. Ihr Nachteil: Sie sind teurer und zudem als eingewebte Fäden kratzig und unbequem. Doch die Produktentwicklung hat Silber so einsatzfähig gemacht, dass man es nicht mehr spürt: in Form von Nanopartikeln. Speziell bei Sport- und Outdoorbekleidung finden sich immer wieder Fabrikate, die mit kleinsten Silberteilchen durchsetzt sind. So ist gewährleistet, dass bei schweißtreibenden Aktivitäten die Bakterien im Zaum gehalten werden (oder besser gesagt: durchlöchert und getötet). Nanosilber wird nicht nur in Bekleidung eingesetzt, sondern auch für die Beschichtung von Pflastern verwendet. Das ist praktisch – so werden kleine Wunden direkt desinfiziert. Darüber hinaus taucht das Silber auch in Lebensmitteln oder Kosmetikprodukten auf – oft leider nicht gekennzeichnet.

Beim Einsatz dieser Partikel treten nämlich zwei Probleme auf: Zum einen können die Achselbewohner mit der Zeit Resistenzen bilden – wie sie sich danach verhalten, kann niemand vorhersehen. Zudem werden auch nützliche Hautbakterien zahlenmäßig reduziert und deren Artenvielfalt vermindert.[289]

Zum anderen werden die Partikel in der Waschmaschine teilweise ausgewaschen und gelangen mit dem Abwasser in die Kläranlage. Diese ist darauf angewiesen, dass ihre kleinen Helfer ungestört arbeiten und die Brühe entschärfen können. Wenn sie nun laufend mit Silberpartikeln bombardiert werden, könnten sie ihre Arbeitsfähigkeit einbüßen.[290] Wie stark diese Auswirkungen sind, weiß man leider nicht, und das ist ein typisches Problem unserer Zeit: Wir nutzen solche Stoffe einfach erst einmal, ohne dass dazu in ausreichender Zahl wissenschaftliche Untersuchungen vorliegen. Es gibt allerdings Hinweise, dass Nanosilber in Zellen eindringen kann. Dort stört es die Mitochondrien (verwundert das? Es sind ja letztendlich Bakterien!) und vermindert deren lebenswichtige Energieproduktion. Positiv ist andererseits, dass kleinste Silberteilchen offenbar die Behandlung von Krebs erleichtern, weil sowohl Bestrahlung als auch Chemotherapie in Kombination mit Nanosilber bessere Ergebnisse erzielen.[291] Insgesamt ist die Forschungslage nach vielen Jahren der Anwendung aber immer noch unklar.

Abseits von Edelmetall, Seife oder Antibiotika gibt es noch eine andere Substanz, die Bakterien hassen wie der Teufel das Weihwasser: Alkohol. Damit ziele ich (zunächst) nicht auf die Getränke, sondern auf den alltäglichen Einsatz zu Hause ab. Wie wäre es etwa mit dem Rasieren? Wenn die Stoppeln mit der scharfen Klinge entfernt sind, bleibt nicht nur eine glatte Haut zurück, sondern zahlreiche winzige Schnitte. Auf diese verteile ich routiniert und täglich Rasierwasser. Das duftet nicht nur gut, sondern desinfiziert die Mikrowunden, gut zu spüren am leichten Brennen. Desinfizieren heißt: Ich töte Bakterien. Das tue ich schon so lange, dass ich mir gar keine Gedanken mehr darüber mache – oder machte, bis ich für dieses Buch zu recherchieren begann.

Alkohol schädigt die Zellmembran von Bakterien, und das sehr zuverlässig. Resistenzen waren bisher nicht bekannt. Deswegen enthalten Desinfektionsspender Lösungen mit hohem Alkoholanteil. Sie hängen nicht nur in Krankenhäusern an den Wänden, sondern auch in Gaststätten, in öffentlichen Toilettenräumen und in Gastroküchen. Wenn es eine Kontamination mit krankheitserregenden Bakterien gibt, dann höchstens an den Hebeln, die nicht mit dem Alkohol in Kontakt kommen und von vielen Personen berührt werden. Deshalb sind mehr und mehr Geräte mit berührungslosen Mechanismen ausgestattet, die einen Sprühstoß abgeben, sobald man die Hände darunterhält.

Das mit den Desinfektionsspendern stimmt immer noch, das mit den Resistenzen hingegen nicht, wie eine Studie, in der Handspender in Krankenhäusern, Supermärkten und Restaurants untersucht wurden, feststellte. Das eingefüllte Mittel bestand zu 60 bis 75 Prozent aus Alkohol – also alles im grünen Bereich, sollte man meinen. Doch in der Hälfte der Geräte wurden Bakterien gefunden, die meisten von ihnen Durchfallerreger oder Krankenhauskeime, die gefährliche Wundinfektionen verursachen. Einige von ihnen überlebten im Versuch Behandlungen mit 70-prozentigem Alkohol und lieferten die Erklärung dafür, warum manche Arten direkt auf der Ausgabedüse überleben können. Die Untersuchung zeigte, dass Bakterien alkoholtolerant werden können. Um zu schauen, was das etwa für Krankenhäuser bedeutet, wurden diese Einzeller auch auf Antibiotikaresistenzen untersucht, und siehe da: Etliche Mittel wirken gegen diese Keime nicht mehr. Die Autorinnen und Autoren der Studie betonen, dass diese Bakterien noch keine vollständige Resistenz entwickelt hätten, aber dass das Ergebnis dennoch Anlass zur Sorge gebe: Noch vor wenigen Jahren reagierten dieselben Bakterienarten viel empfindlicher auf hochprozentigen Alkohol. Die Autoren empfehlen, die Handspender zu modifizieren, etwa eine Kombination der Geräte mit UV-Lampen, den Einsatz anderer Alkoholsorten wie Propanol (auf das Bakterien nicht eingestellt sind) und eine häufigere Reinigung der Geräte.[292]

Jetzt sind die Getränke dran. Das klingt hier unpassend, geht es doch um die Beseitigung von Keimen, und das ist beim Trinken eher nicht das Ziel. Doch wenn Alkohol ein sehr wirksames Mittel darstellt, um Bakterien zu töten (und das tut er in den meisten Fällen immer noch), dann sind Schnaps, Bier und Wein nicht nur ein Genussmittel, sondern auch eine Gefahr für das orale bakterielle Ökosystem. Um das zu untersuchen, schauten sich Forschende die Bakterienvielfalt in den Mündern von Nichttrinkern und schweren Trinkern an. Und tatsächlich wich die Zusammensetzung der

Kleinen sowohl nach Anzahl insgesamt als auch nach Anzahl der Arten deutlich voneinander ab. Manche waren bei Trinkern weniger zahlreich oder gar nicht in der Mundhöhle vorhanden, während andere gehäufter auftraten, zum Beispiel Neisseria. Angehörige dieser Gattung können Alkohol (der ihnen hier ja reichlich zufließt) in Acetaldehyd umwandeln – eine Substanz, die krebserregend ist. Und offensichtlich unterscheiden sich die Vorlieben auch bei den Mikroben: Während bei harten Getränken und Bier die Abweichungen zu Nichttrinkern eher schwach waren, traten die Unterschiede bei Weintrinkern besonders deutlich zutage.[293]

Nachdem wir uns länger mit der Bekämpfung unerwünschter Bakterien beschäftigt haben, würde ich mich jetzt gerne wieder den heimlichen Helden zuwenden und mit Ihnen weitere spannende Ökosysteme erkunden. Schließlich ist der Großteil der Arten nicht bedrohlich oder sogar nützlich für uns – oder einfach nur spannend, wie ein Ausflug in die Stadt zeigt.

Der Fingerabdruck von Städten

Erinnern Sie sich an die menschlichen Hände, die links und rechts ein eigenes Bakterienprofil haben? Wenn die Kleinen schon auf dieser winzigen Fläche für Ordnung sorgen, ihr Revier verteidigen und in stets gleichbleibender Artenzusammensetzung auftreten, wie sieht es dann in größerem Maßstab aus? Auf der Erde gibt es ja eine Unmenge verschiedenster Ökosysteme, deren Rahmenbedingungen so stark voneinander abweichen, dass eine unterschiedliche Zusammensetzung der Bakterienarten keine Überraschung ist. Bei Ökosystemen wird allerdings ein immer wichtiger werdender Typ oft ausgeblendet: die Stadt. Dabei nehmen in Deutschland Siedlungs- und Verkehrsflächen mit 14,5 Prozent halb so viel Raum ein wie die Waldfläche,[294] und diese künstlichen Lebensräume müssen nicht schlecht sein. So untersuchte der Insektenforscher Frank Koch im Auftrag der Humboldt-Universität in Berlin die Mittelstreifen zwischen viel befahrenen Straßen. Dieser Lebensraum scheint denkbar ungünstig: Die Luftqualität ist bescheiden, und der rauschende Verkehr wird für Fluginsekten zur Todesfalle, weil Ausflüge nach links und rechts schnell an Autoscheiben enden. Wer krabbelt, kommt unter die Räder – gefährlicher geht es wirklich nicht. Zudem sind Mittelstreifen schmal und liegen zwischen Fahrbahnen, die sich im Sommer unerträglich aufheizen. Dennoch konnte Koch mehr als 450 Arten nachweisen; ein großer Teil von ihnen steht auf der Roten Liste der gefährdeten Spezies.[295]

Ähnliches lässt sich von Habichten (eigentlich reine Waldvögel) in Berlin oder Wanderfalken, vor Jahrzehnten noch kurz vor dem Aussterben, in Köln berichten. Natürlich wäre unberührte Natur für all diese Wesen die deutlich bessere Alternative, aber im Vergleich zu öden landwirtschaftlichen Monokulturen schneiden Städte in Sachen Artenvorkommen sehr viel besser ab. Wenn es schon bei größeren Tieren eine erstaunliche Vielfalt in Städten gibt, dann liegt es nahe, hier auch auf die Pirsch nach den kleinen Erfindern des Lebens zu gehen. Logischerweise muss an diesen Orten alles voller Bakterien sein; schließlich leben in diesen aus merkwürdig quadratisch geformten Felsen bestehenden Landschaften (so sehen Städte für Tiere aus) Millionen von Säugetieren mit ihren persönlichen Einzellergesellschaften.

Doch gibt es auch Unterschiede zwischen den Städten? Das untersuchte eine Studie in 60 Städten rund um den Globus. Dabei wurden 4728 Proben in öffentlichen Verkehrsmitteln eingesammelt und geschaut, wer da so im Verborgenen werkelt. Freiwillige wischten Treppengeländer und Türgriffe ab, sammelten aber auch Proben auf dem Boden und aus der Luft. Das Ergebnis: 31 Arten, darunter nicht nur Bakterien, sondern auch Pilze und Viren, waren in 97 Prozent der Städte zu finden, doch über 4300 Arten waren stadtspezifisch zusammengesetzt, variierten also stark.

Damit ist klar: Jede Stadt hat ihren eigenen Fingerabdruck in Bezug auf Mikroben, an dem man sie erkennen kann. Diese Arten stammen übrigens ganz überwiegend nicht vom Menschen, so zum Beispiel das Bakterium *Cupriavidus metallidurans*, das (der Name verrät es vielleicht bereits) an metallische Oberflächen angepasst ist.[296] Es ist ein schönes Beispiel für einen kaum beachteten Lebensraum, der sich im Schatten der menschlichen Zivilisation entwickelt hat. Die Autorinnen und Autoren der Studie betonen, dass die entdeckte Gemeinschaft der städtischen Mikroben eine ganz eigene ökologische Nische darstellt und mit den menschlichen Bakterien oder denen des Bodens wenig gemein hat. Natürlich tauschen sie sich mit diesen aus, und das macht die Sache interessant: Unter den Stadtbakterien leben nämlich auch solche, die antibiotikaresistent sind (schon wieder …).

Kommen wir von Türgriffen und Treppengeländern zur städtischen Luft – darin ist mehr los, als die meisten Menschen vermuten. Die größeren Arten können Sie noch mit bloßem Auge beobachten, wie etwa die Gewittertierchen. Das sind millimetergroße Insekten, die sich bei Wetterumschwüngen bevorzugt auf hellen T-Shirts (besonders beliebt: Hellblau)[297] niederlassen. Biologisch korrekt ist die Bezeichnung »Thripse«, und sie gehören zu den Fransenflüglern. Außer auf sommerlicher Bekleidung sind sie an Pflanzen, gerne auch im Wohnzimmer, zu finden, wo sie ungefragt Säfte trinken (und die Gewächse dabei schwächen).

Fransenflügler heißen sie deshalb, weil ihre Flügel mit feinsten Härchen besetzt sind. Damit können sie je nach Art gar nicht richtig fliegen, und dennoch halten sie sich in der Luft. Das liegt an einem physikalischen Effekt: Für diese Winzlinge wird Luft gewissermaßen klebrig, weil die Luftträgheit und -zähigkeit bei dieser geringen Körpergröße das Gas wie Wasser wirken lässt.[298] Dadurch schwimmen die Fransenflügler streng genommen, anstatt zu fliegen. Und weil sie durch dieses klebrige Medium nur sehr langsam vorwärtspaddeln, werden sie bei stärkeren Winden teils Tausende Kilometer davongetragen. Zieht ein Gewitter auf, können die Tierchen durch Luftmassenbewegung nach unten gedrückt werden (und dann zum Beispiel auf Ihrem hellblauen T-Shirt landen).

Die Luft ist ein im Alltag völlig übersehener Lebensraum. Wenn wir an Ökosysteme denken, dann sind es flüssige oder feste Bereiche, also das Land oder das Meer. Den gasförmigen Ozean, der kilometerhoch über uns dahinzieht und auf dessen Grund wir stehen, lassen wir meist außer Acht. Neben zahlreichen anderen Bewohnern wie den Thripsen treffen wir in der Atmosphäre natürlich wieder unsere Protagonisten, die Bakterien. Einige haben wir schon dabei erwischt, wie sie Eiskristalle und damit Regentropfen produzieren. Das war aber nur ein winziger Ausschnitt der Vielfalt. Luft wird von den Bakterien genutzt, um weite Strecken zurückzulegen, und zwar schnell. Ganz auf sich gestellt, schaffen Bakterien auf feuchten Oberflächen immerhin einige Millimeter Strecke pro Stunde[299] – bezogen auf ihre Größe schon eine beachtliche Leistung. Neue Lebensräume kann man so aber kaum erschließen. Deshalb ist der Lufttransport mit dem Wind ein echter Gamechanger.

Die Artenvielfalt in der Atmosphäre ist groß und unterscheidet sich je nach Ökosystem, denn die Bakterien starten immer von Boden- oder Wasserökosystemen aus – dauerhaft können sie in der Luft nicht leben, müssen also irgendwo aufsteigen und dann auch wieder landen. Solche Startpunkte können nicht nur Wälder, Felder oder Seen sein, sondern auch menschliche Siedlungen. Bei einer Analyse auf Einzeller in der Luft von Städten des Mittleren Westens der USA tauchten unangenehme Überraschungen auf. Dazu untersuchten Forschende eine Kleinstadt sowie die Millionenstädte Chicago, Cleveland und Detroit und nahmen dort sechs Wochen lang im Sommer und noch einmal sechs Wochen im Winter Proben. Zunächst schaute sich das Team an, wie viele Arten sich in den 96 Luftproben finden ließen, die es oberflächennah eingesammelt hatte. Warum oberflächennah? Weil das genau die Luft ist, die Sie und ich einatmen.

In dieser Schicht tummelten sich in den untersuchten Städten 200 bis 300 verschiedene Spezies (oder taxonomische Einheiten) – mehr, als die Wissenschaftlerinnen und Wissenschaftler erwartet hatten. Dazu kamen deutliche Unterschiede zwischen den Jahreszeiten: Während im Sommer Bakterien dominierten, die offenbar von Pflanzen, Erde und Wasser aufgestiegen waren, sah das Ergebnis im Winter ganz anders aus. Kein Wunder, sind doch dann viele

Bäume kahl, die Felder abgeerntet und zumindest im Norden Wasserflächen gefroren. Was jetzt in den Proben dominant auftauchte, waren unangenehmere Zeitgenossen wie etwa Fusobakterien. Sie können allerlei Krankheiten von der Zahnfleischentzündung bis hin zum Darmkrebs auslösen. Ihr Ursprungsort in der städtischen Luft sind Hunde. In deren Därmen fühlen sich die Fusobakterien pudelwohl, aber müssen das traute Heim mit jedem Gassigehen verlassen. Aus den dampfenden Kothaufen steigen die warmen Krankheitserreger in die kalte Luft auf und finden sich in relevanten Konzentrationen in den oberflächennahen Schichten wieder. Bei den untersuchten Städten ist während des Winters Hundekot sogar die Hauptquelle für Luftbakterien. Die Verfasser der Studie geben zu bedenken, dass man die Auswirkungen dieser »Luftverschmutzung« auf die menschliche Gesundheit dringend besser untersuchen sollte.[300]

Bevor nun wieder Angst vor den Bakterien aufkommt: Das Problem ließe sich einfach entschärfen, indem Frauchen und Herrchen die Hinterlassenschaften eintüten und im nächsten Mülleimer entsorgen, wie es bereits viele Mitmenschen machen. Die Kleinen können ja nichts dafür, dass zahme Wölfe unsere modernen Städte zu Millionen bevölkern.

Ansonsten sind Luftbakterien immer noch nicht besonders gut untersucht. Einige Spezies haben Sie ja schon kennengelernt, wie etwa diejenigen, die den Wäldern helfen und an der Regenproduktion beteiligt sind. Was sich sonst noch alles in den Wolken verbirgt, kann man nur erahnen. Proben, die an der französischen Wetterstation Puy de Dôme auf 1465 Meter Höhe entnommen wurden, ergaben, dass sich pro Milliliter Wolkenwasser zwischen 100 und 1000 Bakterien tummelten. Die Forschenden fanden in ihren Proben insgesamt 28 000 Arten! Diese Arten wurden automatisch ermittelt, man weiß also nur, dass es sie gibt, nicht aber, welche Wesen das genau sind, und noch weniger, was sie dort treiben.[301]

Was man bisher herausgefunden hat, ist, dass die Kleinen dort oben munter Stoffe verarbeiten und produzieren. Die Wissenschaft vermutet, dass Bakterien einen erheblichen Einfluss auf die Prozesse in den Wolken haben, der über die (Ihnen schon bekannte) Bildung von Schneekristallen und Tröpfchen hinausgeht.[302]

Ein genauerer Blick auf die Zusammensetzung der Bakterienarten lohnt sich mittlerweile nicht nur für die Meteorologie, sondern auch für die Polizei. Dabei geht es weniger um die Beeinflussung von Verbrechen durch Bakterien, sondern um das Fassen von Straftätern.

Winzige Zeuginnen

Wenn die Polizei nicht mehr weiterweiß, werden manchmal Fernsehzuschauer befragt. Man präsentiert ihnen in Sendungen wie »Aktenzeichen XY« ungelöste Verbrechen in der Hoffnung, dass sich irgendjemand noch an Details erinnern kann und dann zur Lösung beiträgt. Das klappt sogar regelmäßig und garantiert eine hohe Einschaltquote. Die Zahl der aufgeklärten Fälle könnte auch ohne das TV steigen, wenn man Bakterien mit ins Boot holte, zum Beispiel bei Sexualstraftaten. Benutzt der Täter bei einer Vergewaltigung ein Kondom, hinterlässt er keine Spermaspuren. Eine eindeutige Überführung durch DNA-Analysen ist in diesen Fällen nicht möglich.

Das könnte sich ändern, wie erste Ansätze eines neuen Verfahrens aus Australien zeigen. Dort untersuchte man Bakteriengemeinschaften aus dem Genitalbereich. Dieses kleine Ökosystem ist bei jedem Menschen genauso einzigartig wie diejenigen an den Händen. Bei Sexualkontakten werden etliche der Wichte wie mit einem Stempel auf die andere Person übertragen und halten sich dort sogar mehrere Tage. In der Studie waren es vor allem Milchsäurebakterien, die überwiegend von Frauen auf Männer (und kaum umgekehrt) hinüberwechselten. Zwar pendelt sich die körpereigene Artenausstattung ähnlich wie bei den Händen nach ein paar Tagen wieder ein, doch bis dahin könnten die Ermittlungsbehörden wertvolle Zeit gewinnen, in der eine Identifizierung der

Täter noch eindeutig möglich wäre. »Wäre« deshalb, weil diese Methode erst noch weiter erprobt werden muss, bevor sie sicher angewandt werden kann. So ist ein Hindernis zum Beispiel die persönliche Hygiene der Täter oder auch die Veränderung der Bakterienzusammensetzung bei Frauen während des Menstruationszyklus.[303]

Und wie wäre es mit den Händen? Wer etwas anfasst, hinterlässt dort immer Bakterien, die sich nicht gut genug an der Haut festgehalten haben und nun herrenlos auf Türgriffen oder an Trinkgläsern herumlungern. Wenn jeder Mensch ein eigenes Bakterienprofil an den Händen hat (und das ist der Fall), dann könnte es doch bei der Aufklärung von Straftaten den Fingerabdruck ersetzen. Das klappt leider nicht so richtig, weil es offenbar individuell verschieden, aber doch nicht einzigartig ist. Es gibt zu viele bakteriologische Zwillinge. Immerhin kann man das Geschlecht, die ethnische Zugehörigkeit, die Ernährungsgewohnheiten sowie die Nutzung von Handdesinfektionsmitteln bestimmten Personen zuordnen.[304]

Insgesamt steckt die Nutzung von Bakterien zur Aufklärung von Verbrechen noch in den Kinderschuhen. Das liegt an (bislang) mangelndem Wissen, aber auch an dem enormen Aufwand, der betrieben werden muss, um Beweise zu sammeln. Hinzu kommt der Zeitaufwand für die Genanalysen und die Anlage von Kulturen, der dem Wunsch nach schnellen Ermittlungsergebnissen im Wege steht. Dabei sind die Ansätze verheißungsvoll. So kann zum Beispiel der Todeszeitpunkt mithilfe der Einzeller eingegrenzt werden. Das funktioniert so ähnlich wie die Sache mit den Fliegenmaden. Die forensische Entomologie, also die Bestimmung von Insekten im Zusammenhang mit Tötungsdelikten, erlaubt teils noch nach Wochen eine Festlegung des Todeszeitpunkts. Dabei wird geschaut, welche Arten Eier auf der Leiche abgelegt und wie weit sich die Maden schon entwickelt oder gar verpuppt haben.

Der prominenteste Vertreter seiner Zunft ist Mark Benecke, der weltweit Vorträge zum Thema hält und auch die Polizeiarbeit unterstützt. Er war zu Gast in einer Folge meines Podcasts, und auch ihn fragte ich wie alle Gäste nach seinem schönsten Walderlebnis. Seine trockene Antwort: »Insekten absammeln an einem verfaulenden Schwein im kolumbianischen Regenwald!«

Wenn ein Mensch stirbt, macht das logischerweise auch etwas mit seinen Bakterien – sie sind ja Bestandteil des Individuums. Die Fähigkeit, ihren Körper zu verteidigen, lässt mit dem Tod nach. Nun erobern andere Arten die Leiche, das sogenannte Thanatomikrobiom, benannt nach Thanatos, dem griechischen Gott des Todes. Die Abfolge der Veränderungen ist zeitlich genauso gut datierbar wie bei Insektenbefall, sodass man mit einer Bakterienanalyse den Todeszeitpunkt eingrenzen kann. Welche Einzeller sich wo und wie intensiv ausbreiten, ist abhängig davon, ob die neuen Herrscher in oder auf dem Körper sind. Das Eindringen durch die Haut oder Körperöffnungen ist nämlich auch nach dem Tod für Bakterien kaum möglich, sodass das Innere von Spezies übernommen wird, die schon zu Lebzeiten darin unterwegs waren. Außen läuft eine andere Besiedelungsreihenfolge ab, und wenn Leichen in freier Natur auf dem Boden liegen, verändert sich auch im Erdreich die Zusammensetzung der Arten. Es sickert ja einiges heraus – sorry für die Details. Das Heraussickern geschieht mit Druck. Den bauen unter anderem Darmbakterien auf, die nun anfangen, das Gewebe zu verdauen und dabei Gase zu produzieren, die den Körper aufblähen. Daneben entlassen allerlei andere Bakterienfamilien eine Reihe von flüchtigen Verbindungen, die meistens stinken[305] – ein Warnsignal an unsere Instinkte, jetzt bitte Abstand zu halten.

Neben drinnen/draußen/Boden spielt noch der Umstand eine Rolle, ob der tote Mensch krank und was die Ursache für sein Ableben war. Alkoholabhängige etwa weisen weniger Clostridien (können Darmentzündungen verursachen) und dafür mehr Enterobacter (verursachen Blutvergiftungen und Entzündungen an Augen, Haut, Herz oder Atemwegen) auf. Wenn man Bakterienanalysen zur Bestimmung des Todeszeitpunkts heranziehen möchte, muss man also die Vorgeschichte des Toten genau kennen, sollen keine Fehler unterlaufen. Eine Studie unterteilte die Übernahme der menschlichen Leiche in drei Phasen: teilskelettiert, skelettiert und trockene Überreste. Weil innerlich nach und nach alle Barrieren fallen, ähnelt die Artenzusammensetzung im gesamten Körper in den ersten beiden Phasen derjenigen des Darms. Dessen Besatzung reißt offenbar federführend das Ruder an sich. Erst mit praktisch vollständiger Verwesung (trockene Überreste) gleicht die Besiedelung der Artenzusammensetzung des Bodens.[306]

So viel zum aktuellen Stand der bakteriellen Kriminaltechnik. Ich würde jetzt gerne wieder zu appetitlicheren Themen zurückkommen, nämlich zum Essen – auch wenn das nach diesem Ausflug in das Leben nach dem Tod ein wenig schwerfällt.

Im Dienste des Menschen

Die Umwandlung von Milch in Joghurt ist ohne Bakterien nicht möglich. Der weiße Pudding ist letztendlich, etwas grob ausgedrückt, Rest eines Bakteriengelages einschließlich deren Fäkalien. Wann genau Bakterien für die Zubereitung von Milchprodukten in den Dienst genommen wurden, ist nicht bekannt. Mindestens seit dem sechsten Jahrtausend v. Chr. wird Joghurt zubereitet, wie indische Ayurveda-Schriften zur gesundheitsfördernden Wirkung des weißen Nahrungsmittels belegen. Die Ursprünge finden sich wahrscheinlich bei Hirtenkulturen im Mittleren Osten, die Milch in Beuteln aus Darm transportierten. Durch den Kontakt mit Darmsäften wurde die Milch sauer und dicker und blieb deshalb länger haltbar. Doch bis Joghurt in Mittel- und Westeuropa sowie Nordamerika ankam und sich dort in der Esskultur festsetzte, dauerte es bis zum Beginn des 20. Jahrhunderts. Der Boom startete mit den Entdeckungen von Stamen Grigorow, einem bulgarischen Mediziner. Er fand heraus, dass Milchsäurebakterien für die Eindickung der Milch verantwortlich sind. Als die Forschung dann einen Zusammenhang zwischen der Langlebigkeit der bulgarischen Bauernbevölkerung und dem Verzehr von Joghurt vermutete, wuchs das öffentliche Interesse, und die Nachfrage stieg sprunghaft an.

Auch Essig ist ein altes Lebensmittel, welches aus alkoholhaltigen Getränken wie Wein oder Höherprozentigem entsteht. Hier sind es bakterielle Säufer, die fröhliche Gelage veranstalten und zum Dank Essigsäure hinterlassen. Die schmeckt Menschen schon seit Jahrtausenden als Würzmittel, daneben konserviert sie Lebensmittel, indem sie Wasser verdrängt und damit Bakterien die Lebensgrundlage entzieht.

Etwas Zellulose gefällig? Vielleicht ist Ihnen die Substanz noch aus dem Biologieunterricht geläufig: Sie ist der Hauptbestandteil von Zellwänden bei Pflanzen. Bäume etwa sind nur wegen der Zellulose so flexibel. Die Festigkeit von Holz wird mit zusätzlichen Klebstoffen zwischen den Fasern erreicht, die Stämme so stabil wie Glasfaserkunststoffe machen. Zellulose ist auch der Rohstoff, aus dem Papier gemacht wird. In den Fabriken werden die Baumstämme zermahlen, der Klebstoff (Lignin) herausgewaschen und das watteweiße Material, das dann übrig bleibt, aufbereitet und zu großen Rollen gewickelt. Wenn Sie ein Blatt zerreißen und über die Kante schauen, sehen Sie die kleinen Fasern herauslugen.

Diesen Grundstoff können Pflanzen, aber auch Bakterien herstellen. Das wurde erstmals 1886 entdeckt. Er gleicht denen der grünen Kolleginnen fast aufs Haar und wird inzwischen zunehmend nicht nur in der Papierherstellung, sondern auch in Lebensmitteln eingesetzt. Lebensmittel? Zellulose ist ein Verdickungsmittel und wird etwa in Wurstprodukten genutzt, um die gewünschte Sämigkeit zu erzeugen. Bakterien können die Substanz aus landwirtschaftlichen Abfällen herstellen und helfen so, wertvolle Ressourcen (etwa Bäume) zu schonen.[307]

Je nach Art können Bakterien Lebensmittel nicht nur verderben, sondern auch konservieren. Kennen Sie blaugrün angeschimmelte Orangen oder Zitronen? Das sind klare Fälle für die Komposttonne im Garten (sofern die Früchte nicht gespritzt sind). Hier setzt die Lebensmittelindustrie an: Schon im Ansatz sollen angreifende Pilze abgewehrt werden, indem freundliche Organismen einen undurchdringlichen Abwehrfilm auf der Schale bilden.

Ein internationales Wissenschaftsteam entdeckte neben zwei Hefepilzen drei Bakterienarten, die die Schimmelpilze angriffen und dezimierten. Zudem verhinderten sie wirkungsvoll einen Befall gesunder Orangen und Zitronen.

Das lässt für die Zukunft hoffen, denn die bisher eingesetzten Stoffe klingen schon ein bisschen gruselig. Imazalil (potenziell krebserregend),[308] Biphenyl, Orthophenylphenol und Natriumorthophenylphenol (gelten ebenfalls als bedenklich)[309] sind zwar nach bisheriger Erkenntnis relativ harmlos, wenn man die Schalen nicht verzehrt. Zum Hantieren empfiehlt sich das Waschen der Früchte und anschließend der Hände – doch bei mir bleibt ein ungutes Gefühl. Deshalb kaufen wir grundsätzlich Lebensmittel in Bioqualität ein, doch die haben ein anderes Problem: Sie sind deutlich teurer und häufig von schlechterer Qualität, weil sie teilweise offenbar schon im Supermarkt von Schimmelpilzen befallen sind, die, kaum zu Hause, ungeniert ihr zerstörerisches Spiel treiben. Da kämen harmlose Bakterien gerade recht, die die Früchte frisch halten und eine unnötige Chemiebelastung vermeiden helfen.

Ähnlich wie bei Haus- und Nutztieren sind auch die allerkleinsten Wesen durch Züchtung oder Genmanipulation verändert worden, um bestimmte Dienste zu verrichten. Man könnte demnach von Nutzbakterien sprechen, die mit ihren wilden Verwandten so viel zu tun haben wie ein Haus- mit einem Wildschwein. Ein solches Nutzbakterium ist ausgerechnet *Escherichia coli*, welches nicht nur im Darm lebt, sondern auch Krankheiten auslösen kann. Für die Forschung sind Kolibakterien beliebte Objekte, weil sie besonders gerne fremde DNA aufnehmen und einbauen. So kann man sie leicht dazu bewegen, ihren Stoffwechsel zu ändern und allerlei chemische Substanzen herzustellen, zum Beispiel Insulin. Dieses Hormon produziert der Körper unter anderem, um die Zuckerverteilung aus dem Blut in die einzelnen Zellen zu regeln. Wer an Diabetes erkrankt ist, muss künstlich Insulin zuführen. Allein in

Deutschland sind acht Millionen Menschen auf den Stoff angewiesen, der früher nur aus den Bauchspeicheldrüsen geschlachteter Schweine hergestellt werden konnte. Entsprechend schlecht war die Versorgungslage und umso kürzer die Lebenserwartung. Doch dann entdeckte die Wissenschaft die Möglichkeit, Kolibakterien in die Produktion einzuspannen. Sie ließen sich durch den Einbau von Genschnipseln dazu überreden, jede gewünschte Menge des Hormons herzustellen.[310]

Einen weiteren wichtigen Dienst leisten Bakterien bei der Verdauung – nein, nicht unserer, die hatten wir ja schon besprochen. Diesmal stehen die Wiederkäuer im Fokus, die als Rind, Schaf oder Ziege Fleisch und Milch liefern sollen. Weil sie Gras fressen, können sie Pflanzen in Fleisch verwandeln.

Große Landschaften dieser Erde bestehen aus Steppen, die per Definition zwar von Gräsern und Kräutern, nicht aber von Bäumen bewachsen sind. Wir können die Steppengewächse kaum verdauen (von einigen Ausnahmen abgesehen), aber anderen Tierarten gelingt das ganz hervorragend: der großen Gruppe der Pflanzenfresser. Sie mümmeln den ganzen Tag mit nur kurzen Unterbrechungen, weil Gras einen geringen Nährwert hat. Das ist ganz schön gefährlich, weil man bei dieser Tätigkeit den Kopf absenken muss und dann mit dem Kopf zwischen den Halmen nicht mehr gut sieht. So können sich Raubtiere bestens anschleichen. Deshalb hat ein Teil der Tiere ein ausgeklügeltes Verdauungssystem entwickelt: das Wiederkäuen. Dabei werden zunächst hastig so viele Pflanzen abgerupft und hinuntergeschluckt, dass der erste Magen ruckzuck voll ist. Dann ziehen sich die Tiere in sicheres Gelände zurück, legen sich hin und würgen das Material portionsweise wieder hoch. Erst jetzt wird es gründlich durchgekaut, eingespeichelt (pro Kuh bis zu 200 Liter täglich) und dann endgültig heruntergeschluckt. Dieses gemütliche Kauen kann schon mal neun Stunden am Tag dauern. Der Brei wandert dann in drei weitere hintereinanderliegende Mägen. Doch Rinder, Ziegen oder Schafe können die Masse jetzt immer noch nicht verwerten. Dazu benötigen sie die Hilfe von Bakterien. Diese besiedeln zusammen mit anderen Einzellern und Pilzen die Mägen und machen sich jetzt hungrig über das Grasmus her. Ihre Fäkalien bestehen zu einem großen Teil aus Fettsäuren – prima für das Tier, das solche Nährstoffe dringend benötigt. Pro Milliliter mümmeln bis zu 100 Milliarden Bakterien in dem Brei, die sich bei ihrer Tätigkeit von Pilzen unterstützen lassen. Letztere knacken die besonders schwer verdauliche Zellulose.[311]

Im dunkel-feuchten Kuhmagen ist Sauerstoff Mangelware. Deshalb tummeln sich hier Bakterien, die ohne Luft auskommen. Typischerweise atmen solche Einzeller Methan aus, welches dann per Rülpser oder Darmwind in die Atmosphäre entlassen wird. Methan ist ein sehr starkes Treibhausgas und 21-mal klimawirksamer als CO_2. Bei weltweit rund einer Milliarde Hausrinder[312] ist das Atmen der Magenbakterien eine ernst zu nehmende Größe.

Aber zurück in das Dunkel des Magens. Er ist ein heimeliges, geschütztes Bakterienuniversum. Hier ist es gleichbleibend warm, feucht, und es gibt immer genug zu fressen. Der einzige Nachteil: Durch den ständigen Nachschub rutscht der Brei immer weiter, was bedeutet, dass die Bakterien irgendwann per Kuhfladen aus der Wohngemeinschaft hinausgeworfen werden. Etlichen droht aber schon vorher Ungemach: Die Kuh als Gastgeberin verdaut auch viele der kleinen Helfer und nutzt sie schamlos als Eiweißquelle.

Festzuhalten bleibt, dass Menschen über den Umweg Tier plus Bakterien Gras eben doch essen können. Dieser Zusammenhang wird als Argument für die Fleischerzeugung missbraucht: Mit Graslandschaften könne man doch ohnehin nichts anderes anfangen, als sie beweiden zu lassen. Schließlich seien es zumeist Areale, die für Ackerbau ohnehin nicht taugten, auf denen also nichts anderes wachsen könne. Dabei wird gerne ausgeblendet, dass in weiten Teilen der Welt Weideland ursprünglich Wald war, der für die Viehhaltung gerodet wurde. Und dieses Waldland beheimatet ganz andere Bakterien, die globale Auswirkungen auf das Klima und die Ökosysteme haben, aber dazu im nächsten Teil mehr.

VERBÜNDETE FÜR DIE ZUKUNFT

Wir haben Bakterien als wichtigen Bestandteil unseres Körpers, aber auch als gefährliche Angreifer kennengelernt, gegen die wir uns täglich bewusst und unbewusst wehren. Nachdem wir einen Streifzug durch einige hilfreiche Anwendungen und Produkte gemacht haben, bei denen uns die Bakterien unter die Arme greifen können, lassen Sie uns einen Blick in die Zukunft werfen. Die könnte durch die Einzeller nämlich deutlich heller werden, wenn wir sie erstens mehr berücksichtigen und zweitens gezielter zur Rettung der Umwelt und auch der menschlichen Zivilisation einsetzen.

Doktor Bazillus

Wenn Bakterien selbst Antibiotika produzieren und damit ihre Konkurrenz bekämpfen, und das schon seit Milliarden von Jahren, dann müssen sie besonders gute Wirkstoffe erfunden haben. Schließlich entwickelten sich ihre Feinde ebenfalls weiter und ersannen entsprechende Abwehrstrategien. Deshalb liegt es nahe, in Zeiten zunehmender Resistenzen neue Mittel bei diesen einzelligen Experten zu suchen. Und die Wissenschaft ist auch schon fündig geworden! Ein Team der Northeastern University in Boston stieß in einer Wiese im US-Bundesstaat Maine auf eine Bakterienart, die sich mit einem besonderen Stoff behaupten konnte: Teixobactin. Doch bevor man es näher untersuchen konnte, tauchte das nächste Problem auf: Dieses Bakterium ließ sich wie 99 Prozent seiner Artgenossen nicht im Labor kultivieren und damit kaum erforschen. Und selbst wenn dies gelänge – wie will man mithilfe der Kleinen Medikamente gewinnen, wenn sie sich nicht in großer Stückzahl züchten lassen?

Abhilfe kam aus der Technikabteilung: Mit einem kaum streichholzschachtelgroßen Apparat, genannt iChip (Isolationschip), der in den matschigen Boden gedrückt wird, gelang es, die Bakterien in ihrer natürlichen Umgebung zu vermehren. Ihre chemische Waffe wurde dann im Deutschen Zentrum für Infektionsforschung in Bonn analysiert. Das Ergebnis: Teixobactin greift fremde Bakterien gleich an mehreren Schlüsselstellen an, sodass sich die betroffenen

Einzeller schlecht oder gar nicht anpassen können.[313] Genau solche Antibiotika sucht die Medizin, denn die Wahrscheinlichkeit, dass die Krankheitskeime Resistenzen gegen das neue Medikament entwickeln, sinkt dadurch drastisch. Dies bestätigten Tests an multiresistenten Bakterien, die sich selbst nach längerer Behandlung mit einer für sie nicht tödlichen Dosis nicht auf das Gift einstellen konnten.[314]

Trotzdem fällt bei der Suche nach neuen medizinischen Wirkstoffen in der Natur häufig der Begriff »Regenwald«. Und das ist auch richtig: Hier verbergen sich so viele unentdeckte Pflanzen und Tiere, dass die Wahrscheinlichkeit, neue Substanzen aufzuspüren, relativ hoch ist. So wurde 2018 eine Liane entdeckt, die ein Alkaloid enthält, das gegen Bauchspeicheldrüsenkrebs eingesetzt werden kann.[315] Dennoch sollten wir uns, anstatt auf Pflanzen und Pfeilgiftfrösche zu setzen, lieber verstärkt den Bakterien zuwenden. Wenn wir wissen, dass geschätzte 99 Prozent aller Arten noch gar nicht entdeckt sind, selbst vor unserer Haustüre nicht, und wenn wir berücksichtigen, dass diese Erfinder des Lebens unglaublich viele Stoffe entwickelt haben, dann liegt der tropische Regenwald in Bezug auf neue Medikamente vor unseren Füßen.

Falls Sie wie wir Ziegen haben, dann dürfen Sie das wörtlich nehmen. Denn in Ziegenmist wurde kürzlich eine Bakterienart entdeckt, die einen Stoff mit sensationellen Eigenschaften produziert. Es handelt sich um Disorazol Z1, welches die Zellteilung verhindert und schon in winzigsten Konzentrationen zerstört. Die Myxobakterien (so heißen die neuen Stars) sind gar nicht so selten: Sie treten weltweit auf und leben als gesellige Kolonien. Das tun viele Arten dieser Gruppe so intensiv, dass sie möglicherweise kurz davor stehen, mehrzellige Wesen zu bilden. Zur Ausbreitung formiert sich solch eine Gemeinschaft sogar zu einer Art Fruchtkörper (wie Pilze oder Schleimpilze),[316] aber im Fokus steht aktuell der neu gefundene Stoff. Er ist so extrem wirksam, dass Wissenschaftlerinnen und Wissenschaftler im Labor mit besonderen Sicherheitsvorkehrungen arbeiten müssen. Schon in Konzentrationen im pikomolaren Bereich (ausgeschrieben 0,000 000 000 001) wird es gefährlich.

Einem Team von der Universität Marburg gelang es, die Chemikalie nachzubauen, und um keine gesundheitlichen Schäden zu riskieren, erzeugten die Forschenden zunächst nur zwei Milligramm. Das Sensationelle an Disorazol Z1 ist seine Wirksamkeit gegenüber Krebszellen. In der Originalversion ist es hochgefährlich, doch in der veränderten Form ein extrem effektives Mittel. Durch ein zusätzliches Eiweißmolekül, welches als Wegweiser zu den Krebszellen dient, kann das Bakteriengift zielsicher gelenkt werden und die Tumore ausschalten.[317]

Es gibt noch weitere Überlegungen, Bakterien in den Dienst der Medizin zu stellen. Sie sollen ein besonderes Problem lösen: Wie bekommt man die Wirksubstanzen exakt dorthin, wo sie wirken sollen? Bisher nutzen wir in den meisten Fällen die Holzhammermethode wie beispielsweise mit Paracetamol, einem der weltweit am häufigsten eingesetzten Schmerzmittel. Wie es genau wirkt, ist bis heute nicht bekannt, nur dass es funktioniert. Bei Bedarf nimmt man eine Tablette, und dann geht die Reise über den Magen und Darm ab in den Blutkreislauf und von dort durch den ganzen Körper bis zur schmerzenden Stelle. Doch woher weiß die Tablette, wo genau sie wirken soll? Antwort: Das weiß sie nicht. Damit am betroffenen Ort die gewünschte Wirkung eintritt, muss der ganze Körper mit einer entsprechend hohen Dosis geflutet werden. Und weil man nicht weiß, wie Paracetamol den Schmerz beseitigt, kann man den Wirkstoff kaum in eine bestimmte Richtung optimieren.[318] Das Resultat sind mögliche Nebenwirkungen in anderen Körperteilen, die bei längerem Gebrauch verstärkt auftreten können. Die Beweislage verdichtet sich, dass zum Beispiel Bluthochdruck oder Darmblutungen dazuzählen.[319] Dabei ist Paracetamol noch vergleichsweise harmlos, wenn man die Beipackzettel anderer Medikamente liest.

Wäre es da nicht besser, man könnte die Arzneien punktgenau landen lassen und den übrigen Körper verschonen? Im Fall von Disorazol Z1 kann das über ein Schlüsseleiweiß gelingen, aber es ginge vielleicht noch einfacher: indem man intelligente Wesen damit beauftragt, die Ware an die richtige Adresse zu liefern. Das Verfahren steckt noch in den Kinderschuhen, wird aber bereits eingesetzt. Und ausgerechnet hier tauchen die viel gescholtenen Salmonellen wieder auf. Neben anderen Gruppen können diese Bakterien, gentechnisch verändert, Krebsmedikamente in Tumore transportieren. Allerdings ist der Einsatz solchermaßen veränderter Organismen im menschlichen Körper umstritten – der horizontale Gentransfer lässt grüßen. Schließlich könnten die veränderten Bakterien Genschnipsel abgeben und dem hauseigenen Personal überreichen, welches sie freudig einbaut und daraufhin gänzlich andere Eigenschaften entwickelt.[320]

Bakterien bitten zu Tisch

Bei dem, was bei uns auf dem Teller landet, reden Bakterien ebenfalls ein gewaltiges Wörtchen mit. Denn die Produktivität in der Landwirtschaft hängt nicht zuletzt von den kleinen Manipulatoren ab, die sowohl nützlich als auch schädlich sein können. Die nützlichen helfen zum Beispiel bei der Herstellung von Dünger, und ihr Name ist von der Form ihrer Behausung abgeleitet: die Knöllchenbakterien. Sie fischen nicht nur Stickstoff für Bäume aus der Atmosphäre und basteln daraus Nahrhaftes, sondern unterstützen darüber hinaus so wichtige Nahrungspflanzen wie Erbse, Bohne oder Linse. Die Knöllchen, in denen die Werkstätten der Einzeller untergebracht sind, können Sie mit bloßem Auge an den Wurzeln dieser Gewächse sehen. Die Hülsenfrüchtler sammeln aber nicht nur Stickstoff für sich selbst, sondern hinterlassen auch im Boden einen Überschuss, sodass gerade Ökobetriebe diese biologische Düngerquelle für den folgenden Anbau von Getreide und anderen Feldfrüchten nutzen und damit auf Mineraldünger der chemischen Industrie verzichten können. Daneben produzieren die von den Knöllchenbakterien gepushten Pflanzen besonders viel Eiweiß und ermöglichen damit eine fleischarme Ernährung.

Apropos fleischarm: Die Tierhaltung ist einer der größten Treiber im Klimawandel – und das nicht nur wegen des schädigenden Methanausstoßes von Kühen und Schweinen. Um genügend Produktionsflächen für den weltweit wachsenden Hunger auf Fleisch zu erhalten, wird weltweit ohne Rücksicht Wald gerodet. Schon heute nutzt die Landwirtschaft global 80 Prozent der Fläche für die Tierhaltung,[321] meist auf ehemaligen Waldböden. Deshalb werden fieberhaft alternative Möglichkeiten gesucht, solche Lebensmittel herzustellen. Proteine aus Pilzen sind in der Schweiz und Großbritannien bereits in Supermärkten zu finden; der Stoff ähnelt echtem Fleisch sowohl in Bezug auf die Inhaltsstoffe als auch auf die Textur. Pilze brauchen Zucker, und auch der muss aus eigens dafür angebauten Pflanzen wie Zuckerrohr oder -rüben gewonnen werden. Der Flächenbedarf für »Pilzfleisch« ist aber deutlich geringer als bei solchem von Tieren. Und nun kommen unsere Bakterien ins Spiel, denn was Pilze können, können sie schon lange. Dabei nutzen manche Arten sogar Methan oder CO_2, wandeln also Treibhausgase in eine Art Fleisch um – eine echte Win-win-Situation. Noch ist das Zukunftsmusik, aber die Forschung daran läuft.[322]

Was bei uns die Darmbakterien sind, sind bei Pflanzen die Bodenbakterien, speziell solche, die an den Wurzeln sitzen. Dort regen sie das Pflanzenwachstum an und stellen je nach Art Mineralien und Stickstoff zur Verfügung, auf dass ihre grünen Zuckerlieferanten ordentlich produzieren mögen. Pflanzen scheiden nämlich bis zu 30 Prozent ihrer gesamten Zuckerproduktion über die Wurzeln an pilzliche und bakterielle Partner aus, die sich dafür revanchieren. Wie die Darmbakterien uns als Wirtsorganismus zu höheren Leistungen ansporne, ist bekannt, doch bei Pflanzen tappte man lange im Dunkeln. Dann entdeckte ein Forschungsteam, dass Wurzelbakterien Hormone nachbauen, mit denen sie die Gewächse zu schnellerem Wachstum treiben. Es sind Signalmoleküle, die belegen, dass nicht nur bei Tieren, sondern auch bei Pflanzen eine rege Kommunikation mit ihren Bakterien stattfindet.[323]

Bakterien werden aber nicht nur tätig, um ihre Pflanzen im Wachstum zu beschleunigen, sondern auch, um sie zu beschützen. Einer der Hauptfeinde grüner Gewächse sind Pflanzenfresser. So wie Bisons Wölfe fürchten, so fürchten Kräuter und Gräser Schmetterlingsraupen und andere pflanzenfressende Tiere. Das kann man nachweisen und sogar riechen – etwa wenn Sie Ihren Rasen mähen. Der angenehme Duft enthält Kommunikationsstoffe, mit denen sich Gras untereinander warnt, damit die Kollegen rechtzeitig ihre Abwehrbereitschaft erhöhen können. Streng genommen will Ihr Grün also den Rasenmäher loswerden. Die Abwehr wird nicht nur durch die Einlagerung schwer verdaulicher oder gar giftiger Stoffe eingeleitet: Es werden darüber hinaus auch die Feinde der Raupen angelockt. Die Räuber riechen die Alarmbotschaften, wittern eine kleine Fleischmahlzeit, mit deren Verzehr die Gewächse ihre Widersacher loswerden. Damit schaffen es Pflanzen, die Zahl der Pflanzenfresser um bis zu 90 Prozent zu reduzieren.[324]

Die an den Wurzeln lebenden Bakterien bleiben unterdessen auch nicht untätig. Sie ändern ihre Zusammensetzung, sobald sie die Attacke bemerken, und lassen den Arten den Vortritt, die die Produktion von Insektiziden ankurbeln, wie eine Studie an Erdnüssen nachwies. Die Stoffe verderben den Larven den Appetit oder töten sie sogar.[325] Doch die Gegenseite hat ebenfalls nachgerüstet. So entlassen Kartoffelkäfer mit ihrem Speichel Bakterien in die Bisswunde, die für ihr »Haustier« den Weg freimachen. Sie gaukeln der befallenen Pflanze vor, dass ein bakterieller Angriff stattfindet, der eine andere chemische Abwehr erfordert als die Produktion von Insektiziden. Und während die Pflanze die Einzeller bekämpft, können die Kartoffelkäfer unbehelligt zuschlagen.[326]

Ein weiteres Problem intensiver Landwirtschaft ist die zunehmende Versalzung von Böden. Pumpt man in Trockengebieten Grundwasser nach oben, um damit die Kulturen zu bewässern, dann tritt folgendes Phänomen auf: Bei der Verdunstung wird das

Wasser wie bei einem Docht aus unteren, noch feuchten Schichten nach oben in die austrocknenden Lagen gezogen und transportiert dabei Salze (zum Beispiel aus Düngemitteln) an die Oberfläche. Mit der Zeit werden die Flächen so salzig, dass Landwirtschaft kaum noch möglich ist. Pro Tag werden so weltweit 20 Quadratkilometer nutzlos.[327] Salz verursacht ähnliche Schäden wie eine Dürre, nämlich Wassermangel in Pflanzen und deren Zellen. Weil es auch von Natur aus salzige Böden gibt, haben Bakterien hierfür ebenfalls Lösungen parat, die in Zukunft für die Nutzung solcher Flächen und damit die menschliche Ernährung immer wichtiger werden könnten. Um »ihren« Gewächsen zu helfen, setzen die Einzeller eine Reihe von Substanzen ein, so etwa Katalase, das Schäden durch aggressive Sauerstoffverbindungen verhindert. Trehalose und Prolin regeln den Wassergehalt in den Pflanzenzellen, und Exopolysaccharide schützen die Zellen vor Wasserverlust. Keine Sorge, ich drifte jetzt nicht in eine Chemievorlesung ab, obwohl die Aufzählung noch lange nicht erschöpft ist. Sie zeigt nur, dass Bakterien für diese Probleme längst Lösungen gefunden haben. Diese Lösungen sind wissenschaftlich allerdings noch nicht so gut verstanden, als dass solche Bakterien gezielt in der Landwirtschaft eingesetzt werden könnten.[328] Solange sollten wir daran arbeiten, Böden nicht weiter zu übernutzen.

Bei einem anderen Grundnahrungsmittel geht es nicht um Insekten, Salzwasser oder Dürren, sondern um Schwermetalle, die uns Menschen gefährlich werden können: Reis. Er ist in den letzten Jahren etwas in Verruf geraten, denn sein Nachteil gegenüber anderen Getreiden, aber auch Kartoffeln ist sein hoher Arsengehalt. Der ist zwar vor allem für Kleinkinder problematisch, aber auch für Erwachsene wird eine tägliche Reismahlzeit nicht empfohlen. In Fertigprodukten wie Reiswaffeln, die als kalorienarmer Snack immer beliebter werden, steckt das giftige Schwermetall (wissenschaftlich ganz korrekt: Halbmetall) ebenfalls. Arsenfreien

Reis gibt es leider nicht, und es gibt auch keinen unteren Grenzwert, ab dem der Arsengehalt unbedenklich wäre, zum Beispiel in Hinsicht auf die Entstehung von Krebs. Eine Möglichkeit, die Belastung zu reduzieren, ist das Schälen, weil in den Randschichten die Konzentration besonders hoch ist. Auch das Waschen und Kochen bewirkt eine weitere Verbesserung, dennoch bleibt immer etwas von dem Gift zurück und wird mit verzehrt. Übrigens ist Reispulver auch in vielen Kosmetika enthalten, wie etwa Kompaktpuder, Mascara oder Rouge. Da die Haut einen Teil der Inhaltsstoffe aufnimmt, ist Arsen hier ebenfalls problematisch.[329]

Und nun? Die Hälfte der Weltbevölkerung kann auf Reis nicht verzichten, weil er ihr wichtigstes Grundnahrungsmittel ist. Rund 90 Prozent des Weltanbaus findet in Asien statt, wo der erste Reis schon vor 10 000 Jahren konsumiert wurde.[330] Heute enthält das Wasser für die Felder in vielen Hauptanbauregionen hohe Dosen an Arsen. Das liegt nicht nur an den Böden, sondern auch am Wasser, welches aus tiefen Schichten zur Bewässerung nach oben gepumpt wird. Es bringt im Schlepptau in manchen Gegenden besonders viele Schadstoffe mit sich, wie etwa in der Küstenregion im Osten Indiens. Während es tief unten im Grundwasser wenig Schaden anrichtet, wirkt es oben unheilvoll. Die WHO empfiehlt als Grenzwert 10 Mikrogramm (Millionstel Gramm) pro Liter Trinkwasser; etliche Länder Südostasiens haben ihn jedoch auf 50 Mikrogramm heraufgesetzt, weil es einfach kaum besseres Wasser gibt. Die Realität liefert in manchen Gegenden sogar Werte von mehreren Tausend Mikrogramm pro Liter.[331] Pflanzen reagieren auf ähnliche Werte mit Beeinträchtigungen: Ab 75 Mikrogramm kann man negative Reaktionen messen, ab knapp 400 Mikrogramm wird es für die Gewächse tödlich.[332]

Am Reis und leider auch am Arsen scheint trotz dieser Problematik kein Weg vorbeizugehen, doch zum Glück sprechen die Bakterien in dieser Sache ein Wörtchen mit. Das Schwermetall schädigt Pflanzen auch deshalb, weil sie sich gegen die Aufnahme nicht wirksam schützen können. Sie saugen es zusammen mit anderen Nährstoffen aus dem Boden und lagern es in den Zellen ein. Dort kommt es zu Störungen und anschließend zu Siechtum. Das kann den Bakterien nicht gefallen – Siechtum bedeutet weniger Zucker, und deshalb greifen sie ein. Spezielle Arten, die in den Sundarbans, den größten Mangrovensümpfen der Erde im Grenzgebiet Indien/Bangladesch, gefunden wurden, erweisen sich als erstaunlich arsenresistent. Um ihre Pflanzen zu schützen, bilden sie große Kolonien, die das Gift in sich aufnehmen und so von ihren Zuckerspendern fernhalten. In ermutigenden Versuchen zeigte sich, dass man Reiskulturen mit solchen Bakterien impfen kann, was sich sofort in einem verbesserten Wachstum der Pflanzen auswirkt. Zudem sinkt der Arsengehalt im Endprodukt.[333]

Neben Reis können auch andere Nahrungsmittel betroffen sein – schließlich kommt es weniger auf die Pflanzenart an als auf die Verseuchung des Bodens durch Bewässerung. Deshalb gibt es Resultate zu weiteren Gemüsen, etwa zu Mungbohnen. Sie zählen in Indien ebenfalls zu den Grundnahrungsmitteln, sind aber auch in der westlichen Küche weit verbreitet, zum Beispiel als gekeimte Sprossen. Ein weiterer Vorzug der Mungbohne ist, dass sie keine Blähungen verursacht. Aus manchem Anbaugebiet bringt sie nur leider wie der Reis giftiges Arsen mit. Doch hier wirft sich ebenfalls eine Bakterienart in die Bresche: *Acinetobacter Iwoffii* kann »seine« Bohnenpflanzen so effektiv abschirmen, dass die Arsenaufnahme innerhalb von sieben Tagen vollständig gestoppt wird, wenn man ihn hinzufügt.[334]

Unter den Bakterien gibt es bedauerlicherweise zunehmend auch solche, die unsere Ernährung gefährden, und daran sind wir Menschen in der Regel selbst schuld. Durch den globalen Handel und die in den Gütern mitreisenden blinden Passagiere werden Insekten, Pflanzen und Bakterien wild durcheinandergemischt und bewirken in ihrer neuen Heimat Unheilvolles. So werden eines meiner Lieblingsnahrungsmittel, die Kartoffel, aber auch andere Feldfrüchte wie die Zuckerrübe neuerdings von der Schilf-Glasflügelzikade attackiert. Das Insekt, weniger als einen Zentimeter lang, saugt gerne an Pflanzen. Bäume und andere Gewächse mögen das aus zwei Gründen ganz und gar nicht: Zum einen verlieren sie ihr Blut (wenn auch in geringen Mengen) und werden verletzt, zum anderen sind saugende Insekten Hauptüberträger von Pflanzenkrankheiten. Ähnlich wie bei Zecken die Borreliose oder bei Mücken die Malaria werden mit dem Stich der Zikade Bakterien in die Wunde gegeben. Und dabei hat sie auch Krankheitserreger an Bord: Bakterien, die sich auf die angepiksten Pflanzen stürzen und im Inneren für verheerende Schäden sorgen. Die Blätter verfärben sich gelb und welken, infizierte Knollen bekommen eine gummiartige Konsistenz und werden braun. Braune Pommes frites? Die wären wohl kaum verkäuflich, und deshalb herrscht unter den Bäuerinnen und Bauern Alarmstimmung.

Die Schilf-Glasflügelzikade saugte einst nur an Schilf. Ihre Bakterien hatte sie möglicherweise als Hilfspersonal dabei, um ihre Nahrung leichter aufzuschließen – die beiden fraglichen Arten ähneln nämlich Darmbakterien. Dazu hat es die Zikade gerne warm und ist von Natur aus im Mittelmeerraum zu Hause. Im Süden Deutschlands war sie lange Zeit eine Rarität und ist deshalb auf der Roten Liste der vom Aussterben bedrohten Arten aufgeführt. Doch weil es durch den Klimawandel auch weiter nördlich immer wärmer wird, hat sich das Insekt irgendwann in unsere Gefilde aufgemacht und schaut nun, was es dort zu verspeisen gibt.

Im Zuge dessen kam es auf die Idee, auch andere Feldpflanzen zu probieren. Neben Kartoffeln und Zuckerrüben sind es Mais, Rote Bete, Karotten, und selbst Rhabarber hat es der Zikade angetan, und nun fordert die Bauernschaft den eigentlich verbotenen Einsatz von Insektiziden gegen die Tiere. Der wird nun auch genehmigt, obwohl von Anfang an klar ist, dass diese das Problem lediglich dämpfen, aber nicht lösen werden. Noch grübelt man an Abwehrmethoden wie der Bodenbearbeitung oder der Fruchtfolge mit anderen Pflanzen, um die Larvenentwicklung im Boden zu stören. Dabei liegt eine endgültige Lösung schon lange auf dem Tisch: die erfolgreiche Bekämpfung des Klimawandels (ja, das klingt ermüdend, der ewige Reparaturbetrieb auf Feldern und in den Wäldern ist es aber auch).[335]

Die Zusammenarbeit von Bakterien mit Tieren ist in den meisten Fällen aber positiv. Ein solches Tier ist der Regenwurm. Er bohrt sich Röhren in die Erde, die er mit einem glitschigen Schleim auskleidet. So kann er sich zum Beispiel schnell an die Oberfläche begeben, wenn es regnet und sein kleines Reich derart überflutet wird, dass er zu ertrinken droht. Im Normalfall ziehen sich die Tiere Abfälle von Pflanzen in den Boden, etwa das Laub von Bäumen im Herbst.

Kleiner Einschub: Lassen Sie es bitte liegen, falls Sie einen Garten mit Bäumen haben. Denn Regenwürmer sind auf diesen Nachschub angewiesen. Die Sorge, Ihr schöner Rasen könnte darunter leiden, ist unbegründet. Die Würmer verarbeiten das Laub zu Humus, der wiederum viel Wasser speichert und dann indirekt hilft, dass Ihr Grün im Sommer nicht gleich nach ein paar trockenen Tagen vergilbt.

Im Darm der Regenwürmer hausen Bakterien, die sich nicht nur mit dem zerkleinerten Laub beschäftigen, sondern auch mit Antibiotikarückständen, die im städtischen Bereich, aber auch in der Feldflur in den Böden lauern können. Wie Antibiotika in Wiesen und Äcker kommen können, haben wir schon besprochen. Aber in den Garten oder städtische Parks? Hier kippt doch niemand Gülle aus! Und doch gibt es eine Möglichkeit, die viel zu wenig Beachtung findet. Wenn Haustiere oder Menschen Medikamente zur Bekämpfung bakterieller Infektionen einnehmen, dann werden sie mit dem Urin nach kurzer Zeit wieder ausgeschwemmt. Und wer aus der genannten Gruppe sein Geschäft im Freien verrichtet, verseucht in Zeiten der chemischen Therapie den Boden. Klingt übertrieben? Bei Menschen vielleicht, bei Tieren nicht – schauen Sie mal, wie viele Millionen Hunde und Katzen draußen ihr Geschäft verrichten. Was sie an Medikamenten verabreicht bekommen, verlässt ihre Körper größtenteils wieder und landet dann im Boden.

Bei der Sanierung des Erdreichs könnten Regenwürmer helfen. Eine tropische Art baut nicht nur Antibiotikarückstände ab, sondern ermuntert Bodenbakterien, dasselbe zu tun.[336] Das ist nicht ganz unwichtig für unsere Ernährung und sollte auch einmal für heimische Arten untersucht werden, denn die meisten Rückstände auf landwirtschaftlichen Flächen stammen aus der Gülle der Massentierhaltung, und dieser Dünger wird teilweise dazu genutzt, Nahrungsmittel anzubauen. Pflanzen nehmen nicht nur Mineralien, sondern auch Antibiotika auf und sorgen damit, fein angerichtet auf dem Teller, für eine ungewollte Therapie. Und wenn wir schon einmal bei Schadstoffen und bakteriellen Helfern sind, schauen wir auch noch auf das Mikroplastik, welches mittlerweile überall lauert und einem das Essen verleiden kann.

Appetit auf Plastik

Neben Klimawandel und Artenschwund ist Mikroplastik eines der großen Probleme unserer Zeit. Bevor wir uns die erfreuliche Rolle der Bakterien bei seiner Eindämmung anschauen, müssen wir uns erst einmal dem Status quo stellen (behalten Sie das bitte im Hinterkopf, denn nun wird es erst einmal hässlich).

Viel zu lang hatte niemand Mikroplastik auf dem Schirm. Generell ging unsere Gesellschaft mit Müll lange Zeit sehr sorglos um, wie ich aus meiner unmittelbaren Umgebung berichten kann. In der Region der Eifel, in der ich lebe, wurde die Müllabfuhr erst in den 1970er-Jahren eingeführt, bis dahin kippte die Dorfbevölkerung alle Abfälle einfach den nächsten Hang hinunter. Das war früher auch nicht problematisch, denn bis Mitte des 20. Jahrhunderts bestanden Abfälle ja meist aus organischen Materialien. Glas und Metall wurden gesammelt, und der Müll auf den Kippen konnte einfach verrotten (Bakterien und Pilzen sei Dank). Doch dann kam der Kunststoff, allen voran das Polyethylen. Es wurde 1898 zufällig entdeckt und 1933 erstmals industriell hergestellt. Mittlerweile ist es der weltweit am meisten eingesetzte Kunststoff. Mit dem vermehrten Aufkommen von Polyethylen und anderen Sorten veränderte sich die Lage dramatisch, und leider brauchte man Jahrzehnte, um zu realisieren, dass das alte Kippsystem so nicht mehr aufrechtzuerhalten war. Von diesem Übergangszeitraum zeugen bei praktisch allen Dörfern ländlicher Regionen nur notdürftig mit Erde überdeckte alte Kippplätze, aus denen Flaschen, Tüten oder sogar ganze Autos hervorlugen.

Der Müll wird seitdem regelmäßig abgeholt, und die offensichtliche Verschmutzung der Landschaft ist wesentlich zurückgegangen. Leider nur die offensichtliche, denn auf leisen Sohlen hat sich ein noch größeres Problem eingeschlichen: das Mikroplastik. Darunter versteht man Plastikteile, die kleiner als 0,5 Zentimeter sind.[337] Die größeren Teilchen sind also noch mit bloßem Auge erkennbar, die allermeisten allerdings nicht, weil sie kleiner sind.

Mikroplastik entsteht leider überall und ständig. Da wäre zum Beispiel der Abrieb von Autoreifen – wenn das Profil immer flacher wird, muss der fehlende Teil des Reifens ja irgendwohin verschwunden sein. Pro Jahr und Kopf der Bevölkerung kommt schon allein damit ein Kilogramm an Plastikpartikeln zusammen, das in die Landschaft entfleucht.[338] Ähnliches passiert in kleinerem Maßstab mit dem Ablaufen von Schuhsohlen oder dem Dünnerwerden von Stoffen. Vielfach bestehen Textilien mittlerweile aus künstlichen Fasern, gerade im Sport- und Outdoorbereich. Wäscht man diese Teile, gelangen mit einem einzigen Waschgang bis zu 2000 Kunststofffasern in die Umwelt. Oft werden sie in Flüsse oder ins Meer gespült, weil Kläranlagen diese Fasern kaum zurückhalten können.[339] Hinzu kommen Farbe an Gartenbänken (die regelmäßig abblättert), Besen, deren Borsten sich verkürzen, oder auch Regentonnen, deren Äußeres »abmehlt«, also zu Pulver zerbröselt. Noch schlimmer ist eine Praxis, die in vielen Ländern weit verbreitet ist: Man kippt den Müll einfach in die Flüsse oder direkt ins Meer. Mittlerweile befinden sich in den Ozeanen rund 100 Millionen Tonnen allein an Plastikmüll, wovon übrigens nur ein Prozent an der Oberfläche treibt. Ein Drittel hat sich an den Küsten und am Meeresboden abgelagert; über die Hälfte treibt unter der Wasseroberfläche und verschleiert so das Desaster.[340]

Wir selbst verleiben uns jeden Tag ebenfalls eine ordentliche Portion von Mikroplastik ein. Da wäre erst einmal der Staub in der Luft, der mittlerweile auch Kunststoffteilchen enthält und kräftig mit eingeatmet wird. Hinzu kommt die Nahrung, die in Kunststoffdosen aufbewahrt oder mit Kunststoffbesteck und -schneidebrettchen bearbeitet wird. Immerhin ist Mikroplastik als schmirgelnder Bestandteil von Lotionen und anderen Kosmetika heute aufgrund von Verboten der EU sowie freiwilligen Selbstverpflichtungen der Branche so gut wie verschwunden.[341]

Bleibt noch das Mikroplastik, welches täglich auf dem Teller landet, weil es in Pflanzen und Tieren steckt, die wir verzehren. Da die Böden in der freien Landschaft mittlerweile flächendeckend betroffen sind, nehmen logischerweise auch die Lebewesen, die dort wachsen, solche Partikel auf. Dazu kommen Getränke. Besonders ungünstig schneiden solche ab, die in Kunststoffflaschen abgefüllt werden. In Summe nehmen wir pro Tag allein durch Essen und Trinken bis zu 1,5 Millionen Partikel zu uns.[342]

Was diese im Körper verursachen, ist noch nicht vollständig erforscht. Ein Teil wird über den Stuhlgang wieder abgegeben, ein Teil bleibt drin. Was dieser Teil macht, ist erst ansatzweise bekannt, doch die bisherigen Erkenntnisse aus der Wissenschaft dazu sind besorgniserregend.

Das Plastik kann sich nämlich den Weg ins Gehirn bahnen und dort ablagern. Normalerweise ist unser Denkorgan gut abgeschottet. Zwischen Blutkreislauf und Gehirn sitzt ein Filter, der Krankheitserreger, aber auch Giftstoffe weitestgehend abblockt. Spezielle Zellen entscheiden darüber, was durchgelassen wird und was nicht. Durchkommen muss eine ganze Menge, zum Beispiel Sauerstoff, Nährstoffe und Hormone. Manchmal rutschen auch Stoffe durch, die im Gehirn eigentlich nichts zu suchen haben, weil sie dort Schaden anrichten. Solche Ausrutscher sind Nikotin und Alkohol – vielleicht hat unser Körper evolutionär gesehen einfach noch nicht auf dem Schirm, dass wir uns regelmäßig aufputschen oder berauschen wollen.

Noch viel weniger auf dem Schirm hat er möglicherweise Mikroplastik, oder besser Nanoplastik. Ein Nanometer entspricht einem Millionstel Millimeter, und leider wird Plastik, sofern es Reibung oder UV-Strahlung ausgesetzt ist, unaufhaltsam zu solch winzigen Partikeln zerschreddert. Und das landet über den Teller oder die Atemluft dann teilweise in unserem Blutkreislauf. Hält die Hirn-Blut-Schranke (so heißt der beschriebene Schutzfilter)? Das untersuchte ein Wissenschaftsteam um Verena Kopatz von der Universität Wien an Labormäusen. Die Befunde waren beunruhigend. Schon zwei Stunden nach der oralen Verabreichung von nanometergroßen Partikeln erreichten diese das Gehirn. Offenbar konnten die Verunreinigungen die Schranke besonders gut passieren, wenn sie von einem Film aus körpereigenen Cholesterinmolekülen umgeben waren.[343] Wie eine Art trojanisches Pferd nisteten sie sich im Oberstübchen ein.

Mit Menschen kann man vergleichbare Versuche nicht machen, aber dennoch kann man Gehirne auf Mikroplastik untersuchen, und zwar bei Verstorbenen. Eine US-amerikanische Studie der University of New Mexico untersuchte dazu Gewebeproben aus den Jahren 2016 und 2024. Das erschreckende Ergebnis: Schon 2016 fanden sich pro Gramm Gehirn 3420 Mikrogramm Plastik. Im Jahr 2024 stieg die gefundene Menge auf durchschnittlich 4763 Mikrogramm an.[344] Mit anderen Worten: Knapp fünf Promille des Gehirns bestanden bei den untersuchten Personen aus Plastik! Auch wenn über die Zuverlässigkeit der Methodik und die Belastbarkeit der Werte noch gestritten wird: Das klingt nicht gut und ist der Leistung dieses Organs sicher nicht zuträglich (die Demenz lässt grüßen).

Nun wird es wieder Zeit für den Auftritt der Bakterien. Doch bevor sie die Bühne betreten, möchte ich noch auf eines hinweisen:

Egal, was die Winzlinge zur Lösung beitragen können, wir müssen mit aller Macht die weitere und zunehmende Freisetzung von Plastikpartikeln stoppen.Und damit geht es ans Aufräumen. Auch hier steht die Forschung erst am Anfang, aber was sie bisher herausgefunden hat, klingt sehr ermutigend. Denn es gibt tatsächlich Bakterien, die offenbar Appetit auf Plastik haben. Diese Wesen fressen die Partikel und wandeln sie in umweltfreundlichere Stoffe um.[345] So können Bakterien zum Beispiel PET verdauen, den Stoff, aus dem die praktischen Getränkeflaschen sind. Wo wurden die Forschenden aus Japan fündig? In einer PET-Recyclinganlage. Dort untersuchten sie Proben von Boden, Abwasser und Schlamm und stießen so auf eine anpassungsfähige Bakterienart. Zwar wurden mittlerweile auch Pilze gefunden, die PET abbauen können, doch diese Bakterien sind deutlich schneller. Einziger Haken an der Sache: Die kleinen Erdenbewohner benötigen relativ hohe Temperaturen von rund 30 Grad – die gibt es in Böden oder im Meerwasser nicht häufig.[346]

Wenn eine Art noch nicht optimal arbeitet, warum sollten sich dann nicht verschiedene Bakterienarten zusammentun und ihre Fähigkeiten ergänzen? Auf eine solche Arbeitsgemeinschaft stieß ein Team um Sabrina Edwards vom Reed College in Portland. Die Wissenschaftlerinnen und Wissenschaftler entdeckten fünf Bakterienarten, die zusammen ebenfalls PET abbauen können. Bei einer späteren Untersuchung der Gene dieser und anderer Plastikbewohner stellte sich heraus, dass die Zwerge sogar noch viel mehr Kunststoffarten vertilgen können[347] – keine schlechten Nachrichten angesichts der zahlreichen Plastikmischungen, die etwa in den Weltmeeren herumschwimmen.

Eine besonders skurril anmutende Variante der bakteriellen Plastikbeseitigung eröffnete eine Studie aus dem Jahr 2021. Sie zeigte auf, dass die altbekannten Kolibakterien bei der Beseitigung von alten Plastikflaschen so helfen können, dass daraus begehrte Zutaten für die Lebensmittelindustrie werden. Dazu zerlegte das Team PET-Flaschen erst in Terephthalsäure und setzte diese dann den kleinen hungrigen Versuchswesen vor. Die fackelten nicht lange und verwandelten die Substanz in Vanillin. Und weil sie das sogar billiger können als bisherige künstliche Erzeugungsvarianten, würde man mithilfe der Knilche zwei Fliegen mit einer Klappe schlagen.[348]

Trotz dieser guten Entwicklungen sollten wir die Plastikflut endlich eindämmen, damit die kleinen Helfer überhaupt einen messbaren Effekt haben können. Manche Dinge könnte man einfach verbieten, wie es etwa Ruanda gemacht hat. Dort sind unter anderem Plastiktüten nirgendwo mehr zulässig. Selbst Reisende werden am Flughafen auf solche Dinge kontrolliert, und zusammen mit anderen Restriktionen sieht es in Bezug auf Abfälle in diesem kleinen afrikanischen Land sauberer aus als bei uns.

Zu Hause können Sie ebenfalls tätig werden. Für Ihre Outdoorkleidung wie Fleecepullis sollten Sie spezielle Waschbeutel verwenden, die Kunststofffasern zurückhalten. Zum Fegen vor unserem Forsthaus verwenden wir grundsätzlich Reisstrohbesen und nicht solche mit Plastikborsten; die Nebengebäude sind mit einer Farbe gestrichen, die auf Basis von Leinöl und Weizenmehl hergestellt wurde. Das Trinkwasser kommt bei uns aus der Leitung auf den Tisch und nicht aus Kunststoffflaschen. Falls Sie Tee trinken, verzichten Sie auf solche Artikel mit Kunstfaserbeuteln. Laut einer Studie enthält eine Tasse solcher Sorten mehrere Milliarden artifizielle Partikel![349] Und nicht zu vergessen: Jede Bahnfahrt (auf Stahlrädern) spart nicht nur Energie, sondern auch Reifenabrieb beim Auto. Gewiss, es gibt bei uns viele weitere Quellen für die unerwünschten Partikel, doch jeder noch so kleine Schritt zählt.

Während die Plastikbeseitigung mittels Einzellern noch in den Kinderschuhen steckt, ist eine andere Technik mittlerweile zu einer regelrechten Industrie herangewachsen: die Manipulation von Genen.

Geneschnipseln für Anfänger

Gentechnik ist »in«. Sie soll die Lösung für allerlei Probleme bieten, zum Beispiel bei der Entwicklung neuer Medikamente oder auch zur Sicherung der Ernährung der Menschheit. Wenn man am Erbgut herumschnipseln möchte, dann braucht man eine Schere. Das klingt nicht nur kompliziert, sondern das ist es auch – schließlich ist die Festplatte mit Informationen (die DNA) so winzig, dass man weder sie noch ihre Codes mit bloßem Auge erkennen kann. Diese Codes beinhalten ähnlich einem Computerprogramm mit Einsen und Nullen alle Informationen, die aus Chemie (Gase, Salze, Wasser etc.) Biologie formen (also zum Beispiel uns). In diesem Programm herumzufuhrwerken und dabei die richtigen Abschnitte zu erwischen, auszuschneiden und zu ergänzen oder zu verändern erfordert unglaublich präzise Werkzeuge. Und wer hat so etwas erfunden? Richtig – die Bakterien.

Die chemische Schere, mit der man solche chirurgischen Eingriffe vornehmen kann, heißt CRISPR. Sie sitzt als Abschnitt im Bakterienerbgut und ist eine Waffe gegen Angriffe von Viren, also ein Teil des Immunsystems der Wichte. Dockt ein solcher »Untoter« am Bakterium an und entlässt sein Erbgut in das Innere, sollte das Opfer eigentlich gezwungen sein, mit der Herstellung neuer Viren zu beginnen. Stattdessen passiert in vielen Fällen etwas ganz anderes: Das Bakterium nimmt Stücke der Virus-DNA in seinen Genbaukasten auf, um sich zu merken, wo diese Krankheitserreger

Schwachstellen haben. Beim nächsten Angriff startet genau dort die Gegenreaktion: Es wird ein Transportvehikel gebildet, welches eine aus Eiweiß geformte Schere zum Virus-Erbgut führt. Dort dockt das Vehikel an, und die Schere zerschneidet das Virus-Erbgut – Game over. Mit zerstörten Genen ist das Virus nur noch ein nutzloses Eiweiß- und Säureklümpchen.

Auch für spätere Angriffe derselben Virusart ist das Bakterium jetzt gewappnet – die Informationsschnipsel im eigenen Erbgut und damit das Wissen bleiben ja erhalten.[350] Das ist der Grund, warum auch die Phagentherapie, also der Einsatz von Viren zur Bekämpfung von Bakterien in der Medizin, schnell zu Resistenzen führt – sie lernen durch die Aufnahme von Virusgenen ständig dazu. Streng genommen kann man sagen, dass Bakterien die Meister der Genmanipulation sind, doch im Gegensatz zu uns manipulieren sie sich selbst. Ein Großteil der bisher entdeckten Bakterienarten kann in seinem eigenen Erbgut herumbasteln.

Wer so passgenau in die genetischen Informationen anderer Lebewesen und sogar im eigenen Körper eingreifen kann, eignet sich hervorragend, um diese Methode der Menschheit beizubringen! Denn was unsere Zivilisation bis dato an Genmanipulationen zustande gebracht hatte, war zwar schon ganz ordentlich, aber extrem langsam. Was in der Steinzeit schon in dieser Richtung geleistet wurde? Unsere Ahnen züchteten aus wilden Pflanzen und Tieren all das, was heute die landwirtschaftlichen Betriebe zur Nahrungsmittelproduktion einsetzen. Das war mühsam und dauerte lange, denn man musste auf den Zufall warten. Erst wenn einzelne Individuen einer Art durch Mutation eine abweichende neue Eigenschaft aufwiesen, konnte mit diesen weiter vermehrt werden. Die meisten neuen Eigenschaften waren aber negativ (wer will schon etwa Kälber mit zwei Köpfen oder Obst, welches saurer und kleiner ist als der Vorgänger?) und halfen deshalb nicht weiter. Mit viel Geduld und über Generationen hinweg gelang es schließlich, ein ganz ansehnliches

Sammelsurium an Nutzarten zu entwickeln. Getreide, Rüben, Kartoffeln, aber auch Schafe, Schweine und Kühe – diese Arten gleichen ihren wilden Vorfahren kaum noch und weisen durch Mutation und Selektion genetisch andere Merkmale auf.

Darf's beim Schwein eine Rippe mehr sein? Dürfen saure Miniäpfel zu riesigen, süß-saftigen Vitaminbomben heranwachsen, die ihren ursprünglichen Zweck, nämlich in einen Vogelschlund zu passen, gar nicht mehr erfüllen können? Die Züchtung ist eine frühe Spielart der gezielten Genmanipulation, die allerdings im Vergleich zu modernen Methoden einen entscheidenden Vorteil hat: Sie setzt auf dieselben Mechanismen der Veränderung, die die Evolution zur Anpassung der Lebewesen auf sich wandelnde Umweltbedingungen erfunden hat. Deshalb gelten Nutztiere und -pflanzen als ungefährlich, wenn sie in die freie Wildbahn entlassen werden, was nicht ganz richtig ist. Denn weil sie nur eine Spielart der ursprünglichen Spezies sind, können sie sich meist mit diesen kreuzen.

Das verdeutlicht das Beispiel von Obstbäumen. Wenn Zuchtsorten in Garten und Landschaft stehen, werden sie von Bienen bestäubt. Diese unterscheiden nicht zwischen Kultur- und Wildapfel, sodass die Samen von Wildäpfeln mit Pollen von Kultursorten befruchtet werden können. Die Nachfahren sind dann genetisch verfälscht, das Aussterberisiko für den Wildapfel in einer Landschaft voller Zuchtbäume ist mittlerweile sehr groß. Hinzu kommt, dass für den Plantagenanbau, eine Art Massen-Baumhaltung, besonders krankheitsresistente Bäume gezüchtet werden. Die Krankheitserreger passen sich an und werden daraufhin aggressiver. Treffen sie nun auf die Wildart, so kann diese den Angreifern kaum noch etwas entgegensetzen. Tauschen Sie Apfelbaum gegen Wild- und Zuchtlachs, gegen Wild- oder Hauskatze oder zahlreiche andere Gespanne dieser Art, dann wird klar, wie gefährlich schon die traditionelle Zucht für die Natur ist.

Doch mit den genetischen Fähigkeiten der Bakterien tun sich plötzlich ganz andere Möglichkeiten auf. Wenn man nicht auf den Zufall der Mutation warten möchte, könnte man ja versuchen, direkt in den Code des Lebens einzugreifen, so ähnlich wie bei Computersoftware, in der man auch einzelne Zeilen löschen und ersetzen kann. Falls das gelänge, stünden noch ganz andere Tore offen: Wie wäre es, Arten aus Gruppen zu kreuzen, die sich eigentlich gar nicht kreuzen lassen, etwa Tomaten und Fische?

Gesagt, getan – 1987 wurde die Forschung auf diese Fähigkeiten von Bakterien aufmerksam. Wieder einmal waren es Kolibakterien (die Darmbewohner, Sie wissen schon), die sich ihr Geheimnis abluchsen ließen. Bis zur Praxisreife und dem endgültigen Durchbruch der Technik dauerte es dann weitere 25 Jahre, doch seitdem gibt es kein Halten mehr: Die CRISPR/Cas-Technologie (»Cas« steht für Proteine, die mit dem CRISPR-Verfahren assoziiert sind, also wie Scheren wirken) trat ihren Siegeszug in der modernen Genmanipulation an. Es gibt zwar inzwischen weitere Verfahren (teilweise wiederum von Bakterien abgeschaut), doch die beschriebene Methode hat sich global durchgesetzt. Ein frühes Experiment war eben die Tomaten/Fisch-Geschichte. Dabei wollten Wissenschaftlerinnen und Wissenschaftler Gene in Tomatenpflanzen einschleusen, um sie frostsicher zu machen. Diese Gene stammten von Polarfischen, die sich gegen Kälte bestens zu schützen wissen. Das Experiment glückte, die Infoschnipsel wurden erfolgreich eingebaut, doch die Tomaten waren nach wie vor frostempfindlich.[351] Trotzdem hat sich die Fischtomate als Beispiel für besonders krasse Experimente bis heute in den Köpfen gehalten.

Anders als die Tomaten sind bestimmte genmanipulierte Pflanzen mittlerweile in aller Munde. Das ist durchaus wörtlich zu nehmen, und die Anbaufläche veränderter Arten ist riesig und wächst stetig. Der Startschuss fiel in den 1990er-Jahren und führte laut »AgbioInvestor GM Monitor«, einer Analyse- und Informationsplattform für industrielle Landwirtschaft, bis 2023 zu einer globalen Größenordnung von 206 Millionen Hektar. Am Anbau beteiligen sich mittlerweile 27 Länder, darunter zwölf mit Flächen von über einer Million Hektar. Auf diesen Äckern wächst nicht nur Baumwolle, sondern vor allem Mais, Sojabohnen, Raps und Zuckerrüben.[352] Das ist nicht ohne Risiko, wie Sie gleich noch sehen werden.

Nun könnten wir uns in der EU in Sicherheit wiegen, da hier bis jetzt mit Ausnahme von ein paar wenigen Maisflächen in Spanien, Portugal, Tschechien, Slowenien und Rumänien Gentechnik auf den Feldern tabu ist, doch das muss nicht so bleiben. Gentechnisch verändertes Soja wird zwar hierzulande nicht angebaut, aber in rauen Mengen importiert. Das mussten wir schon vor Jahren feststellen, als wir für unsere Pferde Kraftfutter im Landhandel kauften. Ich warf beim Schlendern durch die Lagerhalle auf der Suche nach den richtigen Säcken auch einen Blick auf die anderen Angebote. Darunter war Kraftfutter für Milchvieh, und die Inhaltsliste zeigte, dass es überwiegend gentechnisch verändertes Soja enthielt. Doch macht das überhaupt etwas aus? Schließlich sind die Körner geschreddert und könnten sich hier kaum aussamen, also lebensfähige Pflanzen im Freiland bilden, mal ganz davon abgesehen, dass sie ausschließlich im Stall verfüttert werden. Ich habe dabei trotzdem ein mulmiges Gefühl, denn die Bakterien warten ja nicht nur auf den Wiesen auf interessantes Erbgut, welches sie bei sich einbauen können. Schon beim Fressen kommen die Mundbakterien mit den künstlichen Genen in Kontakt, und das setzt sich so durch den ganzen Verdauungstrakt fort bis hinaus auf Wiesen und Äcker, auf denen Billionen von Einzellern ebenfalls neugierig schauen, ob sie neue Informationen in der stinkenden Brühe finden. Nach aktuellem Forschungsstand überleben zwar nur ungefährliche DNA-Schnipsel den Verdauungsprozess und finden sich etwa in Milch und Kot, seltener im Blut der Nutztiere wieder.[353]

Trotzdem würde ich ungern Produkte von solchen Tieren verzehren, geschweige denn direkt genmanipulierte Pflanzenprodukte essen. Die Forschung ist hier meiner Meinung nach noch lange nicht ausreichend, um zu einer abschließenden Empfehlung zu kommen, und nach allem, was wir bisher wissen, sind Bakterien sehr einfallsreich, wenn es darum geht, an interessante Informationen zu kommen.

Umgekehrt dient aber auch Bakterienerbgut als Grundlage, um an Pflanzen herumzubasteln. *Bacillus thuringiensis* (kurz BT) ist so ein Kandidat, der als Sympathieträger des ökologischen Landbaus unter den Einzellern gelten könnte. Das Bakterium produziert Giftstoffe, die zwar gegen Schmetterlingsraupen wirken, für Menschen aber harmlos und sogar biologisch abbaubar sind. Kohlweißling und andere Arten sind damit relativ schonend zu bekämpfen. Relativ deshalb, weil leider auch seltene und harmlose Schmetterlingsarten dabei den Tod finden.

Zeit ist Geld, und deshalb wäre es schön, man könnte sich auch noch den Spritzvorgang sparen. Dazu muss man die Pflanzen so umgestalten, dass sie sich selbst mit Insektiziden giftig machen. Man nimmt den Teil der Gene von BT, der die Blaupause für diese Proteine enthält, und baut den DNA-Schnipsel in das Pflanzenerbgut ein. Fortan ist jeder Happen, den Raupen an solchen Pflanzen zu sich nehmen, tödlich. Tatsächlich wird BT-Mais, ein erster kommerzieller Erfolg dieser Überlegungen, schon seit vielen Jahren in der EU angebaut (kurzfristig auch in Deutschland, bis diese Maissorten verboten wurden). Aktuell will die EU jedoch einen neuen Rechtsrahmen schaffen, der die Anbaugenehmigungen ausweiten soll. Das EU-Parlament gab 2024 grünes Licht für den generellen Anbau von Pflanzen, bei denen nicht mehr als 20 Veränderungen an den eigenen Genen durchgeführt wurden. Der Einbau von DNA fremder Arten soll weiterhin verboten bleiben. Für Verbraucherinnen und Verbraucher besonders bitter: Produkte aus solchen Pflanzen müssen nach diesem Vorschlag nicht gekennzeichnet werden, sind also für Laien ohne Weiteres nicht einzuordnen. Allerdings stehen noch die Verhandlungen mit den Mitgliedsstaaten aus.[354] Was das für Menschen und ihre Bakterien bedeutet? Noch gilt der Verzehr von Genmais oder -soja als unbedenklich, aber Bakterien sind unberechenbar und könnten die Informationen auch in unseren Körpern nutzen. Zudem bleiben die Insekten nicht untätig und entwickeln allmählich Resistenzen gegen das Gift.[355] Davon abgesehen ist der Gedanke abschreckend, genmanipuliertes Essen auf dem Teller zu haben, welches Insektizide enthält.

Zum Schluss vielleicht noch etwas Merkwürdiges zum Thema Genschere. Mithilfe der Bakterien kann man nämlich versuchen, ausgestorbene Arten wiederauferstehen zu lassen. Dazu braucht man – so die Theorie – nur das Erbgut längst vergangener Spezies wie Mammut oder Dodo, des flugunfähigen Vogels, zu nehmen und in Eizellen verwandter, heute noch lebender Arten einzupflanzen. Der Spielfilm »Jurassic Park« von Steven Spielberg griff das Thema 1993 als reine Fiktion auf. Mücken, in Bernstein eingeschlossen, die zuvor an Sauriern Blut saugten, hatten im Magen mit dem konservierten Saft auch die DNA ihrer Urzeitbeute konserviert. Die mussten Wissenschaftler nur per Nadel herausholen und Echseneiern einpflanzen – schwups, und schon schlüpften Tyrannosaurus Rex, Brachiosaurus und Raptoren, um einen Freizeitpark zu bevölkern (was natürlich völlig aus dem Ruder lief, weil die Saurier das Regime übernahmen).

Die Idee klingt faszinierend und hat die Wissenschaft immer wieder ernsthaft beschäftigt. Das Problem: Erbgut ist fragil, im Ganzen bleibt es auf Dauer nicht erhalten. Somit können wir nur versuchen, DNA-Schnipsel so zusammenzusetzen, dass man möglichst den kompletten Bauplan in der richtigen Reihenfolge rekonstruieren kann. Doch das ist bisher noch kein einziges Mal gelungen. Im Jahr 2025 machten Schattenwölfe Schlagzeilen. Die weißen Riesenwölfe traten als Computeranimationen publikumswirksam in der Serie »Game of Thrones« auf, einem Fantasy-Mittelalter-Spektakel, in dem sie den Protagonisten unterstützend zur Seite standen. In der Realität starb diese Art schon vor über 10 000 Jahren aus, doch plötzlich verkündete die Firma Colossal Bioscience, dass sie mithilfe modernster Gentechnik (CRISPR/CAS, Sie wissen schon) drei Schattenwölfe erzeugt habe. Bei genauerem Hinsehen wurde schnell klar, dass dies ein PR-Coup war, nicht mehr. Denn die Firma hatte aus einem fossilen Zahn und einem Schädel so viel Schattenwolf-DNA extrahiert, dass sie 14 Gene des heutigen Grauwolfs (der auch in Deutschland herumläuft) umwandeln konnte. Dummerweise hat der Grauwolf 19 000 Gene, sodass noch nicht einmal ein Promille verändert wurde. Das Resultat darf als weißer Grauwolf gelten und zeigt nur, wo die Grenzen dieser Technik liegen.

Daneben taucht ein weiteres Problem auf: Wenn Mammut und Co. wiederbelebt (oder wieder erschaffen) werden können, dann fehlt das prähistorische Ökosystem. Wo sollen diese Tiere eigentlich hin, wenn alles andere aus ihrer Zeit verschwunden ist? Und wenn täglich Dutzende Arten aussterben, dann sollten die Anstrengungen in das Ende dieser Entwicklung investiert werden und nicht in museale Rekonstruktionen. Diese könnten, falls es wirklich eines Tages klappt, dazu verleiten, das Artensterben als weniger dramatisch einzustufen – schließlich böte das die Möglichkeit, alles wieder rückgängig zu machen.[356]

Mir kommt es dilettantisch vor, angesichts von Millionen, wenn nicht Milliarden unbekannter Bakterienarten, geschweige denn ihrer Fähigkeiten, im Erbgut von allen möglichen Arten herumzubasteln, ohne zu wissen, wie die Einzeller dieses neue Angebot nutzen. Das Risiko, die fein abgestimmten Abläufe in der Natur aus der Balance zu bringen, ist unverhältnismäßig groß. Und um die

Menschheit durch die Umwelt- und Klimakrise zu führen, müssen wir nicht selbst schöpferisch tätig werden. Da draußen in den Wäldern sind die Bakterien schon längst aktiv geworden und versuchen, das auszugleichen, was wir in unserer Unwissenheit aus der Balance gebracht haben.

Die Waldretter

Viele frei lebende Bakterien sind abhängig von anderen Arten, die ihnen die tägliche Zuckerration besorgen. Cyanobakterien sind da besser dran. Sie können das selbst, und diejenigen unter ihnen, die nicht frei und ungebunden im Wasser leben, haben den Spieß umgedreht: Sie sitzen in den Blättern der Pflanzen und haben diese von sich abhängig gemacht.

Wer von den anderen Bakterienarten keine Fotosynthese betreiben kann und nicht irgendwelche schwer verdaulichen chemischen Verbindungen in heißen Tiefseequellen verarbeiten möchte, ist auf Pflanzen oder Tiere angewiesen, die ihnen etwas Zucker abgeben. Es gilt also, den Spenderorganismus zu hegen und zu pflegen, damit die Nahrung immer reichlich fließt. Das ist bei Landpflanzen wörtlich zu nehmen, denn diese entlassen über die Wurzeln süßen Saft für die ihnen zuarbeitenden Einzeller. Doch was ist, wenn die Pflanze deren Hunger nicht stillen kann, weil ihre Produktion einfach nicht mehr hergibt? Das kann zum Beispiel durch Sonnenbrand passieren. Die Blätter können genau wie unsere Haut durch UV-Strahlung schwer geschädigt werden. Da wäre es doch nicht schlecht, wenn man etwas Sonnencreme zur Verfügung hätte, um diese Verbrennungen zu verhindern! Und diese Creme, Sie ahnen es vielleicht schon, wird wieder von Bakterien zur Verfügung gestellt. Dazu bilden einige Arten einen Film auf den Blättern, der die gefährliche Strahlung reduzieren kann. Dabei funktioniert der Sonnenschutz bei den Bakterien offenbar ähnlich wie bei unserer Haut: Pigmentierte Bakterien sind härter im Nehmen, und je länger der Sommer andauert (und damit das Sonnenbad), desto wirksamer sind sie gegen UV-Schäden geschützt.[357]

An den Wurzeln übernehmen andere Bakterienarten die Funktion von Wachhunden. Nähern sich Krankheitskeime, schlagen sie Alarm und aktivieren das Immunsystem der Pflanze. So bewacht kann das Gewächs Kräfte sparen, da es sich auf die Posten an den Wurzeln verlässt und seine Energie bis zum Ernstfall in das Wachstum stecken kann. Manchmal ist es jedoch die Pflanze, die noch vor den Bakterien einen Überfall durch fremde Organismen bemerkt. Dann sendet sie über Wurzelausscheidungen einen Hilferuf an ihr Bakterienteam aus, welches herbeieilt und sie bei der Bewältigung des Angriffs unterstützt. Dazu produzieren die Kleinen zum Beispiel Antibiotika, um Krankheitserreger zu bekämpfen.

In der Natur gieren alle Pflanzen (und damit indirekt auch Tiere) nach Stickstoff, weil sie ihn kaum bekommen können. Das ist paradox, denn Stickstoff ist überhaupt nicht selten – unsere Atmosphäre besteht zu 78 Prozent aus diesem Gas, man könnte also auch sagen: Die Erde hat eine Stickstoffatmosphäre. Trotzdem kommen die Pflanzen nicht so einfach an diesen Stoff heran, den sie dringend brauchen, damit ihre Zellbakterien Chlorophyll herstellen können. Chlorophyll ist eng mit unserem roten Blutfarbstoff Hämoglobin verwandt, doch statt eines Eisenatoms (das macht die schöne rote Farbe) sitzt in der Mitte ein Magnesiumion (und das bewirkt die grüne Farbe). Das grüne Molekül dient der Umwandlung von Licht, Luft und Wasser in Zucker.

Stickstoff können Pflanzen nur aufnehmen, wenn er in bestimmten Formen im Boden vorkommt, zum Beispiel als Nitrat. Nitrat und selten? Heute stimmt das nicht mehr, denn die Landwirtschaft düngt (und überdüngt) die Böden mit künstlich hergestellten Stickstoffverbindungen, die sich dann im Grundwasser wiederfinden und unser Trinkwasser vergiften.

Von Natur aus sind solche Nitrate und andere Substanzen jedoch sehr selten. Ohne die Segnungen der menschlichen Zivilisation gibt es nur wenige Möglichkeiten für Pflanzen, an Nachschub zu gelangen: So entstehen bei großer Hitze, etwa durch Blitze oder Vulkanausbrüche, in der Luft Stickoxide, die mit dem Regen ausgewaschen und von den Wurzeln gierig aufgenommen werden. Blitze allein sorgen jährlich global für rund fünf Millionen Tonnen dieses natürlichen Düngers;[358] Vulkanausbrüche liefern obendrauf zusätzlich 20 000 bis 60 000 Tonnen.[359] Trotzdem ist das viel weniger, als die Pflanzen und Bakterien gerne hätten. Das sieht man entlang natürlicher Flussläufe in Kanada: Wo das Ökosystem noch intakt ist, wachsen Bäume deutlich besser. Das liegt an den Lachsen, die jährlich in den Strömen aufsteigen, dann ablaichen und schließlich verenden. Die Tiere werden tot oder lebendig von zahlreichen Bären, Adlern, aber auch Insekten verspeist und anschließend als Kot in den umliegenden Wäldern verstreut. Darin enthalten: Stickstoff aus den Meeren, den die Fische als unfreiwilligen Dünger mit in die Ökosysteme tragen. Dadurch wachsen die dort heimischen Sitkafichten bis zu dreimal schneller als ihre Artgenossen, die asketisch mit dem bisschen auskommen müssen, was im Humus gespeichert ist.[360]

Und wer als Baum nicht das Glück hat, von Lachsen und später Bären gedüngt zu werden? Zumindest um einige Arten kümmern sich dann Bakterien. Sie leiden indirekt mit, wenn das Baumwachstum stockt. Je mehr Nährstoffe ihre pflanzliche Wohngemeinschaft zur Verfügung hat, desto besser funktioniert die Fotosynthese und desto mehr Überschuss können Bäume für ihre kleinen Helfer aus ihren Wurzeln ausschwitzen. Und auch dieses Kunststück ist Bakterien gelungen: Stickstoff aus der Luft zu fischen und ihn so umzuwandeln, dass Pflanzen ihn wie Dünger nutzen können.

Damit kommen wir zu den Knöllchenbakterien, die Sie schon im Abschnitt über Nutzpflanzen kennengelernt haben. Was dort vielleicht nicht besonders aufregend klang, ist eine der erstaunlichsten Erfindungen im Pflanzenreich. Weil die Winzlinge mit ihren chemischen Produkten das globale (grüne) Wachstum ankurbeln, bezeichnete die Max-Planck-Gesellschaft diese Kooperation als eine der wichtigsten der Welt.

Und so funktioniert sie: Wenn ein Baum nach Stickstoffdünger hungert, kann er Knöllchenbakterien anlocken. Dazu gibt er ein wenig Nährstoffe aus seinen Wurzeln als Köder ins Erdreich, woraufhin die Kleinen in Bewegung geraten und die Wurzelhaare der grünen Riesen ansteuern. Hier bitten die Bakterien mittels chemischer Signale um Einlass. Sobald der Baum registriert, dass der gewünschte Besuch vor der Haustür steht, lässt er die Bakterien in die Wurzeln eindringen. Damit es seine Gäste auch schön gemütlich haben, bastelt er ihnen kleine Knöllchen, in denen sich die Zwerge besonders wohlfühlen. Die legen im Gegenzug mit der Produktion der begehrten Stoffe los. Das ist sehr kräftezehrend, weshalb diese Gäste ordentlich Zucker vom Baum bekommen.[361]

Der Vorgang der Düngerherstellung ist äußerst kompliziert und erfordert viele Schritte. Wie sich diese evolutionär entwickelt haben, liegt noch im Dunkeln. Man weiß lediglich, dass sich Pflanzen vor etwa 100 Millionen Jahren darauf vorbereiteten, mit den Knöllchenbakterien zusammenzuarbeiten. Dieser erste Schritt bringt allerdings gar keinen Nutzen.[362] Wie aber können Pflanzen auf die Idee kommen, sich auf eine Kooperation vorzubereiten, die es noch gar nicht gibt? Und wieso wollen nicht alle Pflanzen, die das könnten, auch solche Symbiosen eingehen? Es existieren bis heute Baumarten wie die Hainbuche, die alle Voraussetzungen dafür mitbringen, aber trotzdem auf Knöllchenbakterien pfeifen. Könnte es nicht sein, dass sich intelligente Einzeller in den Pflanzen und intelligente Einzeller außerhalb verabredet haben, etwas Neues zu konstruieren? Und dass Hainbuchen und Co. aktuell keinen Bedarf an einer Zusammenarbeit sehen, aber gerne einen Plan B in der Schublade, Pardon, in den Wurzeln haben? Ich erinnere in diesem Zusammenhang nur noch einmal kurz an das Bewusstsein, welches Bakterien zugesprochen wird.

Die Zusammenarbeit mit Knöllchenbakterien findet sich im Pflanzenreich nur bei bestimmten Pflanzen. Unter den Bäumen sind es zum Beispiel Erlen und Robinien, die solche Partnerschaften pflegen. Wenn das so vorteilhaft ist, wenn Stickstoffdünger eine der maßgeblichen Größen für das Pflanzenwachstum ist, warum hat sich diese Methode nicht überall in der grünen Natur durchgesetzt? Diese Frage kann ich Ihnen leider auch nicht beantworten – es gibt eben noch sehr viel Unbekanntes in der Natur. Und auch bei Bäumen führen viele Wege nach Rom, wie Sitkafichten in Kanada zeigen. Neben dem Stickstoff aus dem Meer (über den Umweg Lachs/Bär/Kot) haben sich die Bäume zusammen mit Bakterien noch eine andere Strategie zur Gewinnung der wichtigen Substanz ausgedacht. Dazu braucht es folgende Voraussetzungen: Die Bäume müssen mindestens 100, besser 500 bis 800 Jahre alt sein. Dann können sie große Mengen an Moos (teilweise über 35 Kilogramm pro Baum) tragen, das ihre Zweige weich umhüllt. Im Moos leben Cyanobakterien, die schon bekannten Erfinder der Fotosynthese. Hier produzieren sie aber nicht nur Zucker, sondern wandeln wie ihre Bodenkollegen Luftstickstoff in Dünger um. Er wird mit dem Regen aus den Moospolstern ausgewaschen und belebt die Küstenurwälder Nordamerikas.

Auf diesem Weg gelangt allerdings nicht annähernd so viel Nitrat in den Boden wie bei der Zusammenarbeit mit den Knöllchenbakterien: In den Moosen auf den Zweigen werden nur 500 Gramm pro Jahr und Hektar hergestellt.[363] Die Düngerproduktion der Bodenbakterien ist dagegen beachtlich: Sie kann im Extremfall je nach Pflanzen- und Bakterienart mit bis zu 600 Kilogramm je Jahr und Hektar[364] dreimal so hoch ausfallen wie der durchschnittliche Stickstoffeintrag durch Düngung und Tierhaltung in der konventionellen Landwirtschaft.[365]

Es gibt zwar nicht überall Bäume und andere Pflanzen, die mit ihren Bakterien Stickstoffdünger sammeln, trotzdem müssten sich im Laufe der Jahrtausende allmählich gigantische Mengen im Boden angesammelt haben – schließlich wird totes organisches Material recycelt und den lebenden Gewächsen als fruchtbarer Humus wieder zur Verfügung gestellt. Genau das passiert auch mit den Nitraten. Diese werden ebenfalls von Bakterien verspeist und recycelt, allerdings ist das Endprodukt ihrer Verdauung gasförmiger Stickstoff. Dieser entfleucht aus dem Boden in die Atmosphäre und ist damit für die Pflanzen nicht mehr nutzbar. Damit schließt sich auch dieser Kreislauf.[366]

Den Nitratliebhabern kann man nur guten Appetit wünschen. Schließlich werden die Böden heute überdüngt, wie die Nitratwerte des Trinkwassers zeigen. Diese Überdüngung stammt aus der Industrie, die seit über 100 Jahren Luftstickstoff umwandeln kann und mit der Herstellung von künstlichem Dünger erst einmal dazu beitrug, dass die Erträge der Landwirtschaft hochgefahren werden und sich die Bevölkerung ausreichend ernähren konnte. Wie bei so vielen Segnungen der modernen Zivilisation haben wir es aber auch hier derart übertrieben, dass sich die Landwirtschaft kaum bremsen lässt. Der Stickstoffüberschuss soll in Deutschland bis 2030 auf 70 Kilogramm pro Jahr und Hektar begrenzt werden – der Überschuss! Das wären dann immer noch rund 40 Prozent mehr, als für die Pflanzenproduktion nötig wäre.[367] Wir brauchen also eine deutliche Reduktion der Düngermengen und müssen dazu auf den Appetit der Bodenbakterien hoffen, die die Altlasten dahin zurückbefördern, wo sie hingehören: in die Luft.

Apropos Altlasten: Ständig fallen in einem Wald tonnenweise Abfälle an, etwa das Laub, welches Buchen, Eichen und andere heimische Arten jährlich abwerfen. Die Menge der Blätter, die im Herbst der Nordhalbkugel herunterfallen, ist insgesamt so groß, dass sich der Effekt sogar bei der Erdrotation bemerkbar macht. Das Laub ist nun je nach Baumart rund 30 Meter näher am Erdmittelpunkt, dadurch würde sich unser Planet ein winziges bisschen schneller drehen (zehn Nanosekunden pro Tag, also nicht wirklich viel), wenn nicht andere Effekte wie eine Verlagerung von Luftmassen, die viel schwerer sind, überwiegen würden.[368]

Ob sich die Erde schneller dreht oder nicht, ist den hungrigen Heerscharen am Boden egal. Sie warten schon sehnsüchtig auf die Blätter, sodass im Winterhalbjahr ein großes Gelage beginnt. Neben Pilzen, Hornmilben, Asseln oder Regenwürmern dürfen natürlich auch die Bakterien nicht fehlen. Was im Kühlschrank unerwünscht ist, trägt im Wald zum wichtigen Recycling der Nährstoffe bei: der Abbau der organischen Substanz zu Humus. Zusammen mit Pilzen knacken sie schwer verdauliche Verbindungen der Blätter, etwa Zellulose und Lignin. Die Zusammenarbeit der Mikroorganismen ist entscheidend dafür, dass sich ein fein krümeliger Waldboden bilden kann. Er speichert besonders viel Wasser, vor allem im Winter, wenn der Regen durch die laublosen Zweige ungehindert zu Boden fällt. Wie ein Schwamm vollgesogen, wirkt der Boden als eine Art Tank, aus dem sich die Bäume auch in trockenen Sommern zuverlässig versorgen können.

Bei der Esche ist dieser Kreislauf ins Stottern gekommen. Ursache ist ein Pilz, der um die Jahrtausendwende in Dänemark auftauchte und sich dann rasant auf der Nordhalbkugel verbreitete. Das Falsche Weiße Stängelbecherchen dringt über die Blätter in die Triebe ein und bringt diese zum Absterben. Ein Großteil der betroffenen Eschen überlebt den Befall nicht. Bekämpfungsmöglichkeiten existieren keine, und so konzentrierte sich die Forstbranche auf die Beseitigung erkrankter Exemplare und die Zucht resistenter Sorten. Doch das ist wahrscheinlich gar nicht notwendig, denn wenn die Bakterien registrieren, dass ihre Lieblingsbäume schwächeln, regt sich Widerstand. So ist zu beobachten, dass ein Teil der Eschen die Pilzattacken unbeschadet überlebt. Untersuchungen an den Blättern solcher Bäume ergaben, dass sich dort die Bakterien zur Wehr setzen. Eine Art hat es geschafft, den Krankheitserregern den Zutritt zum Blattinneren zu verwehren. Dazu hat sie ihre genetischen Eigenschaften ein wenig verändert; das ist für Bakterien eine Kleinigkeit. Die Eschen werden also durch Einzeller gerettet – so der aktuelle Stand der Forschung.[369]

Der Klimawandel verursacht zunehmende Hitze und Dürre, und beides mögen Bäume und damit die von ihnen lebenden Bakterien nicht. Wenn die an den Wurzeln hausenden Einzeller merken, dass ihre grüne Zuckermaschine verdurstet, dann sehen sie nicht tatenlos zu. Sie produzieren eine Art Dopingmittel, Hormone, die die Zuckerproduktion wieder anregen und das Verwelken der Blätter deutlich reduzieren.[370] Warum die Pflanze nicht von selbst auf die Idee kommt, sich stärker zu motivieren? Sie tut es ja, wenn wir Bakterien wie bei unserem Körper als wesentlichen Bestandteil dieses vielzelligen Organismus anerkennen.

Offenbar kann sich das Mikrobiom (die fachliche Bezeichnung der Gemeinschaft aus Bakterien und Pilzen kennen wir ja schon von unserem Körper) gut an vergangene Dürren erinnern und ist entsprechend zusammengesetzt und trainiert. Das zeigte ein Versuch auf Almwiesen in Österreich. War die Wiese zum ersten Mal von einer Dürre betroffen, schwächelte sie deutlich. Almen dagegen, die häufiger mit Wassermangel konfrontiert waren, wurden von derselben Dürre kaum beeinträchtigt. Die Zusammensetzung der Bodentruppe aus Bakterien und Pilzen unterschied sich deutlich von der »untrainierten« Wiese; die kleinen Helferinnen und Helfer waren offenbar wesentlich besser vorbereitet und hielten die Produktion von Biomasse (und damit von ihrem heiß geliebten Zucker) länger aufrecht.[371]

Leider scheinen viele Menschen, die behördlich mit der Verwaltung von Wäldern betraut sind, die Ökosysteme nicht richtig zu verstehen. Anders ist es kaum zu erklären, wie sie auf die Idee kommen, einfach heimische Baumarten auszutauschen gegen solche, von denen sie vermuten, dass sie die nächsten Jahrzehnte besser überleben. Bis hierher ist klar geworden, dass Wälder nicht eine Ansammlung von Bäumen sind, sondern eine Artengemeinschaft, in der sich alle gegenseitig stützen und gemeinsam nach Lösungen suchen. Wie gut ihr das immer noch gelingt, zeigen halbwegs natürliche Wälder, die sich noch relativ gesund wie kühle Inseln in einer sich aufheizenden Landschaft dem Klimatrend entgegenstemmen. Bisher erwischt es vor allem naturferne Plantagen mit nicht heimischen Baumarten wie Fichten und Kiefern. Die abgestorbenen und kahl geschlagenen Flächen werden vielerorts nun weniger mit heimischen Arten aufgeforstet, sondern wieder mit Nadelbäumen. Man versucht sich jetzt mit Douglasien (aus den Kaltregenwäldern Nordamerikas), Zedern (aus schneereichen Hochlagen des Libanon) oder Lärchen (aus den Hochgebirgen und der Arktis) zu helfen. Weil Laubbäume ein gutes Image haben, kommen oft noch Roteichen (Nordamerika) zum Einsatz: All diese Baumarten werden als »Klimabäume« gehandelt, also Arten, die dem prognostizierten Klimawandel trotzen sollen.

Dass nur intakte heimische Waldökosysteme das Lokalklima signifikant positiv beeinflussen, hat sich in der Branche leider noch nicht herumgesprochen. Mit den fremden Baumarten können unsere heimischen Arten nicht viel anfangen; die fremde Biomasse schmeckt ihnen nicht. Zudem stammen viele der eingeführten Arten aus kalten, regenreichen Regionen und machen oft schon als Baumschulsetzlinge schlapp. Falls sie durchkommen, entstehen nur grüne Wüsten, die optisch an Wald erinnern, aber wenig zur Linderung von Hitze und Trockenheit beitragen. Wüste kann in Bezug auf das Bodenleben übrigens wörtlich genommen werden: Bei der Roteiche gibt es Hinweise, dass ihr herbstliches Laub toxisch für Bodenbewohner wirkt. Wichtige Bodenbakterien und Pilze hauchen ihr Leben aus, und selbst wenn heimische Laubbaumarten, deren Samen Wind und Vögel herbeigetragen haben, keimen wollen, so gelingt das in dermaßen veränderten Böden kaum noch.[372] Auch hier gilt: Die besten Forstleute sind immer noch die Bakterien, und deshalb sollten wir ihnen die Gestaltung der Waldökosysteme überlassen.

Und wie ist das mit dem Holz? Wir brauchen es doch zum Bauen, für Bücher (jaja) und Möbel! Forstwirtschaft braucht in allererster Linie intakte Wälder, sonst wächst kein Holz nach. Die bisherige Plantagenwirtschaft, immer schon auf wackeligen Füßen, scheitert gerade auf großer Fläche, wie die abgestorbenen Fichtenmonokulturen im Sauerland, in Thüringen oder im Schwarzwald zeigen. Auf geschätzt 50 Prozent der bisherigen Waldfläche Deutschlands werden bald kahle Landschaften grüßen, die sich hoffentlich wieder bewalden, dann aber aufgrund des geringen Alters der Bäume für Jahrzehnte kein Nutzholz mehr liefern können. Wer Holz nutzen möchte, braucht gesunde Wälder, in denen Bakterien den Bäumen helfen, den von Menschen verursachten Klimawandel zu überstehen. Wenn aus solchen Wäldern vorsichtig hier und da einzelne Stämme entnommen werden, sollte es für das Ökosystem verkraftbar sein. Das bedeutet allerdings deutlich weniger Rohstoffgewinnung als bisher. Doch das wichtigste Produkt von Wald für uns Menschen ist nicht Holz, sondern sind Wolken und Wasser. Und deren Wirkung gegen den Klimawandel kann nicht hoch genug eingeschätzt werden, wie aktuelle bahnbrechende Erkenntnisse zeigen.

Fliegende Gletscher

Bei einer Veranstaltung der UNESCO in Paris im März 2025 traf ich neben Anastassia Makarieva auch Antonio Nobre, einen brasilianischen Wissenschaftler, der ebenfalls zum Thema biotische Pumpe forscht (also dem Wald als Regenmacher), speziell zu deren Einfluss auf den Amazonas-Regenwald. Antonio berichtete, dass der Süden des Landes durch die Kahlschläge und Umwandlung in Weide- und Ackerland zunehmend austrockne und die Farmer deshalb den Waldrodungen nach Norden folgten – dort gibt es ja durch die Nachbarschaft des mächtigen Regenwalds noch ausreichend Niederschläge. Auch für meine Heimatregion hatten die beiden einen Hinweis: Bisher wähnte ich die Eifel, nur wenige Hundert Kilometer entfernt vom Atlantik, im Bereich maritimer Regenwolken und damit unabhängig vom Wald. Dem sei mitnichten so, wie Anastassia einwandte. Mittel- und Westeuropa seien zwar größtenteils entwaldet und immer noch ausreichend mit Regen versorgt, doch das liege an den riesigen russischen Wäldern. Die saugten, tief im eurasischen Kontinent, Meeresluft über meine Heimat hinweg an und seien so Garant für die Wasserkreisläufe in Deutschland. Die Zunahme von Dürren in den letzten Jahren sei auch auf die fortschreitende Abholzung der Wälder im Osten zurückzuführen. Daran muss ich jetzt immer denken, wenn ich mit dem Zug reise und draußen riesige Felder und Städte vorbeiziehen, an deren Stelle einst Buchenurwälder standen.

Die Wolkenbildung des Bakterien-Baum-Teams dient aber nicht nur der Bewässerung. Über die Temperaturen des Waldes und ihre Absenkung im Sommer auf ein erträgliches Maß haben wir ja schon gesprochen. Doch seit Kurzem weiß man, dass das Dream-Team sogar das globale Klima in eine Richtung bringt, die ihm (und uns) zuträglich ist. Die niedrigen Wolken, die diese Gemeinschaft erzeugt, liegen wie eine Decke über der Landschaft und bewirken, dass an ihrer weißen Oberfläche Sonnenstrahlen ins Weltall zurück reflektiert werden. Wolken wirken dadurch wie Gletscher, nur in der Luft. Falls Sie einmal die Möglichkeit haben, aus dem Flugzeug auf diese tief hängende Bewölkung zu schauen, dann sehen Sie, wie stark sie blendet.

Wie wichtig diese Funktion ist, wurde im Jahr 2023 deutlich. Damals wüteten Rekordbrände in Kanadas Wäldern, und am Amazonas quälte eine extreme Dürre die Urwaldriesen. Die Vegetation konnte in Summe nur wenig Fotosynthese betreiben, also auch kaum schwitzen und Wolken bilden. Das Resultat: 2023 waren außergewöhnlich wenig Wolken unterwegs, und an den vielen klaren Tagen konnte die Sonne den Planeten ungehindert aufheizen. Der Klimawandel machte mit 0,3 Grad Celsius zusätzlicher Erwärmung global einen gewaltigen Satz nach vorne, so gewaltig, dass er selbst negative Vorhersagen übertraf.[373] Ein zweiter Effekt von Wäldern ist der Transport von Hitze zurück in den Weltraum. Wasser, welches verdunstet, nimmt Energie aus der Umgebungsluft auf. Wenn der Dampf in höhere Luftschichten aufsteigt und dann kondensiert, wird wieder Energie frei, die von dort weiter nach oben ins Weltall entweicht. Über entwaldeten Gegenden findet dieser Hitzetransport nicht statt mit der Folge, dass sich solche Landstriche zusätzlich aufheizen.[374]

Wolken sind im Zusammenhang mit dem Klimawandel aber nicht nur positiv zu sehen. In hohen Luftschichten wirken sie nicht wie Gletscher, sondern wie Glasscheiben, die die Wärme zurückhalten. Das war vor dem Klimawandel ein Segen, denn ohne diese Schutzschicht wäre es auf der Erde winterlich kalt. Die Treibhausgase aus der Verbrennung fossiler Rohstoffe, aber auch von Holz verstärken diesen Effekt nun allerdings so, dass das Thermometer immer weiter steigt. Zusätzlich sorgt der Flugverkehr dafür, dass ausgerechnet der Wasserdampfwert in diesen hohen, isolierenden Luftschichten weiter ansteigt – die Kondensstreifen lassen grüßen. Wasserdampf ist damit noch vor Kohlendioxid das wichtigste Treibhausgas und spielt für die Erderwärmung mit 70 Prozent Anteil die entscheidende Rolle.[375] Kurz zusammengefasst kann man sagen, dass tiefe Wolken kühlen und hohe Wolken wärmen.

Anastassia Makarieva mahnt in diesem Zusammenhang, dass die Rolle der wolkenbildenden Wälder viel zu wenig beachtet wird.[376] Wir alle starren auf Kohlendioxid wie das Kaninchen auf die Schlange, wenn es um den Klimawandel geht. Gewiss, die Reduktion oder gänzliche Vermeidung von Treibhausgasen ist überlebenswichtig, wenn wir in einem halbwegs auszuhaltenden Klima leben möchten. Doch diese Sichtweise ist zu einseitig und wird wissenschaftlich als »Carbon Tunnel Vision« bezeichnet, also ein Tunnelblick, bei dem man zu wenig nach links und rechts schaut. Mindestens ebenso wichtig wie die Energiewende ist die Berücksichtigung der Ökosysteme für das Klima, ihr Schutz und vor allem das Bewahren ihrer Funktionsfähigkeit. Denn es ist kein Zufall, dass wir in einem für das Leben günstigen Erdklima existieren. Dieses Klima wird zu großen Teilen vom Leben selbst (und hier wiederum vor allem direkt und indirekt von Bakterien) gemacht. Deshalb ist es keine gute Idee, funktionierende Ökosysteme immer weiter zu ramponieren – wir wissen ja bis heute nicht, wie viel »Rest« es braucht, damit uns das Thermostat nicht vollends entgleitet.

Bevor Sie jetzt resignieren, kommt gleich die gute Nachricht: Wenn wir die Waldflächen, also echte Wildnis und nicht bloß

Baumplantagen, wieder vergrößern, können wir diese Prozesse abmildern oder sogar lokal umkehren.[377] Wir brauchen dringend mehr schwitzende Bäume, die Bakterien in die Luft aufsteigen lassen! Dazu müssen wir nur ausreichend große Flächen zur Verfügung stellen, auf denen unsere Mitgeschöpfe das machen können, was sie seit Jahrmillionen gemeinsam entwickelt haben: ein angenehm temperiertes, feuchtes Klima zu produzieren.

Und das war noch nicht alles; Bakterien helfen auch dabei, das besonders klimaschädliche Gas Methan abzubauen. Es entweicht bei der Förderung fossiler Rohstoffe, bei der Produktion von Biogas oder aus den Mäulern und Därmen unzähliger Rinder. In der Atmosphäre wirkt es etwa 80-mal so stark wie CO_2 und hat deshalb trotz deutlich geringerer Mengen einen Anteil von 30 Prozent am Klimawandel.[378] Während wir Menschen mehr schlecht als recht versuchen, den Ausstoß zu reduzieren, werkeln unzählige Bakterien daran, die Gefahr aus der Luft zu bannen. Im Waldboden etwa nutzen viele Arten den Stoff als Nahrung und entlassen anschließend CO_2, welches deutlich weniger zur Erwärmung beiträgt.

Besonders emsig arbeiten sie dort, wo heimischer Laubwald und damit das ursprüngliche Ökosystem beste Bedingungen bietet. Wurde er in Fichten- oder Kiefernplantagen umgewandelt, so erlahmt die Tätigkeit, möglicherweise wegen der ätherischen Öle, die in den Nadeln stecken und die den Kleinen den Appetit verderben.[379] Besonders schädlich ist in diesem Zusammenhang die Befahrung der Waldböden mit schweren Erntemaschinen. Diese quetschen den Boden zusammen und zerstören die Luftkanäle. Den Bakterien geht die Puste aus, und der Abbau von Methan gerät ins Stocken. Stattdessen übernehmen Arten das Ruder, die anaerob, also ohne Sauerstoff zurechtkommen. Sie gasen als Endprodukt ihrer Verdauungstätigkeit Lachgas aus, welches pro Gramm 265-mal stärker zum Klimawandel beiträgt als CO_2.[380]

Aber so schnell geben die Bakterien bei dem Versuch, das Klima zu stabilisieren, nicht auf. Sie sitzen offenbar auch in der Rinde oder im Holz großer Bäume und entziehen dort der Luft enorme Mengen an Methan, wie eine Studie zur Überraschung der Wissenschaft 2024 enthüllte. Die Menge ist so erheblich, dass die Wirkung von Bäumen zur Bekämpfung des Klimawandels in den Kalkulationen noch einmal um zehn Prozent erhöht werden muss.[381]

Woher die Flächen für die Wiederbewaldung kommen sollen? Ganz einfach: Wenn wir als Gesellschaft den Fleischkonsum reduzieren, werden gewaltige Gebiete für natürliche Ökosysteme frei. Das habe ich einmal für Deutschland ausgerechnet: Ginge man auf den klassischen Sonntagsbraten zurück und würde an den übrigen Tagen pflanzlich basiert essen, dann würden 87 000 Quadratkilometer Fläche frei, so viel wie Bayern und Thüringen zusammen. Hier könnte Waldwildnis entstehen, die landwirtschaftlichen Betriebe statt Agrarprämien Klimaschutzprämien kassieren. Ähnliches ist in globalem Maßstab vorstellbar, aber bis es so weit kommt, brauchen wir offenbar noch etwas Nachhilfe in Form von heißen Sommern und Dürreperioden. Bis dahin warten Bakterien und Bäume geduldig darauf, dass sie eines Tages wieder großflächig ihrer angestammten Tätigkeit nachgehen dürfen.

Appetit auf Steine

Ohne Böden gäbe es (abgesehen von Meeresgetier) auf diesem Planeten keine Nahrung für Menschen. Boden ist laut Definition des »Lexikons der Geographie« ein »Naturkörper der belebten oberen Erdkruste, der als Element der Pedosphäre nach oben durch die Atmosphäre mit der Vegetation und nach unten durch das feste oder lockere Gestein begrenzt ist«.[382] Nur in Erde wächst Getreide oder Gemüse, nur in diesem lockeren, von unzähligen Geschöpfen bevölkerten Substrat können Wälder gedeihen, die wiederum für die Wasserkreisläufe an Land unentbehrlich sind. Dieses Wasser wird vom Boden gespeichert und langsam an Pflanzen und die Landschaft abgegeben. Pro Quadratmeter kann intaktes Erdreich je nach Art bis zu 375 Liter Wasser einlagern.[383] Eine weitere Leistung ist die Speicherung und Bindung von Kohlenstoff: Die oberen 30 Zentimeter des Bodens enthalten doppelt so viel davon wie die gesamte Atmosphäre.[384]

Ohne Boden ist alles nichts, und dennoch verhält sich unsere Art schon seit Jahrtausenden so, als wäre diese Schicht unerschöpflich. Wo Wälder beseitigt werden, setzt Erosion ein. Neben Wind ist es vor allem Wasser, welches die kostbare Krume davonschwemmt und karges Gestein hinterlässt.

Rund um Wershofen, der Heimat von Wohllebens Waldakademie, sind in den letzten Jahrhunderten ein bis zwei Meter Boden die Hänge hinuntergespült worden, wie ich in einem Gespräch mit einem Geologen erfuhr, der dort Bodenuntersuchungen vornahm. Ein Ende ist nicht in Sicht.

Zum Glück kann sich Boden wieder neu bilden, allerdings extrem langsam. Für einen Zentimeter braucht die Natur je nach Ausgangslage 100 bis 300 Jahre – das ist in etwa die Menge, die ein einziger starker Gewitterregen von einem ungeschützten Acker wegspült.[385] Neben Frost, der Gestein sprengt, oder Säuren im Regenwasser ist es vor allem das Leben, welches sich selbst die notwendigen Grundlagen zum Existieren schafft. Und weil Bakterien als Treiber aller Arten überall mitmischen, tun sie das auch bei der Neubildung der Böden.

»Marmor, Stein und Eisen bricht, aber unsere Liebe nicht« – dieser Schlager von Drafi Deutscher aus dem Jahr 1965 könnte auch von Bakterien geschrieben worden sein. Stein und Eisen zu brechen ist eine Spezialität verschiedener Arten. Korrekt müsste man sagen: Sie haben Appetit auf solche scheinbar unverdaulichen Stoffe. Wie sehr, das zeigte eine Studie aus dem Jahr 2019 zur Überraschung der Wissenschaft. Klar war bis dato lediglich, dass die Einzeller zur Humusbildung beitragen, also schön krümelige Erde aus den Hinterlassenschaften von Pflanzen und Tieren produzieren. Die Zerkleinerung von Fels schien hingegen nicht im Bereich ihrer Fähigkeiten zu liegen.

Ein Team der Universität von Wisconsin-Madison entnahm Proben aus Felsschichten, in denen ungewöhnlich viele Bakterien hausten. Diese Proben kultivierten die Forschenden zweieinhalb Jahre im Labor und untersuchten sie dann unter dem Mikroskop. Das Resultat: Die Bakterien hatten sich prächtig vermehrt. Die Kerlchen hatten das harte Material gesprengt, zahlreiche Kerben und Absplitterungen verursacht und dabei auch noch ATP produziert. Wir erinnern uns: Dieses Molekül ist der Energieträger in unserem Körper. Doch woher beziehen die Bakterien im Gestein die Energie? Von Eisenverbindungen, die sie oxidieren, also weiter verrosten lassen. Das hört sich sehr wissenschaftlich-chemisch an, ähnlich ausgedrückt oxidieren wir in unseren Körperzellen auch Zucker. Umgangssprachlich verbrennen wir den süßen Stoff (in einer kalten Verbrennung), wenn wir Energie brauchen. Genau das machen die Bakterien auch, nur besteht ihre Leibspeise aus Eisen. »In jeder Nische und Ritze, in jedem zerbrochenen Gestein, in dem es Ferrosilikatminerale gibt, sitzt wahrscheinlich eine Mikrobe und versucht, daraus Energie zu gewinnen«, so der Wissenschaftler Eric Roden.[386]

Einige Kolleginnen dieser Bakterien leben nicht im Fels, sondern in den eisigen Tiefen der Ozeane. Sie können die Forschung zur besonderen Eile treiben – in diesem Fall mehr als 3800 Meter unter dem Meeresspiegel –, denn hier ruht die »Titanic« seit ihrem tragischen Untergang im Jahr 1912, bei dem 1500 Menschen ihr Leben verloren. U-Boote scannten das Wrack, sodass dieses in hoch aufgelösten Bildern detailliert durch die Wissenschaft studiert werden kann. Dadurch wurde es zum Beispiel möglich, eine heroische Tat der Bordingenieure nachzuweisen. Sie hatten bis zuletzt dafür gesorgt, dass die Kohlekessel im Bauch des Schiffes in Betrieb blieben und Dampf für die Generatoren erzeugten. So brannte bis kurz vor dem endgültigen Versinken Licht und half den verzweifelten Passagieren, in die Rettungsboote zu gelangen. Das konnte man aus der Form der Kessel, aber auch aus einem geöffneten Dampfventil schließen.[387]

Künftige Generationen müssen wohl an diesen Scans forschen, wenn sie weitere derartige Details entdecken möchten. Das Original samt seiner Wände und Aufbauten dürfte dann nämlich auch die letzten Meter bis zum Meeresgrund abgesunken sein – deshalb auch die Eile. Die Ursache liegt an den Herrscherinnen der Meere: *Halomonas titanicae*.[388] Diese Bakterien, benannt nach ihrer Leibspeise, der »Titanic«, zerlegen das Wrack langsam, aber unaufhaltsam. Sie gieren ebenfalls nach Metall, was hier in besonders reiner

Form und in großer Menge zur Verfügung steht. Normalerweise lieben sie Temperaturen über 30 Grad und sollten in der eisigen Tiefe bei 4 Grad völlig erlahmen. Doch stattdessen arbeiten sie sich weiter vor, indem sie dem Eisen Elektronen klauen. Die Folge: Das Eisen oxidiert, es verrostet also, zu wunderschönen »Tropfsteinen«, die das Wrack nun zieren. Und weil die Bakterien nicht gleichmäßig weiden, sondern hier und da Löcher in den Bordwänden verursachen, wird der Dampfer eines Tages in sich zusammenstürzen. Diese Entdeckung könnte auch für Unterwasserbauwerke wie Pipelines Folgen haben, weil sie durch die kleinen Eisenfresser möglicherweise stärker gefährdet sind als bisher vermutet.[389]

Auch in eisigen Landstrichen warten Überraschungen, nämlich überall dort, wo diese aufzutauen beginnen und dabei Einzeller freisetzen, die seit Jahrtausenden inaktiv, aber nicht abgestorben waren.

Langschläfer

Bakterien sind auch deshalb gefürchtet, weil sie sich unglaublich schnell vermehren können. Kolibakterien etwa schaffen eine Verdopplung ihrer Zahl unter günstigen Umständen innerhalb von 20 Minuten.[390] Kein Wunder, dass selbst gereinigte Oberflächen in kürzester Zeit wieder mit einem Bakterienfilm belegt sind.

Doch es ist kein eisernes Gesetz, dass es immer schnell gehen muss – es gibt auch ausgesprochene Trödler. Sie sind gefangen unter einer schlammigen, aber dicht abschließenden Schicht des Meeresbodens im Nordpazifik. Dort bohrte ein Team der dänischen Universität Aarhus Proben 30 Meter tief aus dem Sediment. In diesen Schichten hat es seit 86 Millionen Jahren keine Nährstoffzufuhr mehr gegeben – damit ist Leben praktisch ausgeschlossen. Um dies zu prüfen, maßen die Forschenden den Sauerstoffverbrauch, und zu ihrer Überraschung gab es eine winzige Abnahme auch in dieser uralten Schicht. Es sind Bakteriengemeinschaften, die seit der Zeit der Dinosaurier keine Nahrung mehr erhalten haben und auf absoluter Sparflamme leben. So reicht die Restenergie aus Urzeiten gerade aus, um sich alle 1000 Jahre einmal zu teilen. Damit dürfte diese Art zu den Lebewesen mit der geringsten Reproduktionsrate zählen.[391]

Eine andere Art von Gefängnis sind Permafrostböden. Sie heißen so, weil sie seit Jahrtausenden nicht mehr aufgetaut sind. Ein Großteil des Lebens in diesen Schichten ist zum Stillstand gekommen und harrt wärmeren Erdzeitaltern. Die Menschheit schickt sich gerade an, dieses Zeitalter einzuläuten. Auch vor dem Auftauen ist in den gefrorenen Erdschichten eine ganze Menge los. Denken Sie an den Gefrierschrank, der erst bei minus 18 Grad seine volle konservierende Wirkung entfaltet. Permafrostboden heißt, dass die Temperatur ganzjährig und mindestens zwei Jahre lang unter null sein muss. Das betrifft immerhin ein Sechstel der Landfläche und damit riesige Gebiete. Hier haben sich die Bakterien auf Dauerfrost eingestellt und führen ein karges Leben. Zwar ist die Nahrung nicht ganz so knapp wie im tiefen Meeresboden, aber man muss für Jahrtausende mit dem auskommen, was im Eis eingeschlossen ist. Entsprechend langsam laufen alle Vorgänge hier ab, auch die Teilung geschieht sehr selten. Über Zehntausende von Jahren hinweg gibt es selbst im eisigen Untergrund Temperaturschwankungen, doch um sich über Generationen hinweg anzupassen, wird einfach zu wenig Nachwuchs produziert. Deshalb tauschen die Bakterien ihre Gene aus, um schneller neue Fähigkeiten zu erwerben, etwa die weitere Anpassung an noch tieferen Frost oder den Rückgang der Nahrung. Alternativ könnten die Einzeller einfach ins Sporenstadium übergehen und die Eiszeit aussitzen – wenn sie als Kügelchen sogar den eiskalten Weltraum überleben, dann wäre es doch eine schöne Möglichkeit, diese Kälteperiode zu überbrücken. Leider ist die Temperatur nicht so tief, dass wirklich alle Vorgänge erlahmen, denn nur dann wäre das Erbgut innerhalb der Einzeller vor Zerfall geschützt. So kann es in weniger kalten Zeiten beschädigt werden, und somit ist es besser, man lebt, wenn auch auf Sparflamme, und kann auftretende Schäden gleich reparieren.[392]

Aktuell steigen die Temperaturen rund um den Globus, sodass mehr und mehr Permafrostböden auftauen. Das macht sich auch im arktischen Wald bemerkbar, zum Beispiel mit »drunken trees«: Die Bäume stehen schief und krumm in der Landschaft herum, weil sie im matschigen Untergrund plötzlich keinen Halt mehr finden. Die aufgewachten Bakterien beginnen nun, deutlich schneller die torfige Erde aufzufressen, und entlassen dabei viel Treibhausgas. Daneben können sie durch Schmelzwasser und andere Prozesse in die Umwelt gelangen, sie sind also wieder mobil. Dieser Ausbruch aus dem eisigen Gefängnis ist nicht ohne Risiko – das wäre in etwa so, als würden wir Mammuts und Säbelzahntiger wieder zum Leben erwecken. Millionen, vielleicht Milliarden von prähistorischen Einzellern vermischen sich nun mit den Bakterien der aktuellen Arktisbewohner und geben, gesellig wie sie sind, gerne ihre im Dauerfrost erworbenen Fähigkeiten weiter. Das können Gene für Antibiotikaresistenzen sein; möglicherweise tauchen aus dem Schlamm auch neue (oder alte) Krankheitserreger auf, gegen die die Geschöpfe der Eiszeit immun waren, die heutige Menschheit aber nicht. Wie real die Gefahr ist, zeigte sich 2016 auf der Jamal-Halbinsel in Sibirien. Damals starben Tausende Rentiere am Milzbranderreger, einem Bakterium, welches während einer sommerlichen Hitzewelle in der Taiga aus dem Permafrost befreit wurde und die Tiere tödlich infizierte.[393]

Umgekehrt kann es aber auch für die Bakterien gefährlich werden, wenn der menschliche Forschungsdrang in fragilen Lebensräumen keine Grenzen kennt, wie etwa in der Antarktis. Unter dem drei bis über vier Kilometer dicken Eispanzer gibt es 379 Seen, deren größter, der Wostoksee, sich über 14 000 Quadratkilometer erstreckt (zum Vergleich: Der Bodensee ist 536 Quadratkilometer groß). Mit einer Tiefe von über einem Kilometer ist dort reichlich Wasser vorhanden, das von Bakterien besiedelt werden könnte.[394] Wie sie dort hineingelangt sein sollen? Das Klima in der Antarktis war vor 35 Millionen Jahren mild; der Kontinent wimmelte vor Leben. Doch dann kühlte es ab, und vor 15 Millionen Jahren schloss sich die Eisdecke endgültig über dem See. Seitdem ist alles darin von der Außenwelt isoliert. Ob jemand überlebt hat?

Das untersuchten verschiedene Forschungsgruppen. Beginnend ab 1970 arbeitete sich jede Bohrung immer tiefer vor. Das Ziel: Es sollte die Eisschicht erreicht werden, die sich aus Seewasser gebildet hatte. Das darüberliegende Eis ist letztendlich nichts anderes als gepresster Schnee von Hunderttausenden von Jahren; den wollte man natürlich nicht analysieren. In älteren Seeeisproben, die im U. S. National Ice Core Laboratory in Denver gelagert waren, wurde man 2013 tatsächlich fündig: Zwei Wissenschaftler der Bowling Green State University, Ohio, stießen auf DNA-Spuren von Tausenden Arten, davon etwa 94 Prozent Bakterien. Unter ihnen waren kälteliebende, aber auch wärmeliebende Arten, was darauf hindeutet, dass es unterseeische Wärmequellen wie im Meer geben muss. Ganz nebenbei zeigt es exemplarisch, was unter dem Eis der Jupitermonde möglich sein könnte.[395]

Bei Forschungen dieser Art tauchen gleich zwei Probleme auf: Erstens sind diese seit Jahrmillionen abgeschlossenen Lebensräume äußerst fragil – Kontakt zur Außenwelt könnte bedeuten, dass die Eisseen mit Bakterien der Oberfläche kontaminiert werden, die am Bohrer haften. Das könnte diese einzigartigen Ökosysteme zerstören. Und zweitens ist es möglich, dass die Kontamination auch umgekehrt erfolgt – der Bohrer fördert Bakterien nach oben, auf die weder wir noch andere Arten vorbereitet sind (der Permafrost lässt grüßen).

Nun sind diese Untersuchungen immerhin nur im Eis über dem See durchgeführt worden, was die Gefahr für die Seeinsassen reduziert hat. Doch die Neugier der Wissenschaft war damit noch nicht befriedigt: Man wollte das Seewasser erreichen und dort Proben entnehmen. Im Jahr 2012 gelang dieses Vorhaben schließlich unter größten Mühen. Der Bohrer wurde mit einer speziellen Flüssigkeit eingeschmiert, die kerosinbasierte Schmiermittel und Kältemittel enthielt. Kein Wunder, dass die Eisbohrkerne, die man nach oben förderte, von einem Schmierfilm aus genau diesen Substanzen bedeckt waren, die sicher auch in den Wostoksee gelangten. Das war aber noch nicht alles: In den Proben, die man aus dem aufsteigenden Seewasser entnahm, fanden sich auch Spuren solcher Bakterien, die bei Menschen oder in Böden zu Hause sind. Diese Einzeller konnten nicht aus den lichtlosen Tiefen stammen, sondern waren mit hoher Wahrscheinlichkeit mit dem Bohrer nach unten gebracht worden.[396]

Wenn solche Missgeschicke Wissenschaftlerinnen und Wissenschaftlern passieren, die angeblich streng darauf achten, solche Lebensräume nicht zu kontaminieren, dann ist der Fall für mich klar: Hier war die Gier nach Neuentdeckungen größer als die Sorge über die Zerstörung fragiler Ökosysteme oder die Verschleppung möglicherweise gefährlicher neuer Keime an die Oberfläche. Immerhin können derartige Eingriffe bei den Untersuchungen der Raumsonden nicht passieren: Sie analysieren nur den ins Weltall ausgestoßenen Sprühnebel der Eismonde.

Davon abgesehen sollten wir uns eines klarmachen: Das Leben auf der Erde konnte verschiedene Katastrophen nur überstehen, weil es in Nischen wie unter dem antarktischen Eisschild eine Zuflucht fand und Jahrmillionen unwirtlicher Bedingungen überdauern konnte, bevor es wieder den gesamten Globus besiedelte. Deshalb sollten solche Refugien unangetastet bleiben – dort wird die eiserne Reserve des Lebens bewahrt. Und unsere in wärmeren Gefilden lebenden einzelligen Verbündeten haben schon genug mit der Korrektur unserer Eingriffe zu tun und können sicher auf weitere Störungen wie durch die Freisetzung von Bakterien aus Eisseen verzichten.

Nachwort

Kaum ein Mensch mag Chaos – weder in der Politik noch im privaten häuslichen Umfeld. Diesem Unbehagen vor der unübersehbaren Vielfalt begegnete die Wissenschaft schon vor Jahrhunderten mit dem Versuch, die Natur zu katalogisieren und jedes Lebewesen in eine Schublade einzusortieren. Tiere hier, Pflanzen dort, und über allen thront der Mensch. Jaja, werden Sie vielleicht denken, darüber sind wir doch schon längst hinaus. Der Mensch gehört zu den Tieren, und auch für ihn gelten die Regeln der Natur. Davon abgesehen wurden seine früher für einmalig gehaltenen Fähigkeiten wie die Entwicklung eines Bewusstseins, von Sprache, Kultur oder Emotionen wie Liebe bei vielen weiteren Arten entdeckt, die uns in Bezug auf Gehirnvolumen und evolutionäre Entwicklung nahestehen. Wale, Hunde, Affen oder Papageien – sie alle haben den gedanklichen Aufstieg in die zweite Liga geschafft (die erste gebührt immer noch uns allein).

Wenn Sie dieses Buch bis hierhin gelesen haben, dann dürfte spätestens jetzt solch ein Weltbild kräftige Macken bekommen haben. Nach allem, was die moderne Wissenschaft in den letzten Jahren zusammengetragen hat, besitzt alles Leben recht ähnliche Eigenschaften, zumindest in den Feldern, die uns für unsere Abgrenzung gegenüber den Mitgeschöpfen besonders wichtig sind: Intelligenz, Bewusstsein, Kommunikation, Denken, Kooperation, Gefühle. All das sollen wir fortan auch offiziell mit allen, selbst Einzellern, teilen?

Die Befunde sind recht eindeutig, und dennoch haben viele Menschen Schwierigkeiten, das zu akzeptieren. Diese Skepsis begegnet mir immer wieder im beruflichen Alltag, und sie hat häufig denselben Grund: Wenn das alles stimmt, hat das persönliche Konsequenzen.

Ein Beispiel: Was ist der Hauptunterschied zwischen Tieren und Pflanzen? Die meisten Menschen können ihn nicht spontan benennen und zählen Eigenschaften wie das Festsitzen (das machen auch Tiere wie etwa Korallen oder Schwämme) auf; die Fotosynthese, also die Fähigkeit, selbst Nahrung zu erzeugen, kommt oft an hinterer Stelle. Alles andere finden Sie sowohl bei Tieren als auch bei Pflanzen (jeweils nicht bei allen Arten, aber bei einigen). Pflanzen sind gar nicht so weit weg von Tieren, was angesichts der heimlichen Freunde im Hintergrund auch nicht verwundern sollte. Und bei den grünen Gewächsen hat man einfach lange Zeit nicht besonders gründlich geforscht, weil man dachte, dass es tumbe Bioroboter und Studien über Tiere viel aufregender seien. Das zeigt sich auch in der heute veralteten biologischen Einordnung der Arten in höhere Tiere, niedere Tiere, höhere Pflanzen und niedere Pflanzen. Kategorisieren darf Wissenschaft, weil man sonst den Überblick verliert. Die Einordnung nach Qualität, nach Wert lässt allerdings die erforderliche Neutralität vermissen – es verwundert nicht, dass die entsprechenden Arten von uns Menschen bis heute entsprechend geschätzt oder achtlos behandelt werden.

Deshalb ist es umso überraschender, wenn auf einmal wissenschaftliche Veröffentlichungen von einem Pflanzenhirn sprechen, die Kommunikation zwischen den grünen Erdenbewohnern beschreiben oder sogar herausfinden, dass manche Gewächse nicht nur Augen, sondern selbst ein scharfes Sehvermögen haben. Details dazu würden den Rahmen dieses Buches sprengen, darauf komme ich in einem späteren ausführlich zurück – versprochen!

Zurück zu den Konsequenzen: Wie ist es angesichts dieser Erkenntnisse möglich, einfach weiterzumachen wie bisher? Was soll man noch essen, wenn selbst Pflanzen fühlen? Kann man sich noch die Hände waschen, ohne einen imaginären Protest der hauteigenen Besatzung zu spüren? Und was ist mit diesem Buch? Wurde es nicht aus zerkleinerten Baumknochen hergestellt, in deren Zellen immer noch unzählige Bakterien sitzen, jetzt allerdings nicht mehr lebendig? Das mag alles übertrieben klingen, doch genau dann können Sie sich bei der inneren Skepsis beobachten, die sich vor zu viel Wissen (»Wenn das alles wahr wäre, dann dürfte man ja nicht mehr …«) fürchtet und deshalb lieber nicht allzu viel erfahren möchte.

Dabei ist die Lösung ganz einfach: Respekt und Empathie. Immer da, wo echte Bedürfnisse vorhanden sind, kann man beherzt ein- und zugreifen. Unsere körpereigene Bakterienbesatzung fordert ihr in langen evolutionären Abläufen erarbeitetes Recht ein und möchte überleben. Dazu gehört auch, anderes Leben zu nehmen und zu verarbeiten. In der heutigen Zeit geschieht das allerdings häufig, ohne dass eine echte Notwendigkeit besteht, schlimmer noch: Der überbordende Konsum zerstört das filigrane Zusammenspiel unzähliger Arten, die das Leben auf diesem Planeten, wie wir es kennen, erst möglich gemacht haben. Das kann weder in unserem Sinne noch im Sinn unserer kleinen Freunde sein.

Obwohl wir schon einiges über Bakterien wissen, liegt das meiste noch im Dunkeln. Dafür gibt es viele Gründe. Den ersten haben wir schon beleuchtet – es ist die ehemalige Arroganz anderen und insbesondere kleinen Lebewesen gegenüber, deren Bedeutung und Fähigkeiten erst sehr spät erkannt worden sind. Der zweite Grund liegt in der Schwierigkeit, Bakterien gründlich im Labor zu erforschen. Die allermeisten Arten lassen sich leider nicht im Labor halten, sondern nur im Freiland beobachten – das ist extrem aufwendig und wird daher nur sehr selten durchgeführt. Der dritte Grund ist die Tatsache, dass wir den allergrößten Teil der Bakterienarten überhaupt noch nicht kennen. Schätzungen gehen davon aus, dass es global mehrere Milliarden Bakterienarten geben könnte.[397]

Selbst wenn wir eines schönen Tages alle Arten kennen würden, folgt nun der vierte Grund, warum unser Wissen selbst dann immer noch nicht großartig erweitert wäre: die Biodiversität. Die Artenbestimmung liefert ja nur Material für das Wissen um die Artenvielfalt, also die Besetzung unseres irdischen Theaters. Welches Stück auf der Bühne des Lebens gespielt wird, ist damit immer noch nicht klar, doch letztlich kommt es genau darauf an. Biodiversität beschreibt neben den beteiligten Spezies alle Interaktionen zwischen ihnen sowie die Ökosysteme, die daraus entstehen. Wie unfassbar viel größer die Biodiversität gegenüber der Artenvielfalt ist, erleben Sie selbst täglich. Der Mensch ist nur eine einzige Art, aber innerhalb dieser Art handelt, lebt und erlebt jedes Individuum täglich einzigartig und mit einem Ergebnis, welches sich von dem jedes Mitmenschen unterscheidet.

Moment. Sind wir wirklich nur eine einzige Art, oder sind wir nicht doch viele? Denn die Bakterien gehören untrennbar zu unserem Körper, weshalb dieser streng genommen aus Tausenden Arten besteht. Statt uns als »Homo sapiens« zu definieren, wäre es genauso sinnvoll zu sagen: Wir sind Träger riesiger Bakterienkolonien, die untrennbar mit uns verbunden sind und uns steuern. Damit könnten wir uns eigentlich alle zurücklehnen und unser Schicksal den Einzellern überlassen. Egal, ob Freud oder Leid, Klimakrise, Kriege, Umweltzerstörung, aber auch gutes Essen oder vielleicht sogar die Liebe – es sind ja Bakterien, die die Geschicke der Welt und damit auch uns lenken. Die wahren Verantwortlichen scheinen also endlich ermittelt. Doch nein, so einfach sollten wir es uns trotz dieser neuen Erkenntnisse nicht machen. Denn weil wir untrennbar mit den Bakterien verbunden sind, sind sie Teil unseres Selbst. Unser Bewusstsein und damit unsere Entscheidungsfähigkeit werden eben nicht nur durch Neuronen erzeugt, sondern auch mithilfe der Einzeller. Wir sind Bakterien!

Die veraltete Sichtweise, dass der Mensch und alle anderen Arten auf verschiedenen Seiten stünden, verhindert nebenbei auch große Durchbrüche im Umweltschutz. Gönnerhaft überlassen wir anderen Spezies einen kleinen Prozentsatz dieses Planeten in Form von Schutzgebieten, während wir den Rest weiterhin rücksichtslos ausbeuten. So kann das nichts werden! Wir sollten mehr Rücksicht auf alle anderen, vor allem auf die Allerkleinsten nehmen. Diese Rücksichtnahme haben sie mehr als verdient. Genau wie wir haben sie längst schon begonnen, auf die Umweltkrisen zu reagieren. Heerscharen von Bakterien tüfteln an Lösungen und arbeiten bereits an der Beseitigung menschengemachter Beeinträchtigungen der Ökosysteme. Das macht mich zuversichtlich, denn auch in dieser Hinsicht bedeutet es, dass wir als Art nicht allein stehen, sondern in eine große Gemeinschaft heimlicher Helden eingebettet sind. Diese Helden verfolgen dasselbe Ziel wie wir: den Erhalt einer lebenswerten Welt.

Anmerkungen

Vorwort

1 https://nationalgeographic.de/themen/wissenschaft/2017/11/die-sinne-der-pflanzen/

Die Erfindung des Lebens

2 https://www.max-wissen.de/max-media/zellorganellen-die-endosymbiontentheorie-max-planck-cinema/
3 https://www.wissenschaft.de/gesundheit-medizin/bakterielle-verwandte-der-mitochondrien-identifiziert/
4 https://www.scinexx.de/news/medizin/wie-viele-zellen-hat-unser-koerper/
5 https://www.biophys.mpg.de/geheimnis-des-lebens/mitochondrien
6 Berg, J. M., et al.: »Die oxidative Phosphorylierung«. *Stryer Biochemie*. Springer Spektrum, Berlin, Heidelberg 2013.
7 Martin, W., et al.: »Evolutionary analysis of Arabidopsis, cyanobacterial, and chloroplast genomes reveals plastid phylogeny and thousands of cyanobacterial genes in the nucleus«. *Proc Natl Acad Sci USA*, Sep 17 (2002), 99 (19), 12246–12251.
8 Andersson, S. G., et al.: »The genome sequence of Rickettsia prowazekii and the origin of mitochondria«. *Nature*, Nov 12 (1998), 396 (6707), 133–140.
9 https://www.wissenschaft.de/gesundheit-medizin/bakterielle-verwandte-der-mitochondrien-identifiziert/
10 https://www.mpg.de/16609816/age_jb_2020
11 https://www.mtdialog.de/mt-intern/artikel/antoni-van-leeuwenhoek-1632-1723

12 Dorman, C.: »Organization of the Bacterial Nucleoid«. *Encyclopedia of Biological Chemistry*, (2013), 367–370.
13 https://consensus.app/results/?q=warum%20haben%20bakterien%20keinen%20Zellkern%3F&pro=on&lang=de
14 Dorman, C.: »Organization of the Bacterial Nucleoid«. *Encyclopedia of Biological Chemistry*, (2013), 367–370.
15 https://www.mpi-marburg.mpg.de/1384195/2024-05-a
16 https://www.geo.de/wissen/so-veraenderte-sich-die-generationsdauer-der-menschheit-33126474.html
17 Porteous, G., et al.: »Assessing Extreme Seed Longevity: The Value of Historic Botanical Collections to Modern Research«. *Frontiers in Plant Science*, Oct 14 (2019), 10.
18 https://www.spektrum.de/lexikon/biologie/endosporen/21290
19 Khanna, K., et al.: »Shaping an Endospore: Architectural Transformations During Bacillus subtilis Sporulation«. *Annual review of microbiology*, 74 (2020), 361–386.
20 Hubbard, T. D., et al.: »Molecular Biology and Evolution«, Vol. 33, 10, Oct 1 (2016), 2648–2658.
21 https://webdoc.sub.gwdg.de/ebook/diss/2003/fu-berlin/1999/75/Einleitung.pdf
22 https://www.spektrum.de/magazin/gentransfer-zwischen-bakterien-in-der-natur/824429
23 Gomelsky, M., und Hoff, W.: »Light helps bacteria make important lifestyle decisions«. *Trends in microbiology*, 19 (9) (2011), 441–448.
24 Asai, Y., et al.: »Putative channel components for the fast-rotating sodium-driven flagellar motor of a marine bacterium«. *Journal of Bacteriology*, 179 (1997), 5104–5110.
25 https://www.nationalgeographic.de/umwelt/2024/07/15-erstaunliche-fakten-ueber-pilze-von-bakterienautobahn-bis-wood-wide-web
26 https://www.mpg.de/14510448/0224-koll-029721-die-loopings-der-bakterien#:~:text=Die%20reale%20Geschwindigkeit%20liegt%20im,nur%20eine%20Körperlänge%20pro%20Sekunde
27 Dykhuizen, D.: »Species Numbers in Bacteria«. *Proc Calif Acad Sci*, Jun 3 (2005), 56 (6 Suppl 1), 62–71.
28 https://bioticregulation.substack.com/p/information-processing-by-natural
29 https://www.spektrum.de/kolumne/freistetters-formelwelt-die-mathematik-der-ahnenforschung/1947277
30 Laut Ed Moody, Mitautor der folgenden Studie (Quelle 30), ist Luca ein Zwischending zwischen Bakterium und Urbakterium und wird

deshalb einfach als übergeordnete Gruppe »Leben« bezeichnet (E-Mail vom 30.12.2024).
31 Moody, E. R. R., et al.: »The nature of the last universal common ancestor and its impact on the early Earth system«. *Nat Ecol Evol*, 8 (2024), 1654–1666.
32 Weiss, M., et al.: »The physiology and habitat of the last universal common ancestor«. *Nat Microbiol*, 1 (2016), 16116.
33 https://www.planet-wissen.de/natur/forschung/entstehung_des_lebens/pwiedieentstehungdererde100.html
34 https://www.scientificamerican.com/blog/observations/im-convinced-we-found-evidence-of-life-on-mars-in-the-1970s/?utm_medium=social&utm_content=organic&utm_source=twitter&utm_campaign=SciAm_&sf221538882=1
35 https://www.deutschlandfunkkultur.de/vor-40-jahren-erste-raumsonde-landet-auf-dem-mars-100.html
36 https://www.spiegel.de/wissenschaft/weltall/leben-im-all-am-ende-koennte-herauskommen-dass-wir-alle-marsianer-sind-a-d6e5d6c6-03c5-48d7-abcf-0781ec9ecd83
37 https://www.dwd.de/DE/wetter/thema_des_tages/2021/2/25.html
38 https://web.archive.org/web/20170826193807/http://www.springermedizin.at/artikel/23895-strahlenexposition-des-flugpersonals
39 https://medizinphysik.wiki/glossar/letaldosis/
40 https://www.hep.physik.uni-siegen.de/~grupen/Raumfahrt1.pdf
41 Kawaguchi, Y., et al.: »DNA Damage and Survival Time Course of Deinococcal Cell Pellets During 3 Years of Exposure to Outer Space«. *Frontiers in Microbiology*, Vol. 11, 26.08.2020.
42 https://www.deutschlandfunk.de/die-apollo-11-chronik-tag-1-diese-saturn-rakete-ist-100.html#:~:text=Mit%20160%20Millionen%20PS%20befördern,um%20an%20die%20Mondlandefähre%20anzudocken
43 https://www.spektrum.de/news/entstehung-des-mars-der-ursprung-eines-der-aeltesten-marsmeteoriten/2039947
44 Zenhäusern, G., et al.: »An estimate of the impact rate on Mars from statistics of very-high-frequency marsquakes«. *Nat Astron*, 8 (2024), 1138–1147.
45 https://europa.nasa.gov/mission/science/
46 https://europa.nasa.gov/spacecraft/instruments/suda/
47 https://europa.nasa.gov/mission/history/#europa-discovered
48 https://www.nationalgeographic.de/wissenschaft/2018/01/10-fakten-ueber-unsere-milchstrasse
49 https://arxiv.org/abs/1607.03909

50 https://iopscience.iop.org/article/10.3847/2041-8213/adc1c8
51 Vreeland, R., et al.: »Isolation of a 250 million-year-old halotolerant bacterium from a primary salt crystal«. *Nature*, 407 (2000), 897–900.
52 Erickson, T. M., et al.: »Precise radiometric age establishes Yarrabubba, Western Australia, as Earth's oldest recognised meteorite impact structure«. *Nat Commun*, 11 (2020), 300.
53 Liu, J., et al.: »Macroscopic fossils from the Chuanlinggou Formation of North China: evidence for an earlier origin of multicellular algae in the late Palaeoproterozoic«. *Palaeontology*, 66 (2003).
54 https://www.scinexx.de/news/geowissen/mehrzeller-schon-vor-21-milliarden-jahren/#:~:text=1.%20Juli%202010%2C%20Lesezeit%3A%203%20Min.&text=Mehrzellige%20Organismen%20entstanden%20sehr%20viel,als%20bisherige%20Belege%20mehrzelligen%20Lebens
55 Djokic, T., et al.: »Earliest signs of life on land preserved in ca. 3.5 Ga hot spring deposits«. *Nat Commun*, 8 (2017), 15263.
56 https://www.scinexx.de/news/biowissen/pflanzen-eroberten-das-land-frueher/
57 https://www.scinexx.de/news/biowissen/aeltestes-landfossil-entdeckt/
58 https://www.mpg.de/16045104/ursprung-evolution-tiere
59 Sperling, E., und Vinther, J.: »A placozoan affinity for Dickinsonia and the evolution of late Proterozoic metazoan feeding modes«. *Evolution & Development*, 12 (2010).
60 https://www.scinexx.de/dossierartikel/ein-gruener-teppich/
61 https://www.ds.mpg.de/139253/05; Ehn, M., et al.: »A large source of low-volatility secondary organic aerosol«. *Nature*, 506 (2014), 476–479.
62 https://onlinelibrary.wiley.com/doi/10.1002/piuz.202101614
63 https://www.verbraucherzentrale.nrw/sites/default/files/2022-04/kurzstudie_stromeffizienz_kuelgeraete_2022.pdf
64 Zhang, M., et al.: »Quantifying the impact of urban trees on land surface temperature in global cities«. *ISPRS Journal of Photogrammetry and Remote Sensing*, Vol. 210, Apr (2024), 69–79.
65 Murray, B., et al.: »Ice nucleation by particles immersed in supercooled cloud droplets«. *Chemical Society Reviews*, 41 (2012), 19, 6519–6554.
66 https://acp.copernicus.org/articles/9/9281/2009/
67 https://www.spektrum.de/news/eine-waage-fuer-einzelne-bakterien/340954
68 https://www.dwd.de/DE/service/lexikon/begriffe/T/Tiefdruckgebiet.html
69 Makarieva, A., und Gorshkov, V.: »Biotic pump of atmospheric moisture as driver of the hydrological cycle on land«. *Hydrology and Earth System Sciences*, 11 (2006), 1013–1033.

70 Von Humboldt, A.: »Fragmente einer Geologie und Klimatologie Asiens«, J. A. List, Berlin 1832, 229.
71 Schweitzer, R.: »Basiswissen«, Urban & Fischer Verlag/Elsevier GmbH 2018, 78.
72 https://www.muenchen-klinik.de/nervensystem/#:~:text=Nervenzellen%20sind%20im%20Durchmesser%20nur,zu%20einem%20Meter%20lang%20sein.&text=Bis%20zu%20100.000%20Synapsen%20kann%20eine%20Nervenzelle%20haben
73 https://www.msdmanuals.com/de/heim/kurzinformationen-störungen-der-hirn-rückenmarks-und-nervenfunktion/biologie-des-nervensystems/übersicht-des-nervensystems#Wie-funktioniert-Ihr-Nervensystem?_v48796551_de
74 https://idw-online.de/de/news750944
75 Prehn-Kristensen, A., et al.: »Reduced microbiome alpha diversity in young patients with ADHD«. *PLoS ONE*, 13 (2018).
76 https://www.adhs.info/fuer-eltern-und-angehoerige/adhs-was-ist-das/
77 Prehn-Kristensen, A., et al.: »Reduced microbiome alpha diversity in young patients with ADHD«. *PLoS ONE*, 13 (2018).
78 Hata, T., et al.: »Regulation of gut luminal serotonin by commensal microbiota in mice«. *PLoS ONE*, 12 (2017).
79 Berdoy, M., et al.: »Fatal attraction in rats infected with Toxoplasma gondii«. *Proc Biol Sci*, Aug 7 (2000), 267 (1452), 1591–1594.
80 https://www.spektrum.de/news/bei-einer-toxoplasmose-kann-der-parasit-das-gehirn-beeinflussen/1940401
81 https://www.biophys.mpg.de/geheimnis-des-lebens/mitochondrien
82 Broesch, T., et al.: »Cultural Variations in Children's Mirror Self-Recognition«. *Journal of Cross-Cultural Psychology*, 42 (2011), 1018–1029.
83 https://www.spektrum.de/lexikon/neurowissenschaft/bewusstsein/1446
84 Hodgkinson, J., et al.: »Learning the language of bacteria«. *ACS chemical biology*, 2, 11 (2007), 715–717.
85 https://genesdev.cshlp.org/content/15/12/1468.full
86 Ben-Jacob, E.: »Learning from Bacteria about Natural Information Processing«. *Annals of the New York Academy of Sciences*, 1178 (2009).
87 https://www.scinexx.de/news/biowissen/sozialer-iq-fuer-bakterien/
88 Xavier, R., et al.: »Bacterial colony: Information processing and computational behavior«. *Proceedings of the 3rd World Congress on Nature and Biologically Inspired Computing, NaBIC* (2011), 439–443.
89 https://open.spotify.com/episode/5mM1y2UNWSp40DBJoRbHTH?si=5ff0cc9cc598408e

90 https://www.colorado.edu/today/2024/10/08/you-get-your-energy-your-mom-new-study-explains-why
91 https://www.swr.de/wissen/kinder-mit-drei-genetische-eltern-durch-mitochondrien-austauschtherapie-100.html
92 https://www.scinexx.de/news/biowissen/mitochondrien-dna-torpediert-lehrmeinung/
93 Walker, W.: »The importance of appropriate initial bacterial colonization of the intestine in newborn, child and adult health«. *Pediatric research*, 82 (2017), 387–395.
94 Ferretti, P., et al.: »Mother-to-Infant Microbial Transmission from Different Body Sites Shapes the Developing Infant Gut Microbiome«. *Cell Host & Microbe*, 24 (2018), 133–145.
95 Scharschmidt, T. C., et al.: »A Wave of Regulatory T Cells into Neonatal Skin Mediates Tolerance to Commensal Microbes«. *Immunity*, 43 (2015), 1011–1021.
96 https://www.museumfuernaturkunde.berlin/de/ueber/neuigkeiten/viren-winzig-und-seit-urzeiten-auf-der-erde
97 https://www.umweltbundesamt.de/viren#aussehen
98 Nasir, A., et al.: »Untangling the origin of viruses and their impact on cellular evolution«. *Annals of the New York Academy of Sciences*, 1341 (2015).
99 Weiss, R., und Stoye, J.: »Our Viral Inheritance«. *Science*, 340 (2013), 820–821.
100 Kojima, S., et al.: »Virus-derived variation in diverse human genomes«. *PLoS Genetics*, 17 (2020).
101 Rohde, C., et al.: »Bacteriophages: A Therapy Concept against Multi-Drug-Resistant Bacteria«. *Surgical Infections*, 19 (2018), 737–744.
102 Nguyen, S., et al.: »Bacteriophage Transcytosis Provides a Mechanism To Cross Epithelial Cell Layers«. *ASM Journals mBio*, 8, 6, Nov 21 (2017).
103 https://idw-online.de/de/news846486
104 Granato, E., et al.: »The Evolution and Ecology of Bacterial Warfare«. *Current Biology*, 29 (2019), R521–R537.
105 Weiss, G., und Schaible, U.: »Macrophage defense mechanisms against intracellular bacteria«. *Immunological Reviews*, 264 (2015), 182–203.
106 Dykhuizen, D.: »Species Numbers in Bacteria«. Proceedings. *California Academy of Sciences*, 56, 6 (2005), Suppl. 1, 62–71.
107 https://www.spektrum.de/news/toter-wal-gehoert-zu-unbekannter-neuer-art/1828987
108 https://taz.de/Forstwissenschaftler-ueber-Waelder/!5658314/

109 https://europeanjournaloftaxonomy.eu/index.php/ejt/article/view/2649/12235
110 http://www.pmbio.icbm.de/download/einfalt.pdf
111 https://www.nationalgeographic.de/tiere/2021/01/neue-studie-menschenaffen-fehlt-eine-entscheidende-faehigkeit
112 Konstantinidis, K., und Tiedje, J.: »Genomic insights that advance the species definition for prokaryotes«. *Proceedings of the National Academy of Sciences of the United States of America*, 102, 7 (2005), 2567–2572.
113 Wiens, J.: »Vast (but avoidable) underestimation of global biodiversity«. *PLoS Biology*, 19 (2021).
114 Sutcliffe, I., et al.: »Addressing the sublime scale of the microbial world: reconciling an appreciation of microbial diversity with the need to describe species«. *New Microbes and New Infections*, 43 (2021).
115 Löbl, I., und Leschen, R.: »Misinterpreting global species numbers: examples from Coleoptera«. *Systematic Entomology*, 39 (2014).
116 https://de.statista.com/statistik/daten/studie/1193430/umfrage/mittlere-tiefe-der-ozeane/
117 Deming, J.: »Thermophilic bacteria associated with black smokers along the East Pacific Rise«. Second International Colloquium of Marine Bacteriology, CNRS, Brest, 1–5 October 1984, *IFREMER*, Actes de Colloques 3:325–332.
118 https://www-ag-ndsu-edu.translate.goog/news/columns/prairie-fare/prairie-fare-are-runny-eggs-safe-to-eat/?_x_tr_sl=en&_x_tr_tl=de&_x_tr_hl=de&_x_tr_pto=rq
119 https://idw-online.de/de/news848403
120 https://de.statista.com/statistik/daten/studie/1109076/umfrage/verteilung-von-land-und-wasser-auf-der-erdoberflaeche/
121 https://archimer.ifremer.fr/doc/00131/24204/22197.pdf
122 https://www.google.com/url?sa=t&source=web&rct=j&opi=89978449&url=https://dornsife.usc.edu/caron/wp-content/uploads/sites/263 2023/11/2016_FuhrmanCaron_MEM4thEd.pdf&ved=2ahUKEwjS2Y_40I-NAxWiTqQEHTg-OdkQFnoECBsQAQ&usg=AOvVaw3R9vcNjr29pQVXXGVz2gzk
123 https://www.uni-rostock.de/universitaet/kommunikation-und-aktuelles/medieninformationen/detailansicht/n/klimawandel-forscher-nehmen-algen-im-meer-unter-die-lupe-37963/#:~:text=Alle%20Meeresalgen%20(Mikro%2D%20und%20Makroalgen)%20produzieren%2050,Jahren%20bereits%20um%20fast%2040%20Prozent%20geschrumpft

124 https://www.mpg.de/11016102/mpi_mm_jb_20161#:~:text=Es%20wird%20angenommen%2C%20dass%20Bakterien,über%2010%25%20des%20menschlichen%20Kalorienbedarfs
125 https://www.mpi-bremen.de/Molekulare-Indizien-enthuellen-dass-Meeresbakterien-Pilze-fressen.html
126 https://www.wissenschaft.de/erde-umwelt/wasserpilze-maechtige-unbekannte-im-visier/
127 Inagaki, F., et al.: »Exploring deep microbial life in coal-bearing sediment down to ~2.5 km below the ocean floor«. *Science*, 349 (2015), 420–424.
128 https://idw-online.de/en/news84037
129 https://idw-online.de/de/news779161
130 https://www.deutschlandfunknova.de/beitrag/blaualgen-in-badeseen-manchmal-ist-baden-und-schlucken-verboten
131 https://www.leibniz-gemeinschaft.de/ueber-uns/neues/forschungsnachrichten/forschungsnachrichten-single/newsdetails/wie-wir-erdige-gerueche-wahrnehmen
132 Liato, V., und Aïder, M.: »Geosmin as a source of the earthy-musty smell in fruits, vegetables and water: Origins, impact on foods and water, and review of the removing techniques«. *Chemosphere*, 181 (2017), 9–18.
133 Becher, P., et al.: »Developmentally regulated volatiles geosmin and 2-methylisoborneol attract a soil arthropod to Streptomyces bacteria promoting spore dispersal«. *Nature Microbiology*, 5 (2020), 821–829.
134 https://www.stern.de/panorama/wissen/mensch/parfuemduefte-hautbakterien-veraendern-den-geruch-3225564.html
135 https://www.scinexx.de/news/technik/bakterien-verantwortlich-fuer-fischgeruch/
136 Splivallo, R., et al.: »Bacteria associated with truffle-fruiting bodies contribute to truffle aroma«. *Environmental microbiology*, 17, 8 (2015), 2647–2660.

Wie Bakterien unseren Alltag bestimmen

137 https://www.mdr.de/wissen/mein-zweites-ich-viren-pilze-bakterien-100.html
138 https://web.ukm.de/nuklearmedizin/diagnostik/weitere-untersuchungen/speicheldruese
139 https://www.spiegel.de/gesundheit/diagnose/speichel-warum-spucke-vor-karies-bluthochdruck-und-halsschmerzen-schuetzt-a-fe7b6944-7226-4071-884d-987f082843b6?sara_ref=re-so-app-sh

140 https://healthcare-in-europe.com/de/news/der-magen-hat-eine-filterfunktion.html
141 https://www.aerzteblatt.de/archiv/nobelpreis-fuer-medizin-der-bakterientrunk-lieferte-der-fachwelt-den-beweis-73c6b754-fc0e-44ec-858d-3988083c9e50
142 https://www.helmholtz-hzi.de/media-center/newsroom/news-detailseite/helicobacter-der-herrscher-im-oberen-verdauungstrakt/
143 Medawar, E., et al.: »Prebiotic diet changes neural correlates of food decision-making in overweight adults: a randomised controlled within-subject cross-over trial«. *Gut*, 73 (2024), 298–310.
144 Berding, K., et al.: »A specific dietary fibre supplementation improves cognitive performance-an exploratory randomised, placebo-controlled, crossover study«. *Psychopharmacology* (Berl), Jan (2021), 238 (1), 149–163.
145 https://www.i-med.ac.at/mypoint/news/703701.html#:~:text=Bei%20der%20Stuhltransplantation%20wird%20möglichst,Darmspiegelung%20in%20den%20Verdauungstrakt%20eingebracht
146 Xie, Z., et al.: »The gut-to-brain axis for toxin-induced defensive responses«. *Cell*, 185 (2022), 4298–4316.
147 https://www.wwf.de/2023/august/100-jahre-wisent-rettung
148 https://www.spektrum.de/news/woraus-unser-ausscheidungsprodukt-besteht/1416181
149 Suez, J., et al.: »Post-Antibiotic Gut Mucosal Microbiome Reconstitution Is Impaired by Probiotics and Improved by Autologous FMT«. *Cell*, Vol. 174, Iss. 6, 1406–1423.
150 https://www.i-med.ac.at/mypoint/news/703701.html#:~:text=Bei%20der%20Stuhltransplantation%20wird%20möglichst,Darmspiegelung%20in%20den%20Verdauungstrakt%20eingebracht
151 Gough, E., et al.: »Manges, Systematic Review of Intestinal Microbiota Transplantation (Fecal Bacteriotherapy) for Recurrent Clostridium difficile Infection«, *Clinical Infectious Diseases*, Vol. 53, Iss. 10, Nov 15 (2011), 994–1002.
152 https://www.uniklinikum-jena.de/Uniklinikum+Jena/Aktuelles/Archiv/PM_Archiv+2022/Mit+Stuhlspenden+Erkranken+helfen.html
153 Fejerskov, O.: »Changing Paradigms in Concepts on Dental Caries: Consequences for Oral Health Care«. *Caries Res*, Jun 1 (2004), 38 (3), 182–191.
154 https://www.sueddeutsche.de/leben/archaeologie-mittelalter-nonne-dalheim-blauer-zahn-1.6330732
155 https://www.zahnärztinnen-münster.de/plaque-entstehung-ursachen-behandlung/

156 https://www.uk-erlangen.de/eine-tasche-voller-bakterien/
157 Sen, S., et al.: »Dental flossing may lower the risk for incident ischemic stroke, cardioembolic stroke subtype and AF«, *AHA/ASA Journals*, Vol. 56, Suppl_1 (2025).
158 Faveri, M., et al.: »Microbiota of the dorsum of the tongue after plaque accumulation: an experimental study in humans«. *Journal of periodontology*, 77, 9 (2006), 1539–1546.
159 Blaustein, R. A., et al.: »Toothbrush microbiomes feature a meeting ground for human oral and environmental microbiota«. *Microbiome* 9, 32 (2021).
160 Hanstock, H., et al.: »Tear Lactoferrin and Lysozyme as Clinically Relevant Biomarkers of Mucosal Immune Competence«. *Frontiers in Immunology*, 10 (2019).
161 Lamppa, J., et al.: »Engineering Escherichia coli for soluble expression and single step purification of active human lysozyme«. *Journal of biotechnology*, 164, 1 (2013), 1–8.
162 https://www.biotech-enzymes.com/lebensmittelenzym-lysozym-als-zusatzstoff-zur-konservierung
163 https://www.spiegel.de/fitness/vo2max-der-indikator-fuer-ein-langes-leben-wie-sie-den-geheimnisvollen-sport-wert-verbessern-a-f7fc5ff8-13b5-4bb6-977a-7297b724bef5?sara_ref=re-so-app-sh
164 https://www.spiegel.de/fitness/fitness-zone-2-training-verspricht-grossen-effekt-mit-wenig-anstrengung-was-am-hype-dran-ist-a-9663f3db-b2b1-4617-8f8b-4ab27217895d?sara_ref=re-so-app-sh
165 https://www.scinexx.de/news/biowissen/fitmacher-macht-fett/
166 Dohnalová, L., et al.: »A microbiome-dependent gut-brain pathway regulates motivation for exercise«. *Nature*, 612 (2022), 739–747.
167 https://www.deutsche-apotheker-zeitung.de/daz-az/2013/daz-37-2013/gesunder-darm-durch-buttersaeure
168 https://gestis.dguv.de/data?name=012610
169 Hamer, H., et al.: »Effect of butyrate enemas on inflammation and antioxidant status in the colonic mucosa of patients with ulcerative colitis in remission«. *Clinical nutrition*, 29, 6 (2010), 738–744.
170 Xu, M., et al.: »Electro-acupuncture promotes gut motility and alleviates functional constipation by regulating gut microbiota and increasing butyric acid generation in mice«. *Journal of integrative medicine*, Vol. 21, Iss. 4, Jul (2023), 397–406.
171 Parsaei, M., et al.: »The importance of Faecalibacterium prausnitzii in human health and diseases«. *New Microbes New Infect*, Jul 24 (2021), 43,100928.

172 https://www.stern.de/gesundheit/furz-entzuendet-sich-bei-laser-operation---und-sorgt-fuer-feuer-im-op-7128202.html
173 Mutuyemungu, E., et al.: »Intestinal gas production by the gut microbiota: A review«. *Journal of Functional Foods*, (2023).
174 https://www.planet-wissen.de/natur/anatomie_des_menschen/darm/pwiewieentstehteinpups100.html
175 https://www.merkur.de/deutschland/studie-deutsche-wollen-nicht-muffeln-zr-837854.html
176 Rudden, M., et al.: »The molecular basis of thioalcohol production in human body odour«. *Sci Rep*, 10 (2020), 12500.
177 https://www.nzz.ch/wissenschaft/den-richtigen-partner-am-geruch-erkennen-ld.1541260
178 https://www.bfr.bund.de/presseinformation/aluminium-in-antitranspirantien-geringer-beitrag-zur-gesamtaufnahme-von-aluminium-im-menschen/
179 https://www.oekotest.de/kosmetik-wellness/Wie-wirkt-eigentlich-ein-Deodorant_13921_1.html
180 https://www.ndr.de/ratgeber/gesundheit/Bakterielle-Vaginose-Symptome-erkennen-und-behandeln,vaginose100.html
181 https://www.umweltbundesamt.de/umwelttipps-fuer-den-alltag/essen-trinken/trinkwasser#gewusst-wie
182 https://www.google.com/url?sa=t&source=web&rct=j&opi=89978449&url=https://www.dvgw.de/medien/dvgw/wasser/qualitaet/kleintiere-trinkwasserverteilung-1811gunkel.pdf&ved=2ahUKEwiT1vDN4rOMAxXLgPoHHTEiFgQQFnoECBEQAQ&usg=AOvVaw3iCXHImJrbTizU07l3BJFB
183 https://www.scinexx.de/news/geowissen/es-gibt-auch-gute-tiere-in-der-wasserleitung/
184 Søborg, D., et al.: »Characterizing the development of biofilm in polyethylene pipes in the non-chlorinated Danish drinking-water distribution system«. *Biofouling*, 40 (2024), 262–279.
185 Ridgway, H. F., und Olson, B. H.: »Chlorine resistance patterns of bacteria from two drinking water distribution systems«. *Appl Environ Microbiol*, 44 (1982).
186 Jin, M., et al.: »Chlorine disinfection promotes the exchange of antibiotic resistance genes across bacterial genera by natural transformation«. *ISME J.*, Jul (2020), 14 (7), 1847–1856.
187 Ebd.
188 https://www.spiegel.de/gesundheit/toedlicher-staub-a-84dadb2a-0002-0001-0000-000040693844

189 Boamah, D., et al.: »From Many Hosts, One Accidental Pathogen: The Diverse Protozoan Hosts of Legionella«. *Frontiers in Cellular and Infection Microbiology*, 7 (2017).
190 https://www.health.qld.gov.au/public-health/industry-environment/environment-land-water/water/risk-management/plan/implement/monitoring-temperature
191 Boamah, D., et al.: »From Many Hosts, One Accidental Pathogen: The Diverse Protozoan Hosts of Legionella«. *Frontiers in Cellular and Infection Microbiology*, 7 (2017).
192 https://www.umweltbundesamt.de/daten/private-haushalte-konsum/wohnen/wassernutzung-privater-haushalte#undefined
193 McLellan, S., und Roguet, A.: »The unexpected habitat in sewer pipes for the propagation of microbial communities and their imprint on urban waters«. *Current opinion in biotechnology*, 57 (2019), 3441.
194 Ng, C., et al.: »Characterization of metagenomes in urban aquatic compartments reveals high prevalence of clinically relevant antibiotic resistance genes in wastewaters«. *Front Microbiol*, 9 (2018), 1.
195 Rizzo, L., et al.: »Urban wastewater treatment plants as hotspots for antibiotic resistant bacteria and genes spread into the environment: a review«. *The Science of the total environment*, 447 (2013), 345–360.
196 Azuma, T., et al.: »Inactivation of Antibiotic-Resistant Bacteria in Wastewater by Ozone-Based Advanced Water Treatment Processes«. *Antibiotics*, 11 (2022).
197 Lakamp, A. D., et al.: »Resource Use for Beef Cattle in the North Central Great Plains«. *Journal of Animal Science*, Vol. 99, Iss. Supplement_1, May (2021), 12.
198 https://www.destatis.de/DE/Presse/Pressemitteilungen/2024/02/PD24_049_413.html#:~:text=Schweinefleisch%3A%20Schlachtmenge%20um%206%2C8%20%25%20gesunken&text=Dabei%20verringerte%20sich%20die%20Zahl,auf%201%2C5%20Millionen%20Tiere
199 https://www.destatis.de/DE/Themen/Branchen-Unternehmen/Landwirtschaft-Forstwirtschaft-Fischerei/Produktionsmethoden/aktuell-duengen.html
200 https://www.umweltbundesamt.de/themen/wasser/grundwasser/nutzung-belastungen/faqs-zu-nitrat-im-grund-trinkwasser#--2
201 https://www.bfr.bund.de/de/fragen_und_antworten_zum_antibiotikum_colistin_und_zur_uebertragbaren_colistin_resistenz_von_bakterien-196989.html

202 Zalewska, M., et al.: »Antibiotics and Antibiotic Resistance Genes in Animal Manure – Consequences of Its Application in Agriculture«. *Frontiers in Microbiology*, 12 (2021).
203 Pirastru, M., und Niedda, M.: »Field monitoring and dual permeability modelling of water flow through unsaturated calcareous rocks«. *Journal of Hydrology*, 392 (2010), 40–53.
204 https://www.rki.de/DE/Aktuelles/Publikationen/RKI-Ratgeber/Ratgeber/Ratgeber_Salmonellose.html?nn=16777040#doc16804666bodyText2
205 https://onlinelibrary.wiley.com/doi/10.1111/zph.13174#
206 https://drive.google.com/file/d/1UEqKof4qxz_IdLG8XbpwiqFLAQMDHqrf/view
207 https://www.oekotest.de/freizeit-technik/Keime-Mikroplastik-Co-Wann-Kuechenbretter-aus-Holz-oder-Plastik-besser-sind_15012_1.html
208 https://www.rki.de/DE/Aktuelles/Publikationen/RKI-Ratgeber/Ratgeber/Ratgeber_Campylobacter.html?nn=16777040#doc16790722bodyText3
209 https://www.lebensmittelwarnung.de/___lebensmittelwarnung.de/Meldungen/2025/01_Jan/250130_23_BW_Ecoli_in_Kaese/250130_23_BW_Ecoli_in_Kaese_Meldung.html
210 https://www.sozialministerium.at/Themen/Gesundheit/Uebertragbare-Krankheiten/Infektionskrankheiten-A-Z/E.-coli-Infektionen-(VTEC,-STEC,-EHEC).html
211 Gori, F., et al.: »Could chips and nuts be vector of food-borne outbreaks during happy hour?« *European Journal of Public Health*, (2019).
212 https://www.lshtm.ac.uk/newsevents/news/2009/handwashingday.html
213 https://www.fitrated.com/resources/examining-gym-cleanliness/
214 Hamburger, M.: »Transfer of beta hemolytic streptococci by shaking hands«. *The American Journal of Medicine*, Vol. 2, Iss. 1 (1947), 23–25.
215 https://www.nationalgeographic.de/wissenschaft/2022/06/spontane-selbstberuehrung-darum-fassen-wir-uns-ins-gesicht
216 Carroll, S., et al.: »Incidence and risk factors for travellers' diarrhoea among short-term international adult travellers from high-income countries: a systematic review with meta-analysis of cohort studies«. *Journal of travel medicine*, (2024).
217 Johnson, D. L., et al.: »Lifting the lid on toilet plume aerosol: a literature review with suggestions for future research«. *Am J Infect Control*, Mar, 41, 3 (2013), 254–258.

218 Leri, A., und Khan, M.: »Faecal indicator bacteria on indoor floors linked to exterior sidewalk contamination in New York City«. *Indoor and Built Environment*, 32 (2023), 1187–1197.
219 Schoder, D., et al.: »Urban Prevalence of Listeria spp. and Listeria monocytogenes in Public Lavatories and on Shoe Soles of Facility Patrons in the European Capital City Vienna«. *Zoonoses and Public Health*, 62 (2015).
220 Horswell, J., et al.: »Forensic comparison of soils by bacterial community DNA profiling«. *Journal of forensic sciences*, 47, 2 (2002), 350–353.
221 Kort, R., et al.: »Shaping the oral microbiota through intimate kissing«. *Microbiome*, (2014), 2:41
222 https://www.planet-wissen.de/natur/mikroorganismen/bakterien_urkeime_helfer_erreger/bakterien-bakterienvielfalt-100.html
223 https://www.uni-kiel.de/pressemeldungen/index.php?pmid=2017-294-nerven-bakterien
224 Fredricks, D.: »Microbial ecology of human skin in health and disease«. *The journal of investigative dermatology*. Symposium proceedings, 6, 3 (2001), 167–169.
225 https://www.scinexx.de/news/medizin/ueberraschung-im-mikrobiom-der-yanomami/
226 Fierer, N., et al.: »The influence of sex, handedness, and washing on the diversity of hand surface bacteria«. *Proc Natl Acad Sci USA*, 105, 46, (2008), 17994–17999.
227 Bishai, D., et al.: »Quantifying school officials' exposure to bacterial pathogens at graduation ceremonies using repeated observational measures«. *J Sch Nurs*, Jun, 27 (3) (2011), 219–224.
228 Fierer, N., et al.: »The influence of sex, handedness, and washing on the diversity of hand surface bacteria«. *Proc Natl Acad Sci USA*, 105 (46) (2008), 17994–17999.
229 Myers, E.: »Soap and Detergents«. In: Pearson, A. M., und Dutson, T. R.: *Inedible Meat by – Products*, (1991), 149–176.
230 Sivulka, J.: »Stronger Than Dirt: A Cultural History of Advertising Personal Hygiene in America, 1875–1940«. *Contemporary Sociology*, 31, 6 (2002), 719–720.
231 https://www.google.com/url?sa=t&source=web&rct=j&opi=89978449&url=https://mobil.bfr.bund.de/cm/343/hautcremes-make-up-und-shampoos-sollten-frei-von-pluralibacter-gergoviae-sein.pdf&ved=2ahUKEwj-x6fDqfeKAxWOXvEDHcZBGqQQFnoECDsQAQ&usg=AOvVaw2Fc60XOypSMYyVzRMg50py

232 Ejemot-Nwadiaro, R. I., et al.: »Hand washing promotion for preventing diarrhoea«. *Cochrane Database Syst Rev*, (9) (2015), CD004265.
233 Lucassen, R., et al.: »A loophole in soap dispensers mediates contamination with Gram-negative bacteria«. *Microbiology Open*, 12 (5) (2023).
234 Mcbride, M.: »Microbial flora of in-use soap products«. *Applied and Environmental Microbiology*, 48 (1984), 338–341.
235 https://www.helmholtz-hzi.de/wissen/wissensportal/pseudomonas/
236 Klassert, T. E., et al.: »Comparative analysis of surface sanitization protocols on the bacterial community structures in the hospital environment«. *Clinical Microbiology and Infection*, Vol 28, Iss. 8 (2022), 1105–1112.
237 Sfriso, R., et al.: »Revealing the secret life of skin – with the microbiome you never walk alone«. *International Journal of Cosmetic Science*, 42 (2019), 116–126.
238 Glatthardt, T., et al.: »Microbe Interactions within the Skin Microbiome«. *Antibiotics*, 13 (2024).
239 Wang, G., et al.: »Bacteria induce skin regeneration via IL-1β signaling«. *Cell host & microbe*, Vol. 29, Iss. 5 (2021), 777–791.
240 Dréno, B., et al.: »Microbiome in healthy skin, update for dermatologists«. *J Eur Acad Dermatol Venereol*, 30 (2016), 2038–2047.
241 Sfriso, R., et al.: »Revealing the secret life of skin – with the microbiome you never walk alone«. *International Journal of Cosmetic Science*, 42 (2019), 116–126.
242 Ebd.
243 https://www.dzif.de/de/vom-harmlosen-hautbakterium-zum-gefuerchteten-infektionserreger
244 Krueger, A., et al.: »Skin Cancer-Associated S. aureus Strains Can Induce DNA Damage in Human Keratinocytes by Downregulating DNA Repair and Promoting Oxidative Stress«. *Cancers*, 14 (2022).
245 https://www.lungenaerzte-im-netz.de/unsere-atemwege/aufbau/die-schleimhaut-der-atemwege/
246 https://www.scinexx.de/news/medizin/erkaeltung-warum-zaeher-schleim-den-erregern-hilft/
247 https://www.sciencedirect.com/science/article/pii/S0012821X13007462
248 Kappelman, J., et al.: »First Homo erectus from Turkey and implications for migrations into temperate Eurasia«. *Am J Phys Anthropol*, Jan (2008), 135 (1), 110–116.
249 https://www.mdr.de/wissen/archaeologie-fruehgeschichte/hautfarbe-dunkel-hell-menschen-europa-100.html
250 Thibaud, T., et al.: »Bacterial flagella grow through an injection-diffusion mechanism« *eLife*, 6 (2017), e23136.

251 Ruhl, C., et al.: »Mycobacterium tuberculosis Produces Molecules That Trigger Nociceptive Neurons to Activate Cough«. *Open Forum Infectious Diseases*, 5 (2018), 16.
252 https://www.fhnw.ch/de/die-fhnw/hochschulen/ht/institute/forschungsprojekte/beurteilung-der-filterwirkung-von-materialien-fuer-ein-und-mehrwegmasken
253 https://www.n-tv.de/wissen/Eine-Zeckenart-in-Deutschland-ist-besonders-gefaehrlich-article25613607.html
254 Wie das genau funktioniert, können Sie in einer Folge meines Podcasts »Peter und der Wald« in einem Interview mit ihm erfahren: https://open.spotify.com/episode/2euoJTDKCQ8PoG9rtKgqCn?si=750fd5cfab854eeb
255 https://www.spiegel.de/gesundheit/fit-im-hirn-formel-wie-wir-unser-gehirn-auch-im-alter-jung-halten-koennen-a-bd97f325-e047-45a6-b352-4e42b2771e4c?sara_ref=re-so-app-sh
256 https://www.deutschlandfunk.de/entdeckung-des-penicillins-ein-zufall-100.html
257 https://www.infektionsschutz.de/erregersteckbriefe/mrsa/
258 https://www.dzk-tuberkulose.de/aerzte/aktuelle-situation-weltweit/
259 Naghavi, M., et al.: »Global burden of bacterial antimicrobial resistance 1990–2021: a systematic analysis with forecasts to 2050«. *The Lancet*, Vol. 404, Iss. 10459 (2024), 1199–1226.
260 https://www.infektionsschutz.de/erregersteckbriefe/mrsa/
261 Belkaid, Y., und Hand, T.: »Role of the Microbiota in Immunity and Inflammation«. *Cell*, 157 (2014), 121–141.
262 Bhullar, K., et al.: »Antibiotic Resistance Is Prevalent in an Isolated Cave Microbiome«. *PLoS ONE*, 7 (4) (2012), e34953.
263 Dantas, G., et al.: »Bacteria Subsisting on Antibiotics«. *Science*, 320 (2007), 100–103.
264 https://www.scinexx.de/news/medizin/ueberraschung-im-mikrobiom-der-yanomami/
265 https://idw-online.de/de/news848492
266 https://de.statista.com/statistik/daten/studie/163521/umfrage/haiangriffe-weltweit-nach-regionen/
267 https://www.thieme-connect.com/products/ejournals/abstract/10.1055/a-1520-4046
268 Mansfield, M. J., und Doxey, A. C.: »Genomic insights into the evolution and ecology of botulinum neurotoxins«. *Pathog Dis*, Jun 1 (2018), 76 (4).
269 https://www.rki.de/DE/Aktuelles/Publikationen/RKI-Ratgeber/Ratgeber/Ratgeber_Tetanus.html?nn=16904516#doc16804864bodyText5

270 https://www.mhh.de/presse-news/mhh-botox-beeinflusst-die-gefuehlssteuerung-im-gehirn
271 https://www.destatis.de/DE/Themen/Laender-Regionen/Internationales/Thema/landwirtschaft-fischerei/Foodwaste.html#:~:text=Rund%201%2C05%20Milliarden%20Tonnen,Millionen%20Tonnen%20aus%20dem%20Einzelhandel
272 Xu, Z., et al.: »Current knowledge on cryogenic microorganisms and food safety in refrigerators«. *Trends in Food Science & Technology*, Vol. 146, April (2024), 104382.
273 https://www.spiegel.de/wissenschaft/natur/klonen-mammut-fund-fasziniert-russische-forscher-a-902766.html
274 Panikov, N., und Sizova, M.: »Growth kinetics of microorganisms isolated from Alaskan soil and permafrost in solid media frozen down to −35 °C«. *FEMS Microbiology Ecology*, 59 (2007), 500–512.
275 https://www.swr.de/swraktuell/baden-wuerttemberg/ulm/getreide-weizen-fund-mittelalter-ulm-100.html
276 Ahmadi, I., et al: »Preserve and Candy Development of Sweet Cherry (Prunus avium L.)«. *International Journal of Science and Research (IJSR)*, Vol. 5, No. 7 (2016), 315–319.
277 https://www.spektrum.de/lexikon/biologie/pasteurisierung/49720
278 https://www.deutschlandfunk.de/ohmsches-erhitzen-energie-und-zeitsparendes-backen-100.html#:~:text=Henry%20Jäger:%20Das%20Ohmsche%20Erhitzen,Strom%20durch%2c dieses%20geleitet%20wird
279 Kadri, H., et al.: »The effect of low-temperature long-time (LTLT) cooking on survival of potentially pathogenic Clostridium perfringens in beef«. *International journal of food microbiology*, 320 (2020), 108540.
280 Blunk, B., et al.: »Investigation of Pseudomonas aeruginosa biofilm formation within washing machines using novel nanosensor technology«. *Access Microbiology*, (2020).
281 Munk, S., et al.: »Microbial survival and odor in laundry«. *Journal of Surfactants and Detergents*, 4 (2020), 385–394.
282 https://www.vzhh.de/themen/umwelt-nachhaltigkeit/wasch-reinigungsmittel/was-steckt-waschmitteln-wie-funktionieren-die-inhaltsstoffe
283 https://www.daserste.de/information/ratgeber-service/haushaltscheck/03112014-haushalts-check-2-welche-waschtemperatur-100.html#:~:text=Um%20ohne%20bleichehaltiges%20Waschpulver%20Bakterien,wodurch%20auch%20Energie%20gespart00%20wird
284 Møretrø, T., et al.: »Dishwashing sponges and brushes: Consumer practices and bacterial growth and survival«. *International journal of food microbiology*, 337 (2020), 108928.

285 https://forum-waschen.de/tipps/abwaschen/online-spuelvergleichs-rechner/
286 Raghupathi, P., et al.: »Microbial Diversity and Putative Opportunistic Pathogens in Dishwasher Biofilm Communities«. *Applied and Environmental Microbiology*, 84 (2018).
287 https://www.br.de/radio/bayern1/spuelmaschine-stinkt-100.html
288 https://nachrichten.idw-online.de/2020/11/17/mit-gold-gegen-keime-physiker-weisen-wirksamkeit-von-edelmetall-partikeln-gegen-bakterien-nach
289 Yan, X., und Wang, X.: »Treatment and research of skin healthcare based on nanosilver ion material technology«. *International Journal of Nanotechnology*, 17 (2020), 124.
290 https://www.umweltbundesamt.de/nanopartikel
291 Takáč, P., et al.: »Do We Know Enough About the Safety Profile of Silver Nanoparticles in Oncology? A Focus on Novel Methods and Approaches«. *Int. J. Mol. Sci.*, 26(11) (2025), 5344.
292 Yeung, Y., et al.: »Prevalence of alcohol-tolerant and antibiotic-resistant bacterial pathogens on public hand sanitizer dispensers«. *The Journal of Hospital Infection*, 127 (2022), 26–33.
293 Fan, X., et al.: »Drinking alcohol is associated with variation in the human oral microbiome in a large study of American adults«. *Microbiome*, 6 (2018).
294 https://www.destatis.de/DE/Themen/Branchen-Unternehmen/Landwirtschaft-Forstwirtschaft-Fischerei/Flaechennutzung/siedlungs-verkehrsflaeche_aktuell.html
295 https://www.spektrum.de/news/artenvielfalt-im-urbanen-raum-die-stadt-als-arche/2206120
296 https://www.scinexx.de/news/biowissen/stadt-mikroben-einzigartig-wie-ein-fingerabdruck/
297 https://www.br.de/radio/bayern1/gewittertierchen-100.html
298 Hier wird der Effekt detailliert beschrieben: https://www.uni-muenster.de/imperia/md/content/fachbereich_physik/didaktik_physik/publikationen/wasser_schl_pfrig_rode.pdf
299 Ping, D., et al.: »Hitchhiking, collapse, and contingency in phage infections of migrating bacterial populations«. *The ISME Journal* (2020), 1–12.
300 Bowers, R., et al.: »Sources of Bacteria in Outdoor Air across Cities in the Midwestern United States«. *Applied and Environmental Microbiology*, 77 (2011), 6350–6356.
301 Amato, P., et al.: »Active microorganisms thrive among extremely diverse communities in cloud water«. *PLoS ONE*, 12 (2017).

302 Amato, P., et al.: »Metatranscriptomic exploration of microbial functioning in clouds«. *Scientific Reports*, 9 (2019).
303 Dixon, R., et al.: »Bacterial transfer during sexual intercourse as a tool for forensic detection«, *iScience*, Vol. 28, Iss. 2, Feb 12 (2025), 111861.
304 Phan, K., et al.: »Retrieving forensic information about the donor through bacterial profiling«. *Int J Legal Med*, Jan (2020), 134 (1), 21–29.
305 Cieśla, J., et al.: »The smell of death. State-of-the-art and future research directions«. *Front Microbiol*, Sep 14 (2023), 14, 1260869.
306 Wójcik, J., et al.: »Thanatomicrobiome – State Of The Art And Future Directions«. *Postępy Mikrobiologii – Advancements of Microbiology*, 60 (2021), 21–29.
307 Lin, D., et al.: »Bacterial cellulose in food industry: Current research and future prospects«. *International journal of biological macromolecules*, Vol. 158, Sept 1 (2020), 1007–1019.
308 https://www.zdf.de/nachrichten/ratgeber/fungizid-imazalil-pestizide-pflanzenschutzmittel-im-koerper-100.html
309 https://www.verbraucherservice-bayern.de/themen/ernaehrung/schalenbehandlung-von-zitrusfruechten-ein-problem
310 https://www.swr.de/wissen/modellorganismen-e-coli-das-vielseitigste-bakterium-der-wissenschaft-100.html
311 https://www.google.com/url?sa=t&source=web&rct=j&opi=89978449&url=https://literatur.thuenen.de/digbib_extern/bitv/zi038398.pdf&ved=2ahUKEwi-raPQzYaLAxVYQ_EDHQmlLCgQFnoECEMQAQ&usg=AOvVawok6N-GLEGbJ4wWKEkSMr7G
312 https://de.statista.com/statistik/daten/studie/28931/umfrage/weltweiter-rinderbestand-seit-1990/

Verbündete für die Zukunft

313 https://www.dzif.de/de/forscher-entdecken-neuartiges-antibiotikum
314 Ling, L., et al.: »A new antibiotic kills pathogens without detectable resistance«. *Nature*, 517 (2015), 455–459.
315 https://www.ukw.de/aktuelle-meldungen/detail/news/neuer-wirkstoff-aus-dem-regenwald/
316 https://cshperspectives.cshlp.org/content/2/8/a000380
317 https://idw-online.de/de/news849933
318 Ayoub, S.: »Paracetamol (acetaminophen): A familiar drug with an unexplained mechanism of action«. *Temperature*, 8 (2021), 351–371.
319 McCrae, J., et al.: »Long-term adverse effects of paracetamol – a review«. *British Journal of Clinical Pharmacology*, 84 (2018), 2218–2230.

320 Zhou, Y., und Han, Y.: »Engineered bacteria as drug delivery vehicles: Principles and prospects«. *Engineering Microbiology*, 2 (2022), 100034.
321 https://www.wwf.de/themen-projekte/landwirtschaft/ernaehrung-konsum/fleisch/der-appetit-auf-fleisch-und-seine-folgen#:~:text=Von%20den%20ungefähr%20fünf%20Milliarden,gravierenden%20Auswirkungen%20auf%20natürliche%20Lebensräume
322 https://www.wissenschaft.de/erde-umwelt/retten-mikrobielle-fleischalternativen-unsere-waelder/
323 Ryu, C., et al.: »Bacterial volatiles promote growth in Arabidopsis«. *Proc Natl Acad Sci USA*, 100 (8) (2003), 4927–4932.
324 Kessler, A., und Baldwin, I.: »Defensive function of herbivore-induced plant volatile emissions in nature«. *Science*, 291, 5511 (2001), 2141–2144.
325 Zhang, J., et al.: »Plants recruit insecticidal bacteria to defend against herbivore attacks«. *Microbiological research*, 281 (2024), 127597.
326 Luthe, D., et al.: »Herbivore exploits orally secreted bacteria to suppress plant defenses«. *Proceedings of the National Academy of Sciences*, 110 (2013), 15728–15733.
327 https://www.pflanzenforschung.de/de/pflanzenwissen/journal/2000-hektar-am-tag-die-versalzung-der-boeden-entzieht-d-10337
328 Gamalero, E., und Glick, B.: »Recent Advances in Bacterial Amelioration of Plant Drought and Salt Stress«. *Biology*, 11 (2022).
329 https://www.oekotest.de/essen-trinken/Arsen-in-Reis-Darum-sollte-man-Reis-nur-in-Massen-essen_13266_1.html
330 https://www.bzfe.de/presse/pressemeldungen-archiv/getreide-abc-reis
331 https://www.kit.edu/kit/pi_2012_10468.php
332 https://www.desy.de/aktuelles/news_suche/index_ger.html?openDirectAnchor=1061
333 Mallick, I., et al.: »Effective rhizoinoculation and biofilm formation by arsenic immobilizing halophilic plant growth promoting bacteria (PGPB) isolated from mangrove rhizosphere: A step towards arsenic rhizoremediation«. *The Science of the total environment*, (2018), 610–611, 1239–1250.
334 Das, J., und Sarkar, P.: »Remediation of arsenic in mung bean (Vigna radiata) with growth enhancement by unique arsenic-resistant bacterium Acinetobacter lwoffii«. *The Science of the total environment*, 624 (2018), 1106–1118.
335 https://www.spiegel.de/wissenschaft/kartoffel-droht-von-insekt-ruiniert-zu-werden-koennen-forscher-das-noch-verhindern-a-1978c1f6-c05d-4726-9f51-1276313d9a8e?sara_ref=re-so-app-sh

336 Zheng, X., et al.: »Removal of sulfamethoxazole and antibiotic resistance genes in paddy soil by earthworms (Pheretima guillelmi): Intestinal detoxification and stimulation of indigenous soil bacteria«. *The Science of the total environment*, (2022), 158075.
337 https://www.umweltbundesamt.de/service/uba-fragen/was-ist-mikroplastik
338 https://www.umsicht.fraunhofer.de/de/presse-medien/pressemitteilungen/2024/reifen-und-fahrbahnabrieb.html
339 https://www.umweltbundesamt.de/service/uba-fragen/was-ist-mikroplastik
340 https://www.geomar.de/entdecken/plastikmuell-im-meer
341 https://www.bmuv.de/faqs/erstes-mikroplastik-verbot-ab-2023
342 Heo, S., et al.: »A systematic review and quality assessment of estimated daily intake of microplastics through food«. *Reviews on environmental health*, Oct. 22 (2024).
343 Kopatz, V., et al.: »Micro- and Nanoplastics Breach the Blood-Brain Barrier (BBB): Biomolecular Corona's Role Revealed«. *Nanomaterials*, Apr (2023); 13(8): 1404.
344 Nihart, A. J., et al.: »Bioaccumulation of microplastics in decedent human brains«. *Nat Med*, Feb 3 (2025), 1114–1119.
345 Amobonye, A., et al.: »Plastic biodegradation: Frontline microbes and their enzymes«. *Sci Total Environ*, Mar 10 (2021), 759, 143536.
346 Yoshida, S., et al.: »A bacterium that degrades and assimilates poly(ethylene terephthalate)«. *Science*, 351 (2016), 1196–1199.
347 Edwards, S., et al.: »Microbial Consortia and Mixed Plastic Waste: Pangenomic Analysis Reveals Potential for Degradation of Multiple Plastic Types via Previously Identified PET Degrading Bacteria«. *International Journal of Molecular Sciences*, 23 (2022).
348 Sadler, J., und Wallace, S.: »Microbial synthesis of vanillin from waste poly(ethylene terephthalate)«. *Green Chemistry*, 23 (2021), 4665–4672.
349 Hernandez, L. M., et al.: »Plastic Teabags Release Billions of Microparticles and Nanoparticles into Tea«. *Science & Technology*, 53 (21), (2019), 12300–12310.
350 Wright, A.: »Biology and Applications of CRISPR Systems: Harnessing Nature's Toolbox for Genome Engineering«. *Cell*, 164 (2016), 29–44.
351 Hightower, R., et al.: »Expression of antifreeze proteins in transgenic plants«. *Plant Mol Biol*, 17 (1991), 1013–1021.
352 https://gm.agbioinvestor.com
353 Phipps, R., Deaville, E., & Maddison, B.: »Detection of transgenic and endogenous plant DNA in rumen fluid, duodenal digesta, milk,

blood, and feces of lactating dairy cows«. *Journal of dairy science*, 86 12 (2003), 4070-8
354 https://www.tagesschau.de/ausland/eu-gentechnik-100.html#:~:text=Verbraucher%20bleiben%20im%20Unklaren,auf%20Basis%20der%20neuen%20Gentechnik
355 https://www.transgen.de/anbau/1463.gentechnik-resistente-schaedlinge.html
356 https://www.spektrum.de/news/hat-das-unternehmen-colossal-biosciences-schattenwoelfe-geschaffen/2261855
357 Stone, B.: »The role of the phyllosphere microbiome in plant health and function«. *Annual Plant Reviews Online*, Vol. 1, Iss. 2 (2018), 1–24.
358 Beirle, S.: »NOx production by lightning estimated with GOME«. *Advances in Space Research*, 34 (2004), 793–797.
359 Mather, T., et al.: »Nitric acid from volcanoes«. *Earth and Planetary Science Letters*, 218 (2004), 17–30.
360 Gende, S., und Quinn, T.: »Bären als Umweltschützer«. *Spektrum der Wissenschaft*, Dez. (2006), 60–65.
361 Zehner, S., und Göttfert, M.: »Knöllchenbakterien: Helfer der Landwirtschaft«. *Biologie in unserer Zeit*, 45 (2015), 296–302.
362 https://www.mpg.de/8278959/symbiose-pflanzen-knoellchenbakterien
363 Lindo, Z., und Whiteley, J. A.: »Old trees contribute bio-available nitrogen through canopy bryophytes«. *Plant Soil*, 342 (2011), 141–148.
364 https://www.spektrum.de/lexikon/biologie/knoellchenbakterien/36459
365 https://www.umweltbundesamt.de/daten/land-forstwirtschaft/stickstoffeintrag-aus-der-landwirtschaft#stickstoffzufuhr-und-stickstoffabfuhr-in-der-landwirtschaft
366 https://www.umweltbundesamt.de/themen/wasser/grundwasser/nutzung-belastungen/faqs-zu-nitrat-im-grund-trinkwasser#welche-grenzwerte-gibt-es-fur-nitrat
367 https://www.umweltbundesamt.de/daten/land-forstwirtschaft/stickstoffeintrag-aus-der-landwirtschaft#stickstoffzufuhr-und-stickstoffabfuhr-in-der-landwirtschaft
368 https://de.linkedin.com/posts/bkg-bund_faktencheck-mythen-herbst-activity-7122150665098772480-os5O?trk=public_profile_like_view
369 Ulrich, K., et al.: »Physiological and genomic characterisation of Luteimonas fraxinea sp. nov., a bacterial species associated with trees tolerant to ash dieback«. *Syst Appl Microbiol.*, Jul (2022), 45(4), 126333.
370 Defez, R., et al.: »Improved Drought Stress Response in Alfalfa Plants Nodulated by an IAA Over-producing Rhizobium Strain«. *Frontiers in Microbiology*, 8 (2017).

371 Canarini, A., et al.: »Ecological memory of recurrent drought modifies soil processes via changes in soil microbial community«. *Nat Commun*, 12 (2021), 5308.
372 https://www.sciencedirect.com/science/article/pii/S0378112720310227
373 https://www.tagesschau.de/wissen/klima/erderwaermung-wolken-100.html
374 https://bioticregulation.substack.com/p/forests-water-and-climate-time-for?utm_source=substack&publication_id=3234926&post_id=164402725&utm_medium=email&utm_content=share&utm_campaign=email-share&triggerShare=true&isFreemail=true&r=5aqorx&triedRedirect=true
375 https://www.ds.mpg.de/139645/08
376 https://bioticregulation.substack.com/p/global-cooling-from-plant-transpiration
377 https://bioticregulation.substack.com/p/seeing-forests-through-clouds-a-300
378 https://www.deutschlandfunk.de/methan-klima-erderwaermung-100.html#:~:text=und%20im%20Permafrostboden.-,Welche%20Rolle%20spielt%20Methan%20als%20Treibhausgas?,CO2%20verweilt%20dort%20über%20Jahrhunderte
379 https://www.waldwissen.net/de/lebensraum-wald/waldboden/methan-waldboden-klimaretter
380 https://www.dbu.de/projektdatenbank/12603-01/
381 https://www.spektrum.de/news/baeume-ziehen-methan-aus-der-atmosphaere/2225695
382 https://www.spektrum.de/lexikon/geographie/boden/1099
383 https://www.bund.net/fileadmin/user_upload_bund/publikationen/ressourcen_und_technik/Bodenatlas-daten-fakten-ressource-boden-2024.pdf
384 https://www.eea.europa.eu/de/signale/eua-signale-2019/artikel/boden-land-und-klimawandel
385 https://www.umweltbundesamt.de/themen/boden-flaeche/kleine-bodenkunde/entwicklung-des-bodens#:~:text=Bis%20dieses%20Gemisch%20in%20oder,%E2%81%A0Erosion%E2%81%A0%20verloren%20gehen
386 https://www.scinexx.de/news/geowissen/steinfresser-bakterien-nachgewiesen/#:~:text=Denn%20einige%20Mikroben%20können%20das,zerfällt%20im%20Laufe%20der%20Zeit
387 https://www.bbc.com/news/articles/cwy6gjwdog6o

388 https://www.microbiologyresearch.org/content/journal/ijsem/10.1099/ijs.0.020628-0
389 https://mikrobenzirkus.com/tag/halomonas-titanicae/
390 Cooper, S., und Helmstetter, C.: »Chromosome replication and the division cycle of Escherichia coli B/r«. *Journal of molecular biology*, 31, 3 (1968), 519–540.
391 https://www.stern.de/panorama/wissen/natur/bakterien-aus-der-saurierzeit-gefunden-leerer-magen-seit-86-millionen-jahren-3849094.html
392 Waldrop, M., et al.: »Microbial survival strategies in ancient permafrost: insights from metagenomics«. *The ISME Journal*, 11 (2017), 2305–2318.
393 Ezhova, E., et al.: »Climatic Factors Influencing the Anthrax Outbreak of 2016 in Siberia, Russia«. *EcoHealth*, 18 (2021), 217–228.
394 https://www.antarcticglaciers.org/glacier-processes/glacial-lakes/subglacial-lakes/
395 https://www.scinexx.de/news/biowissen/wimmelndes-leben-im-antarktischen-lake-vostok/
396 Alekhina, I. A., et al.: »Molecular analysis of bacterial diversity in kerosene-based drilling fluid from the deep ice borehole at Vostok, East Antarctica«. *FEMS Microbiology Ecology*, Vol. 59, Iss. 2, Feb (2007), 289–299.

Nachwort

397 Wiens, J.: »Vast (but avoidable) underestimation of global biodiversity«. *PLoS Biology*, 19 (2021).